# 从零开始

# C语言
# 快速入门教程

张继新 / 主编　　侯惠芳 李琳 / 副主编

人民邮电出版社
北京

**图书在版编目（CIP）数据**

从零开始：C语言快速入门教程 / 张继新主编. —
北京：人民邮电出版社，2021.10
ISBN 978-7-115-55966-1

Ⅰ. ①从… Ⅱ. ①张… Ⅲ. ①C语言－程序设计－教
材 Ⅳ. ①TP312.8

中国版本图书馆CIP数据核字(2021)第021651号

## 内 容 提 要

本书以服务零基础读者为宗旨，用实例引导读者学习，深入浅出地介绍了 C 语言的相关知识和实战技能。

全书共 12 章。第 1 章主要介绍计算思维与 C 语言的初体验；第 2~9 章主要介绍 C 语言的数据处理，表达式，格式化输出与输入功能，流程控制，函数与宏，数组与字符串，指针，结构、联合、枚举与类型定义等；第 10~12 章主要介绍文件及文件处理，C 语言的标准函数库，从 C 语言到 C++ 的快速学习。

本书赠送了大量的相关学习资料，以便读者扩展学习。

本书适合任何想学习 C 语言的读者学习使用。无论您是否从事计算机相关行业，是否接触过 C 语言，均可通过学习本书快速掌握采用 C 语言编程的方法和技巧。

◆ 主　　编　张继新
　　副 主 编　侯惠芳　李　琳
　　责任编辑　张天怡
　　责任印制　陈　犇
◆ 人民邮电出版社出版发行　　北京市丰台区成寿寺路11号
　　邮编　100164　　电子邮件　315@ptpress.com.cn
　　网址　https://www.ptpress.com.cn
　　固安县铭成印刷有限公司印刷
◆ 开本：787×1092　1/16
　　印张：27　　　　　　　　　　2021 年 10 月第 1 版
　　字数：656 千字　　　　　　　2025 年 2 月河北第 2 次印刷

定价：89.90 元

读者服务热线：(010)81055410　印装质量热线：(010)81055316
反盗版热线：(010)81055315

C 语言称得上是一种历史悠久且非常出色的程序语言，也是一种非常适合用来表示算法的程序语言，对计算机科学领域有着非凡的贡献。

早期操作系统大多以 C 语言为基础发展而来，后来的 Linux 与 Windows 操作系统也由 C 语言编写而成；还有一些常见的程序语言，也是以 C 语言的语法为基础发展而来的，例如 C++、Java、PHP、Perl、C# 等程序语言。

C 语言具有高级语言的结构化与模块化特性，利用函数来增加程序代码的可读性，并包含了顺序、循环和选择等结构，具有层次清楚、条理分明的风格。C 语言具有可移植性强、跨平台、函数库等优势，因此许多程序语言的授课老师将其作为授课语言。可以说学习好 C 语言，将来学习其他任何一种程序语言都可以快速上手。

本书非常适合作为 C 语言课程的教材，全书以 C 语言语法与重要程序设计的理念作为介绍主轴，依主题安排了以下 12 章。

- 计算思维与 C 语言的初体验。
- C 语言的数据处理。
- 表达式。
- 格式化输出与输入功能。
- 流程控制。
- 函数与宏。
- 数组与字符串。
- 指针。
- 结构、联合、枚举与类型定义。
- 文件及文件处理。
- C 语言的标准函数库。
- 从 C 语言到 C++ 的快速学习。

为了降低学习难度，本书除了表达言简意赅外，还搭配了大量浅显易懂的程序范例来辅助讲解，希望读者能够通过程序代码的编写过程，深刻地理解各种 C 语言语法的使用方式。

本书主编为张继新，副主编为侯惠芳、李琳。其中第 1~4 章、第 11~12 章由河南工业大学张继新编写，第 5~6 章、第 10 章由河南工业大学李琳编写，第 7~9 章由河南工业大学侯惠芳编写，吴永乐负责本书审核工作。

在本书的编写过程中，我们竭尽所能地将好的讲解呈现给读者，但仍难免有疏漏和不妥之处，敬请广大读者不吝指正。若读者在阅读本书时遇到困难或有疑问和任何建议，可发送邮件至 zhangtianyi@ptpress.com.cn。

编者

2021 年 5 月

目　录
CONTENTS

# 第 1 章

# 计算思维与 C 语言
# 的初体验

计算机堪称 20 世纪以来人类最伟大的发明之一，对人类的影响非常深远。计算机是一种具备数据处理与计算能力的电子化设备。1946 年，美国宾夕法尼亚大学教授埃克脱（Eckert，John Presper，Jr.）与莫奇利（John W. Mauchly）合作发明了人类第一台真空电子管计算机——ENIAC。接着冯·诺依曼（John von Neumann）教授首先提出了存储程序与二进制编码的概念，认为数据与程序可以存储在计算机存储器内。这开启了程序语言与程序设计蓬勃发展的序幕。

对有志于从事信息专业工作的人员来说，程序设计是一门与计算机硬件和软件息息相关的学科，称得上是近十几年来蓬勃兴起的一门科学。

程序设计的本质是数学，而且是简单的数学应用。过去对于程序设计的实践目标，我们会非常看重"计算"能力。而随着信息与网络科技的高速发展，现在程序设计课程的目的更多的是对学生"计算思维"（Computational Thinking, CT）的训练。

# 1.1 认识计算思维

日常生活中的大小事，无疑都是在解决问题，只要涉及"解决问题"的事情，都可以套用计算思维来解决。读书与学习就是为了培养人们解决生活中遇到的问题的能力。计算思维是一种利用计算机逻辑来解决问题的思维，是一种能够将问题"抽象化"与"具体化"的能力，也是现代人应该具备的素养。

我们可以这样形容："学程序设计不等于学计算思维，而程序设计的过程就是计算思维的一种表现；并且要掌握计算思维，程序设计是一个非常好的途径。"程序语言本质上只是一种工具，从来都不是掌握的重点，没有最好的程序语言，只有最适合的程序语言。学习程序语言的目标绝对不是要将每个学习者都训练成专业的程序设计师，而是要培养学习者的计算思维。

2006 年美国卡内基梅隆大学的周以真（Jeannette M. Wing）教授首度提出了"计算思维"的概念，她提到计算思维是现代人的一种基本技能，所有人都应该积极学习。随后谷歌公司为教育者开发了一套计算思维课程。这套课程包括培养计算思维的 4 个方面——分解、模式识别、归纳与抽象化、算法。虽然这并不是培养计算思维的唯一方法，但是通过这 4 个方面，我们能更有效率地利用计算方法与工具来解决问题，进而建立计算思维。

## · 1.1.1 分解

许多人在编写程序或解决问题时，往往会因为不知道从何分解问题而将问题想得太复杂。如果一个问题不进行分解，一般会较难解决。分解相当于将一个复杂的问题分成许多个小问题，先将这些小问题逐个击破；小问题全部解决之后，原本的复杂问题也就解决了。

我们以一个实际例子进行说明，假设有 8 幅很难画的图，我们可以将其分成两组各 4 幅画来完成；如果还是觉得太复杂，可以将其分成 4 组，每组各两幅画来完成，如图 1.1 所示。利用相同模式反复分解问题，这就是分治算法的核心精神。

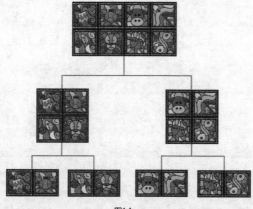

图1.1

分治算法是一种很重要的算法，我们可以应用分治算法来逐一分解并解决复杂的问题。它的核心精神是将一个难以直接解决的大问题依照不同的概念分解成两个或更多个子问题，再逐个"击破"，分而治之。其实任何一个可以用程序求解的问题所需的计算时间都与其规模有关，问题的规模越小，越容易直接求解。

例如一台计算机出现故障了，如果将整台计算机逐步分解成较小的部分，对每个部分的各种元件进行检查，就容易找出问题所在；又如一位警察在思考如何破案时，也习惯将复杂的问题分成许多小问题。程序员遇到问题时，通常会考虑所有的可能性，把问题逐步分解后进行解决，久而久之，这样的逻辑就变成了他的思考模式。

## 1.1.2 模式识别

将一个复杂的问题分解之后，我们常常能发现小问题之间的共有属性及相似之处，在计算思维中，这些属性称为"模式"。模式识别是指在一堆数据中找出特征或规则，并将其作为对数据进行辨识与分类决策的判断依据。在解决问题的过程中，找到模式非常重要，因为模式可以简化问题。当问题存在共通模式时，它们就很容易被解决。因为当共通模式存在时，我们可以用相同的方法去解决这类问题。

例如画出一只狗之后，我们可以依照这一模式轻易地画出其他狗，狗都有眼睛、尾巴与 4 只脚，唯一不一样的地方是每只狗都有或多或少的独特之处。辨别出模式之后，便可用此模式来解决不同的问题。因为我们知道基本上所有的狗都有这些属性，当想要画狗的时候便可将这些共有属性加入，然后就可以很快地画出很多只狗。

## 1.1.3 归纳与抽象化

归纳与抽象化在于过滤和忽略掉不必要的特征，让我们可以把注意力集中在重要的特征上，将问题具体化。通常我们会在这个过程开始时收集许多的数据，然后通过归纳与抽象化，把特性和无法帮助解决问题的模式去掉，留下相关和重要的共有属性，直到建立起一个通用的问题解决规则。

"抽象化"没有固定的模式，它会随着需求或实际情况的不同而有所不同。例如把一辆汽车抽象化时，每个人都有各自的分解方式，汽车销售员与汽车维修师对汽车抽象化的结果可能就会有如下差异。

汽车销售员：轮子、引擎、方向盘、刹车、底盘。

汽车维修师：引擎系统、底盘系统、传动系统、刹车系统、悬吊系统。

## 1.1.4 算法

算法是计算思维 4 个基石的最后一个，它不仅是人类利用计算机解决问题的技巧之一，还是程序设计领域中的关键，常常被作为设计计算机程序的第一步。算法就是一种计划，每一个指示与步骤都是计划过的，这个计划里面包含解决问题的每一个指示与步骤。

日常生活中也有许多工作都可以利用算法来描述，例如员工的工作报告、宠物的饲养过程、厨师准备美食的食谱、学生的课表等，甚至连我们平时经常使用的搜索引擎都必须通过不断更新算法来运行。

《韦氏词典》中将算法定义为"在有限步骤内解决数学问题的程序"。如果运用在计算机领域中，我们可以把算法定义成"为了解决某一个工作或问题，所需要的有限数目的机械性或重复性指令与计算步骤"。在计算机里，算法更是不可或缺的一环。接下来说明算法所必须具有的5项特征，如表1.1所示。

表 1.1

| 算法特征 | 内容与说明 |
| --- | --- |
| 输入 | 0个或多个输入数据，这些输入数据必须有清楚的描述或定义 |
| 输出 | 至少会有一个输出结果，不可以没有输出结果 |
| 明确性 | 每一个语句或步骤必须是简洁、明确的 |
| 有限性 | 在有限步骤后一定会结束，不会产生无穷回路 |
| 有效性 | 步骤清楚且可行，能让使用者用纸笔计算出答案 |

接着还要思考用什么方法来表达算法最为适当。其实算法的主要目的是让人们阅读了解所执行的工作流程与步骤，学习如何解决问题，只要能够清楚表现算法的5项特征即可。

常用的算法表示法可以是一般文字叙述，如中文、英文、数字等，特点是使用文字或语言叙述来说明演算步骤；有些算法则是利用可读性高的高级程序语言（如 Python、C 语言、C++、Java 等）与虚拟语言来表达。

> **Tips** 虚拟语言接近高级程序语言的写法，是一种不能直接放进计算机中执行的语言。虚拟语言一般都需要一种特定的前置处理器，或者需要通过手动操作来将其转换成真正的计算机语言，经常使用的虚拟语言有SPARKS、Pascal-like等。

流程图也是一种相当通用的算法表示方法，必须使用某些图形符号。为了实现流程图的可读性和一致性，目前美国国家标准学会（American National Standards Institute，ANSI）制定了统一的图形符号。表 1.2 所示为一些常见的流程图符号。

表 1.2

| 名称 | 说明 | 符号 |
| --- | --- | --- |
| 起止符号 | 表示程序的开始或结束 | ⬭ |
| 输入 / 输出符号 | 表示数据输入或输出的结果 | ▱ |
| 程序符号 | 程序中的一般步骤，是程序中最常用的图形 | ▭ |
| 决策判断符号 | 条件判断的图形 | ◇ |
| 文件符号 | 导向某个文件 | ⬭ |
| 流向符号 | 符号之间的连接线，箭头方向表示工作流向 | ↓ → |
| 连接符号 | 上、下流程图的连接点 | ◯ |

例如输入一个数值，并判别该数值是奇数还是偶数的流程图，如图 1.2 所示。

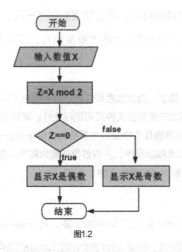

图1.2

Tips 算法和程序有一些不同，因为程序不一定要满足有限性的要求，如作业系统或机器上的运行程序。除非关机，否则它们永远在等待循环，这也违反了算法5项特征中的"有限性"。

# 1.2 认识 C 语言

C 语言的前身是 B 语言，于 1972 年由贝尔实验室的丹尼斯·里奇（Dennis Ritchie）在 PDP-11 的 UNIX 操作系统上设计出来。里奇最初的目的主要是将其作为开发 UNIX 操作系统的工具，但因为 C 语言使 UNIX 操作系统开发难度降低且进行顺利，所以它也开始应用在其他的程序设计领域。众所周知的开放源码操作系统——Linux 操作系统与微软的 Windows 操作系统，甚至苹果公司的 macOS 系统所提供的超炫功能，都是用以 C 语言为基础的面向对象语言 Objective-C 开发完成的。C 语言具有以下 4 个特点。

■ 拥有硬件处理能力。

C 语言在计算机领域中是一种接近"天然"的程序语言。谈到最"天然"的程序语言，当然非机器语言莫属，虽然使用这种语言来写程序非常麻烦，但只要将其放进计算机就能够直接阅读与执行。

Tips 机器语言是最早期的程序语言，由1和0两种符号构成。任何程序在执行前都必须被转换为机器语言，不过不同的计算机制造商往往会因为计算机硬件设计的不同而开发不同的机器语言。

C 语言虽然没有机器语言般的执行效率，但是除了具有高级语言易懂好学的特性外，还可以处理低阶存储器与位元逻辑运算问题，即拥有直接控制硬件的能力，称得上是最低阶的高级语言。例如单晶片（如 8051）或嵌入式系统的开发，也都可以使用 C 语言来设计。

■ 高执行效率的编译型语言。

编写程序是为了得到执行的结果，因此程序都必须转换成机器语言。从转换的方式来看，程序语言可分成编译型语言与解释型语言两种。编译型语言属于"先苦后甘"型，C 语言、C++、Pascal、FORTRAN 语言等都属于编译型语言。

原始程序写完后并不能马上执行，必须使用编译器经过数个阶段的处理，才能转换为机器可读取的可执行文件（.exe），而且每修改一次原始程序，就必须重新编译一次。这样的方式虽然看起来有点麻烦，但因为目的程序会对应成机器码，所以在计算机上能够直接执行，不需要每次执行时都进行编译，执行速度自然快了许多，但程序所占用的空间较大。

 解释型语言就属于"先甘后苦"型了。原始程序可以通过解释程序（又称解释器）将程序一行一行地读入，再逐行解释并交由计算机执行，不会产生目的文件或可执行文件。解释的过程中如果发生错误，则解释动作会立刻停止。解释语言表面上不需要等待几个步骤后才能执行，但每执行一行程序就解释一次，这样执行速度反而变得很慢。不过由于其仅需存取原始程序，不需要再转换为其他类型的文件，因此所占用的存储空间较小。Basic、LISP、Prolog等语言都属于解释型语言。

■ 程序可移植性强。

我们知道汇编语言对于不同的 CPU 会有不同的指令集，每一种操作系统的汇编语言都不一样。就计算机而言，其使用的是 80×86 的汇编语言。可移植性差的问题会造成用户汇编语言使用上的困扰。

 编译器的主要功能是将汇编语言所编写的程序翻译成机器码，它还必须提供给链接器及载入器所需要的信息，找到每一个变量的地址。翻译的机器码称为目标程序。汇编语言是一种低阶的程序语言，可直接对计算机硬件进行控制。

自从美国国家标准学会为 C 语言制定了一套完整的国际标准语法 ANSI C 后，许多操作系统纷纷开发了 C 语言的编译器，如 MS-DOS、Windows、UNIX/Linux，甚至 macOS 操作系统等，让 C 语言具备了相当强的可移植性。也就是说利用 C 语言开发出来的软件，只要稍做修改就能立刻"搬"到别的操作系统上运行。所以目前如果读者要学习 C 语言，只要使用最简单且符合 ANSI C 格式的 C 语言语法，就可在各个平台上通行无阻了。

■ 结构化语法设计。

正如前言所述，C 语言在语法设计上具有高级语言的结构化与模块化特性，可以利用函数来增加程序代码的可读性，并包含顺序、循环和选择等结构，具有层次清楚、条理分明的风格。此外，除了可以自定义函数之外，C 语言还提供了标准函数库（C standard library），可以让用户直接利用 #include 语句在表头文件中引用所需的函数。

 具有传统"结构化程序设计"功能与特性的技术着重于将算法分解成许多模块来加以执行，面向对象设计的理念就是把每一个对象都看作一个独立的个体。通常对象并不会凭空产生，它必须有一个可以依据的原型，这个原型就是一般在对象导向程序设计中所称的"类"（class）。类是一种用来具体描述对象状态与行为的数据类型。我们无须理解这些特定功能如何实现这个目标过程，仅需将需求告诉这个独立个体，如果此个体能独立完成，便直接将此任务交付给命令发出者。对象导向程序设计的重点是强调程序的可读性、重复使用性与扩展性。

# 1.3 编写第一个 C 语言程序

根据笔者多年的程序语言教学经验，对一个语言初学者来说，学习 C 语言就是赶快让他"从无到有"，实际设计出一个程序，许多高手都是在积累了许多程序编写经验后才变得越来越厉害的。

早期要设计 C 语言程序时，首先必须找一个文字编辑器来编辑，例如 Windows 操作系统下的"记事本"，或是 Linux 操作系统下的 vi 编辑程序，接着再选一种 C 语言的编译器（如 Turbo C/C++、MINGW、GCC 等）来编译执行。不过现在不用这么麻烦了，只要找个可将程序的编辑、编译、执行与调试等功能集于同一操作环境下的集成开发环境（Integrated Development Environment，IDE），就可以轻松完成了。

C 语言的目标市场非常庞大，市面上较为知名的 IDE 有 Dev-C++、C++ Builder、Visual C++ 和 GCC 等。目前市面上几乎没有单纯的 C 语言编译器，它通常是与 C++ 编译器兼容，称为 C/C++ 编译器。本书使用的是 Dev-C++，它不仅方便好用，还免费。

原本的 Dev-C++ 已停止开发，改为发行非官方版。Orwell Dev-C++ 是一个功能完整的程序编写 IDE 和编译器，也开放源码，专为 C/C++ 语言设计。在这个环境中，程序员能够轻松编辑、编译、调试和执行 C 语言的各种功能。这套免费且开放源码的 Orwell Dev-C++ 的安装包（本书下载的安装程序是 Dev-Cpp 5.11 TDM-GCC 4.9.2 Setup.exe），读者可自行在网上搜索下载。

当安装包下载完毕后，双击该程序就可以启动安装。首先会要求选择语言，此处先选择"English"，如图 1.3 所示。

图1.3

接着单击"I Agree"按钮，如图 1.4 所示。

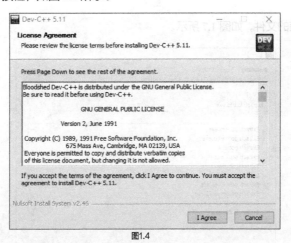

图1.4

进入图 1.5 所示的界面，选择要安装的插件，单击"Next"按钮。

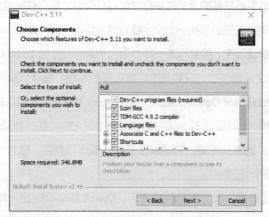

图1.5

之后进入选择安装路径界面，单击"Browse..."按钮可更换路径。如果采用默认安装路径，则直接单击"Install"按钮，如图1.6所示。

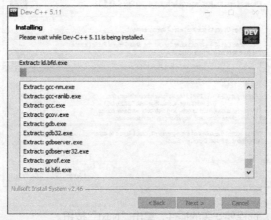

图1.6

接着开始复制要安装的文件，如图1.7所示。

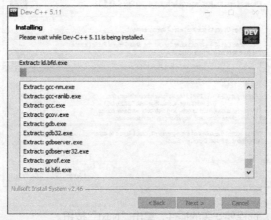

图1.7

当进入图 1.8 所示的界面时，表示安装成功。

图1.8

安装完毕后，在 Windows 操作系统中的"开始"菜单中执行"Bloodshed Dev C++ → Dev-C++"命令或直接双击桌面上的 Dev-C++ 图标，进入主界面。如果你的软件是英文版，可以执行"Tools → Environment Options"命令，并将图 1.9 所示界面中的"Language"设定为"简体中文 /Chinese"。

图1.9

更改完毕后，就会出现简体中文的界面，如图 1.10 所示。

图1.10

在计算机中安装好 Dev C++ 后，就可以在工作界面中执行操作，并且会出现图 1.11 所示的工作界面。

图1.11

### · 1.3.1 编写程序

从编写一个 C 语言程序到让计算机运行出结果，一共要经过"编辑""编译""链接""载入""执行"5 个阶段。看起来有点麻烦，实际上却很简单，因为这些阶段都可以在 Dev C++ 中进行，只需要进行简单的操作就行了。

程序代码的内容必须根据想要得到的结果进行编写，因为现在读者可能对 C 语言的语法不够了解，所以我们就写个简单的程序，执行结果是在屏幕上显示一行字。在菜单栏中执行"文件→新建→源代码"命令创建一个新的源码文件，如图 1.12 所示。

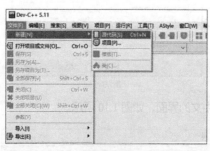

图1.12

接着在 Dev C++ 的程序代码编辑区中输入如下程序代码。

```
01   #include <stdio.h>
02   #include <stdlib.h>
03
04   int main(void)
05   {
06
07       printf(" 我的第一个 C 语言程序 !");/* 调用 printf() 函数 */
08
09       return 0;
```

10 }

Dev C++ 拥有视觉化的窗口编辑环境，而且还会将程序代码中的字符串（蓝色）、语句（黑色）与注释（深蓝色）标示成不同颜色，如图 1.13 所示。在此要提醒大家，C 语言程序代码的输入有如下两点注意事项。

1. C 语言程序语句有大小写的区分，每行语句以"；"作为结尾，中间的空白字符、Tab 键操作、换行操作都算是一种"白色空白"，也就是一个语句可以拆成好几行，或可将好几个语句放在同一行。

2. 每行代码之前的行号只是为了方便解说，编写代码时不要输入。

2. 程序写完后，单击"保存"按钮，选择保存路径、修改文件名，并以".c"为扩展名

1. 请自行输入 C 语言程序代码

图1.13

## · 1.3.2 程序代码的编译

接下来执行编译过程。单击工具栏中的"编译"按钮 或执行"运行→编译"命令，如果编译成功，程序就会在"编译日志"中显示出最后的编译结果，如图 1.14 所示。

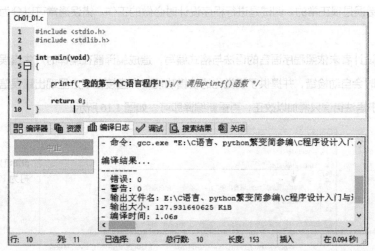

图1.14

这个编译阶段其实包括了"编译"和"链接"两个步骤，如果没有语法错误，编译器就会把编译结果

存成一个目标文件。这个目标文件再经由链接程序链接到其他目标文件和函数库，形成可执行文件。因为在 Dev C++ 中默认使用完这个目标文件后会将其删除，所以一般是看不到这个文件的。

 目标文件其实是一种二进制文件，此文件的扩展名为".obj"，也就是使用者开发的原始程序代码在经过编译器编译后所产生的机器码。

目标文件和可执行文件中虽然都是机器码，但是目标文件里的机器码只是使用者所撰写的原始程序内容，而执行文件中的机器码还包括函数库中所用到的函数码。

### · 1.3.3 程序代码的执行

可执行文件的扩展名在 Windows 操作系统下是".exe"，当 C 语言程序成了可执行文件后，就可直接在操作系统中执行，不再需要依靠 Dev C++ 环境。

 任何程序执行前都必须载入存储器中，而"载入程序"会将可执行文件与相关的函数库元件从硬盘载入存储器中，以准备执行。

接下来执行"运行→执行"命令或单击"执行"按钮□，将会看到图 1.15 所示的执行结果，此时按下任意键都会回到 Dev C++ 的编辑环境。

```
我的第一个C语言程序!
─────────────────────────
Process exited after 0.158 seconds with return value 0
请按任意键继续. . . ■
```

图1.15

### · 1.3.4 程序代码的调试

由于这个是范例程序，因此不会出现错误信息。如果出现错误信息，也千万不要大惊小怪。因为写完一个程序，出现错误是很正常的。调试是进行程序设计时必做的工作。错误通常可以分为语法错误与逻辑错误两种。

语法错误是设计者未依照程序语言的语法与格式编写，造成编译器在编译时产生错误。大家可以发现 Dev-C++ 在编译时会自动检错，并提供了视觉化的检错功能，会直接在下方呈现出错误信息，以便大家知道错误所在。对于语法错误只需加以改正，再重新编译即可，如图 1.16 所示。

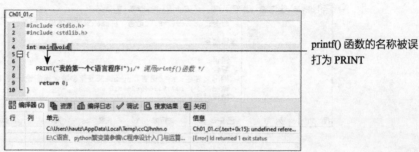

printf() 函数的名称被误打为 PRINT

图1.16

如果是逻辑错误，那就比较麻烦了，常见的情况是执行结果与预期的结果不符合。因为程序代码完全符合语法，所以 Dev C++ 也没有办法直接显示错误所在，这就很考验程序设计者的功力了，通常是让程序一步一步地执行，抽丝剥茧地找出问题所在。

 # C 语言程序代码快速解析

相信即使是完全不懂 C 语言的读者，也能大概看出【上机实习范例：CH01_01.c】的含义。该程序代码中的 printf() 函数算是程序领域中的"明星"函数了，几乎每种语言都把它用作输出函数，这个程序的结果就是输出双引号内的字符串。其实不论哪种程序语言都是对这些关键字（如 printf）进行排列组合，来构成一个大程序，C 语言也不例外。

任何一个 C 语言程序的外观都和【上机实习范例：CH01_01.c】大同小异，只是程序代码多少的区别。在还没深入 C 语言的语法世界时，我们将以这个上机实习范例为基础来谈谈 C 语言程序，先从整体、宏观的角度来看 C 语言，这会对日后提升 C 语言程序的设计能力有意想不到的效果。

**■ 【上机实习范例：CH01_01.c】**

```
01  #include <stdio.h>
02  #include <stdlib.h>
03
04  int main(void)
05  {
06
07      printf(" 我的第一个 C 语言程序 !");  /* 调用 printf() 函数 */
08
09      return 0;
10  }
```

### · 1.4.1 最重要的 main() 函数

C 语言是一种符合模块化设计精神的语言，简单来说，C 语言程序本身就是由各种函数所组成的。所谓函数，就是执行特定功能的语句集合。我们可以自行建立函数，也可以直接使用 C 语言提供的标准函数，例如 main() 函数或 printf() 函数。

通常函数主体用一对大括号"{}"来定义，在函数主体的程序区段中，可以包含多行语句，而每一行语句都要以";"结尾。请注意，程序区段的结束是以右大括号"}"来告知编译器的，且"}"符号之后无须再加上";"来作为结尾。以 main() 函数来说，一个最简单的 C 语言程序可以定义如下。

```
int main()
{    ◄─────────── 完全没有任何的语句
}
```

对 C 语言程序而言，main() 函数大有来头，它代表着任何 C 语言程序的进入点，并且必须使用 main 这个关键字来作为函数名称。任何一个 C 语言程序在开始执行时，不论这个程序有多大规模，操作系统都会先从 main() 函数开始执行，而不论它处在程序中的哪个位置。可以把程序想象成一团毛线球，main() 函数就是那个线头。

函数前的类型声明表示的是函数执行完后返回值的类型，例如 int main() 就表示返回值为整数类型。如果不需要函数返回值，则可以设定其数据类型为"void"。不过括号中如果使用了 void，就代表这个函数中并没有传递任何自变量，也可以直接用空白括号表示，例如可以声明成以下两种方式。

```
void main(void)
void main()
```

【上机实习范例：CH01_01.c】第 9 行 return 语句的用途主要是，如果函数具有返回值，则必须在函数定义中使用 return 语句来回传对应函数的整数值；如果回传值为 0，则表示停止执行程序并且将控制权还给操作系统；如果声明为 void，就必须省略 return 这行语句。

### · 1.4.2  头文件的功能

C 语言程序本身是一种函数的组合，其最大的优点就是还内建了许多标准函数供程序设计者使用，这些函数被分门别类地放置于扩展名为".h"的不同头文件中。通过"#include"指令，设计者就可以将相关的头文件"包含"（include）进你的程序并使用。

【上机实习范例：CH01_01.c】第 1 行中的 #include <stdio.h> 就是把存储在 C 语言中的标准输出、输入函数的 stdio.h 文件包含进来，例如 printf() 函数就定义在 stdio.h 文件中。常见的 C 语言内建头文件如表 1.3 所示。

表 1.3

| 头文件 | 说明 |
| --- | --- |
| <math.h> | 包含数学运算函数 |
| <stdio.h> | 包含标准输出、输入函数 |
| <stdlib.h> | 标准函数库，包含各类基本函数 |
| <string.h> | 包含字符串处理函数 |
| <time.h> | 包含时间、日期处理函数 |

在 C 语言中，"#include"指令是一种称为预处理的指令，并不算是 C 语言的正式语句，所以不需要在该语句的最后加上分号";"。

当使用 C 语言所提供的内建头文件时，必须用"<>"将其括住。也可以使用自定义的头文件，但是就要用"""""符号将其引起来。例如在 A 文件中要引用 B 文件时，在 A 文件开头处加入自定义的头文件 #include"B.c" 即可。以下是两种正确的语法格式。

```
格式 1：#include < 内建头文件名称 >
格式 2：#include " 自定义头文件名称 "
```

大家可能会好奇，这两种载入方式有什么不同？事实上，两者之间的差异就在于头文件的搜索路径有所不同。如果采用格式1的载入方式，编译器就会去寻找系统预设的函数库目录；而格式2则会先在目前的工作目录下寻找，找不到才会去寻找系统预设的函数库目录。

### · 1.4.3 写注释是种好习惯

有许多读者总认为写的程序只要能跑出结果就好了，不需要拖泥带水地写注释。其实随着程序代码的规模日益庞大，现在程序设计的重点就在于可读性与可维护性，而适时使用注释就是达到这两项重点的最主要方法。

注释不仅可以帮助其他的程序设计者阅读程序内容，而且在日后维护程序时，清楚的注释也能省下不少维护成本。C语言程序的注释以"/*"作为开头、以"*/"作为结束，并且可以出现在程序的任何位置。在C语言中，"/*"与"*/"间的文字都属于注释内容，不会进行编译，如下所示。另外，注释也能够跨行使用。

此外，C语言语句的编写具有自由化格式精神，语句所包含的内容相当广泛，例如声明、变量、表达式、函数调用、流程控制、循环等。也就是说，只要不违背基本语法规则，可以自由安排程序代码的位置。除了加上注释外，写程序跟写作文一样，我们都希望能段落分明，适当的缩进可以达到这样的效果。

程序由一个或数个程序区块所构成，而程序区块就像文章中的段落。所谓程序区块，就是由一对大括号括住的部分，其中包含了多行或单行的语句。缩进的主要功能是区分程序区块的层级，使得程序代码易于阅读。例如，如果主程序中包含子区块，或者子区块中又包含其他子区块时，就可以通过缩进来区分程序代码的层级。简单来说，遇到大括号就要考虑缩进。

 **上机实习课程**

通过本章的学习，读者应该可以了解C语言的发展近况、特色与优点、整体开发与完整的编译流程，最重要的是可以学习到如何开始设计一个简单的C语言程序。接下来的上机学习课程将复习所学习的内容，让读者对C语言程序设计有更进一步的了解。

### ■ 【上机实习范例：CH01_02.c】

"\n"是C语言中的一种转义字符，具有换行的功能，这部分内容在第2章中将详细介绍，它通常配合printf()函数使用。请利用printf()函数与\n，得到图1.17所示的执行结果。

```
*
**
***

Process returned 0 (0x0)    execution time : 0.144 s
Press any key to continue.
```

图1.17

参考程序代码如下。

```
01   #include <stdio.h>
02   #include <stdlib.h>
03
04   int main(void)
05   {
06
07     Printf("*\n");  /* 调用 printf() 函数 */
08     Printf("**\n"); /* \n 可跳行 */
09     Printf("***\n");
10
11     return 0;
12   }
```

## 本章课后习题

**1. 何谓可执行文件？**

解答：可执行文件是链接程序中所使用到的目标文件、函数库文件等程序文件，并且最后程序运行完全无误后，可用来解决问题。可执行文件的扩展名在 Windows 操作系统中是".exe"，它可以直接在操作系统中显示执行结果，不需要借助其他编译器。

**2. C 语言有哪些特色与优点？**

解答：程序可移植性强具有跨平台能力、体积小、执行效率高、具有底层处理能力、可作为学习其他语言的基础。此外，C 语言本身可以直接处理底层存储器的问题，甚至可以处理底层位元逻辑运算问题，所能实现的功能不只是在开发套装软件方面。硬件驱动程序、网络通信协议和嵌入式系统等都是 C 语言所能完成的系统。

**3. 何谓解释型语言？**

解答：解释型语言是利用解释器来对高级语言的原始程序代码做逐行解释，即每解释完一行程序代码后，才会再解释下一行。解释的过程中如果发生错误，则解释动作会立刻停止。因为使用解释器解释的程序在每次执行时都必须解释一次，所以执行速度较慢。不过因为仅需存取原始程序，不需要再转换为其他类型的文件，所以程序所占用的存储空间较小。Basic、LISP、Prolog 等语言皆使用解释的方法。

**4. 美国国家标准学会为何要制定一种标准化的 C 语言？**

解答：随着 C 语言在不同操作平台上的发展，逐渐有不同版本的 C 语言出现，它们的语法相近，却因为操作平台不同而不兼容。于是在 1983 年，美国国家标准学会开始制定一种标准化的 C 语言，以使同一段程序代码能在不同操作平台上使用，而无须再重新改写。

5. 在程序中使用函数有哪些优点？

解答：

（1）简化程序内容。主程序通过函数调用的方式执行各函数中所定义的程序功能，简化了原本应编写在主程序中的程序内容。

（2）程序代码复用。不必每次都重新编写相同的程序代码来执行同样的程序功能。

6. 何谓分治算法？

解答：将整个程序需求从上而下、由大到小逐步分解成多个较小的单元，这些单元称为"模块"。程序设计者们可针对各模块分别开发，不但能减轻设计者的负担、可读性较高，而且日后的维护工作也变得容易许多。

7. 何谓集成开发环境？

解答：所谓集成开发环境，即把有关程序的编辑、编译、执行与调试等功能集于同一操作环境下，以简化程序开发过程的步骤，让使用者只需通过此单一集成的环境，即可轻松编写程序。

8. 原始文件、目标文件的功能是什么？请上网查询资料详细描述。

解答：原始文件是一个纯文字文件，扩展名为".c"，为使用者自行编写的原始程序代码。原始文件可以利用各种文字编辑器，或 C 语言集成开发环境（例如 Dev C++）来进行编辑。原始文件还可以在各种平台中使用不同的编译器来编译成可执行文件。目标文件乃是使用者开发的程序在经过编译器编译后所产生的机器码，目的是让计算机明白应该执行的指令与动作。虽然目标文件中已经包含机器码，不过通常还需要链接程序来链接函数库文件（*.lib）与其他程序的目标文件。

9. 程序的错误按照性质可分为哪两种？

解答：（1）语法错误；（2）逻辑错误。

10. 在 Dev C++ 中，可否声明为 void main()？请说明原因。

解答：虽然 void main() 的语法逻辑正确，但有些系统不能通过编译，例如本书所使用的 Dev C++。因此本书中对所有 C 语言程序中的 main() 函数都声明为 int 类型。

11. 编译阶段的主要工作是什么？

解答：编译器会将预处理器处理过的程序编译成机器码（又称为目标文件），而此文件的扩展名为".obj"。目标文件可让计算机明白应该执行的指令与动作。虽然目标文件中已经包含机器码，不过通常还得多一步操作，即需要链接程序来链接函数库文件（*.lib）与其他程序的目标文件。

12. 下列的程序代码在语法上有哪些错误？

```
01  #include <stdio.h>
02  #include <stdlib.h>
03
```

```
04    int main(void)
05    {
06        printf(' C 语言程序初体验 \n ');/* 调用 printf() 函数 */
07
08        return 0;
09    }
```

解答：必须将"printf(' C 语言程序初体验 \n ');"中的单引号修改为双引号。

13. 请问下面的语句是否为合法语句？

```
printf("C 语言程序初体验 !!\n"); system("pause")
; return 0;
```

解答：是，因为 C 语言语句的编写具有自由化格式精神。

14. 试说明 main() 函数的功能。

解答：main() 函数是一个相当特殊的函数，它代表着任何 C 语言程序的进入点，并且必须使用 main 作为函数名称。也就是说，当程序开始执行时，一定会先执行 main() 函数，而不管它处于程序中的哪个位置，编译器都会找到它并开始编译程序内容，因此 main() 函数又称为"主函数"。

15. 如何在程序代码中使用标准函数库所提供的功能？

解答：要在程序代码中使用标准函数库所提供的功能，必须要先用预处理器指令"#include"来引用对应的头文件。"#include"指令的作用就是告诉编译器要加入哪些 C 语言中所定义的头文件。使用者除了可以使用 C 语言所提供的内建头文件外，也可以使用自定义的头文件，不过要用""""符号将自定义的头文件引起来。

# 第 2 章

# C 语言的数据处理

从本章开始，我们就要正式展开 C 语言的学习之旅了。我们先从数据处理的角度来认识 C 语言。程序语言中最基本的数据处理对象就是常量与变量，它们的主要用途是存储数据，以方便程序中的各种运算与处理。

运算的对象在 C 语言中以常量与变量为主，其实这两者都是程序设计师用来存取内存中数据内容的识别代码。两者最大的差异在于变量的内容会随着程序的执行而改变，但常量的内容则是永远固定不变的。

# 2.1 认识变量与常量

在介绍变量（variable）的正式定义前，先回到我们在第 1 章中利用 printf() 函数写的简单程序，现在为这个程序多加几行语句，请读者将【上机实习范例：CH02_01.c】程序自行输入并编译执行，然后从执行结果中反推看看这几行新加的语句有什么功能。再次提醒，程序代码前的行号是作为说明之用，千万别将其当作程序代码输入程序中。

### ■ 【上机实习范例：CH02_01.c】

```
01    #include <stdio.h>
02    #include <stdlib.h>
03
04    int main(void)
05    {
06        int a; /* 声明整数类型变量 a */
07        int b; /* 声明整数类型变量 b */
08
09        a=5;  /* 将 a 的值设定为 5*/
10        b=10;  /* 将 b 的值设定为 10*/
11        printf("a=%d b=%d a+b=%d\n",a,b,a+b);
12        /* 输出 a,b,a+b 的值 */
13
14        return 0;
15    }
```

执行结果如图 2.1 所示。

```
a=5 b=10 a+b=15

Process returned 0 (0x0)   execution time : 0.027 s
Press any key to continue.
```

图2.1

执行结果很简单，就是输出 $a$、$b$、$a+b$ 三者的值。各位可以发现其中有几行语句是陌生的，例如第 6~7 行就是将 $a$ 与 $b$ 声明为整数类型变量。其中 int 是 C 语言中的关键字，表示声明整数类型，如下所示。

```
int a;
int b;
```

第 9~10 行就是分别设定 $a$ 与 $b$ 的初始值，第 11 行的 printf() 函数中使用了"%d"格式，其功能是以十进制整数格式来输出变量的值。

简单来说，"%d"第一次在 printf() 函数中出现是对应 $a$ 的值，第二次出现对应 $b$ 的值，第三次出现则对应 $a+b$ 的值，另外 printf() 函数中两个双引号之间的文字会与这 3 个"%d"所对应的值一起输出到屏幕上，输出结果如下所示。

```
a=5 b=10 a+b=15
```

【上机实习范例：CH02_01.c】告诉我们应该如何声明两个整数变量，并分别输出它们的值与两者相加后的和，相信各位应该对变量的功能有一些了解了吧。

### 2.1.1 变量的简介

刚刚我们提到的变量是程序语言中最基本的"角色"，也是在程序设计中由编译器所配置的一部分具有名称的内存，用来存储可变的数据内容。如果程序需要存取某个内存的数据内容，就可通过变量将数据从内存中取出或写入。

在使用变量之前，必须先声明它用来存储数据的类型，正确的变量声明格式由数据类型、变量名称与分号所构成，而变量名称各位可以自行定义，并且有声明后再设值与声明时设值两种方式，如下所示。

```
数据类型 变量名称 1, 变量名称 2, …, 变量名称 n;
数据类型 变量名称 = 初始值;
```

在 C 语言中共有整数（int）、浮点数（float）、双精度浮点数（double）及字符（char）4 种基本数据类型，可在声明变量时使用，关于这些数据类型的详细说明会在稍后的章节中讲解。

两种声明方式的具体示例如下。

```
int a;     /* 声明整数类型变量 a，暂时未设定初始值 */
int b=12;  /* 声明整数类型变量 b 并直接设定其初始值为 12*/
```

C语言在编译时才会解决变量配置的问题，如果要在C语言中使用变量，一定要事先声明，然后才能使用，否则程序在编译时会出现错误信息。至于是否要设定初始值则没有强制规定，不过最好是在声明变量时就指定它的初始内容，这样也容易增强程序的可读性。

### 2.1.2 变量的名称

保证程序代码的可读性对一个优秀的程序设计师而言是非常重要的好习惯。虽然变量名称在自行定义时只需符合C语言的规定即可，但是当变量很多时，如果你只是简单取个abc等字母名称，就会让人晕头转向，且会大幅降低程序代码的可读性。你最好在事前多花点心思，取个比较有意义的名字，如 *sum* 代表总数、*score* 代表成绩等。

此外，变量的命名必须由英文字母、数字或者下划线"_"所组成，不过首字符可以是英文字母或是下划线，但不可以是数字，也不可以使用 -,*$@...等符号或空格符，当然也不能使用与关键字相同的字符。C 语言中共有 32 个关键字，在 Dev C++ 中会以粗黑体表示，如表 2.1 所示。

表 2.1

| auto | break | case | char |
|------|-------|------|------|
| const | continue | default | do |
| double | else | enum | extern |
| float | for | goto | if |

| int | long | register | return |
|------|--------|----------|--------|
| short | signed | sizeof | static |
| struct | switch | typedef | union |
| unsigned | void | volatile | while |

通常为了提高程序的可读性，笔者建议一般变量以小写字母表示，如 name、address 等，而常量则以大写字母和下划线"_"表示，如 PI、MAX_SIZE。至于函数名称则习惯以小写字母开头，如果由多个英文单词组成，则其他英文单词开头字母用大写，如 copyWord、calSalary 等。

## 2.1.3　变量的地址

当在程序中声明变量时，编译器会依照这个变量的数据类型所占用的字节数分配部分内存空间给这个变量，例如整数变量占用 4 字节，而浮点数变量则占用 8 字节。这个变量一旦声明后，就会占用这个内存空间（也就是地址），不论内容如何改变，地址都不变，如图 2.2 所示。

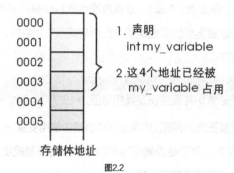

图2.2

由于 C 语言中的数据类型所占用的字节不同，因此如果各位想知道某个变量到底占用了几字节，C 语言中的关键字 sizeof 就能派上用场了，使用格式如下。

```
sizeof 变量或常量名称 ;
sizeof( 变量或常量名称 );
```

以下程序就是利用 sizeof 来查询整数变量与整数类型所占用的字节数目。

### 【上机实习范例：CH02_02.c】

```
01   #include<stdio.h>
02   #include<stdlib.h>
03
04   int main(void)
05   {
06      int salary=100;/* 声明为整数类型 */
07
08      printf( "salary 的数据长度 = %d 字节 \n",sizeof salary);  /* 不加括号 */
09      printf( " 整数类型的数据长度 = %d 字节 \n",sizeof(int)); /* 加上括号 */
10
11      return 0;
12   }
```

执行结果如图 2.3 所示。

```
salary的数据长度＝4字节
整数类型的数据长度＝4字节

Process returned 0 (0x0)    execution time : 2.703 s
Press any key to continue.
```

图2.3

程序解说

第 8~9 行中利用 sizeof 关键字来输出变量 *salary* 与整数类型数据所占用的内存空间，虽然 sizeof 后面接不接括号都可以，但如果是查询某些数据类型所占的位数，就一定要接括号了。

### 2.1.4 常量的简介

常量是指程序在执行的整个过程中不能被改变的数值，例如整数常量 45、–36、10005、0 等，或者浮点数常量 0.56、–0.003、1.234E2 等。在 C 语言中，如果是字符常量，还必须用单引号引起来，如 'a' 'c'。当常量为字符串时，必须用双引号引住字符串，如 "apple" "salary" 等，它们都算是一种字符串常量。下面的 *a* 是一个变量，15 则是一个常量。

```
int  a;
a=a+15;
```

常量在 C 语言程序中也如同变量一般，可以用一个符号来表示。在程序执行时，绝对无法改变的常量我们称为"符号常量"，符号常量可以放在程序内的任何位置，但是一定要先声明定义后才能使用，通常这样做也是为了提高程序的可读性。请利用关键字 const 和预处理器中的 #define 指令来声明符号常量。声明语法如下。

```
方式 1：  const 数据类型 常量名称 = 常量值 ;
方式 2：  #define 常量名称 常量值
```

请注意，由于 #define 为宏指令，并不是指定语句，因此不用加上"="与";"。以下两种方式都可定义常量。

```
const int radius=10;
#define  PI  3.14159
```

 所谓宏，又称为"替代指令"，主要功能是用简单的名称取代某些特定常量、字符串或函数，善用宏可以节省不少程序开发的时间。

各位可能会好奇，这两种声明方式到底有什么区别？最大不同点是使用 #define 指令来定义常量后，会在程序编译时，直接将程序中的所有 PI 都替换成 3.14159；而 const 常量，本质上可以看作是一个只读变量，需要指定类型，需要分配内存，有自己的作用域。

■ 【上机实习范例：CH02_03.c】

```
01    #include<stdio.h>
02    #include<stdlib.h>
03
04    #define PI 3.14159 /* 声明 PI 为 3.14159*/
05
06    int main()
07    {
08
09        const int radius =10; /* 声明圆半径为整数常量 */
10
11        printf("PI=%f\n",PI);/* %f 为浮点数输出格式 */
12        printf(" 圆的半径 =%d , 面积 =%f \n",radius,PI*radius*radius);
13
14        return 0;
15    }
```

执行结果如图 2.4 所示。

```
PI=3.141590
圆的半径 =10 , 面积 =314.159000

Process returned 0 (0x0)    execution time : 2.526 s
Press any key to continue.
```

图2.4

程序解说

这个程序的目的是让各位了解使用符号常量的声明方法，它们被声明后在程序中绝对不能再改变，例如，如果在第 10 行加一行语句 const int radius =15，编译时就会出现错误。第 12 行 printf() 函数中所用的"%f"也是一种格式化字符，作用是输出浮点数的数值。

不过有一种情况例外，例如下面这个程序，我们在 main() 函数中声明了一个 const 模式的常量 salary，但如果在更小的程序区块中（利用 {}）重新声明一个 const 模式的常量 salary，就可以改变其值，不过离开此区块后，salary 又会恢复为原来的数值。

■ 【上机实习范例：CH02_04.c】

```
01    #include<stdio.h>
02    #include<stdlib.h>
03
04    int main(void)
05    {
06        const int salary=23000;/* 声明 salary 为常量 */
07
08        printf("salary=%d\n",salary);
09
10        {
11            const int salary=33000;
12            printf("salary=%d\n",salary);
13        }/* 在此程序区块中重新声明 salary 常量，可改变其值 */
14
```

```
15        printf("salary=%d\n",salary);
16
17        return 0;
18    }
```

执行结果如图 2.5 所示。

```
salary=23000
salary=33000
salary=23000

Process returned 0 (0x0)    execution time : 2.744 s
Press any key to continue.
```

图2.5

**程序解说**

我们知道 C 语言中的程序区块是由一对大括号括起来的，包含单行或多行程序语句，程序区块中还可以包含更小的程序区块，这时每个区块中所定义的变量或常量就会有生命周期，所以各位会发现在第 12、15 行中所输出的 salary 值并不相同。这部分内容在后面关于函数的章节中会详细说明。

# 2.2 基本数据类型

由于 C 语言是一种强制类型式（strongly typed）的语言，因此当声明变量时，必须要指定其数据类型。C 语言的基本数据类型可以分为 3 种，分别是整数、浮点数和字符。不同的数据类型所占空间的大小不同，并且往往也会因为计算机硬件与编译器的位数不同而有差异，在 16 位的系统中（例如 DOS、Windows 3.1），整数型的长度为 2 字节；而在 32 位的系统里，则为 4 字节，本书中将以 32 位计算机为主要介绍依据。

## · 2.2.1 整数类型

整数数据类型用来存储不含小数点的数据，跟数学上的整数的意义相同，如 –1、–2、–100、0、1、2、100 等。在 Dev C++ 中，声明为整数的变量占 4 字节。如果依据其是否带有正负符号来划分，可以分为有符号整数（signed int）及无符号整数（unsigned int）两种；还可以以数据所占的空间大小来区分，则有短整数（short int）、整数（int）及长整数（long int）3 种类型，如表 2.2 所示。

表 2.2

| 数据类型 | 长度 | 数值范围 | 说明 |
|---|---|---|---|
| signed short int（有符号短整数） | 2 字节 | –32768 ~ 32767 | 可简写为 short |
| signed int（有符号整数） | 4 字节 | –2147483648 ~ 2147483647 | 可简写为 int |
| signed long int（有符号长整数） | 4 字节 | –2147483648 ~ 2147483647 | 可简写为 long |
| unsigned short int（无符号短整数） | 2 字节 | 0 ~ 65535 | 可简写为 unsigned short |
| unsigned int（无符号整数） | 4 字节 | 0 ~ 4294967295 | 可简写为 unsigned |
| unsigned long int（无符号长整数） | 4 字节 | 0 ~ 4294967295 | 可简写为 unsigned long |

由表 2.2 可见，当在 int 前加上 unsigned 修饰符后，该变量只能存储正整数数据，数据长度就可以省下 1 字节来，因此能够表示更多的正数。

此外，英文字母"U""u"与"L""l"可直接放在整数常量后来标识其为无符号整数及长整数数据类型。

long int no=123456UL; /* 声明 no 为长整数，并设为无符号长整数 123456UL */

在以上的声明中 int 可以省略，直接写成：

long no=123456UL;

以下这个程序中分别列出了不同的 C 语言整数修饰符声明与输出结果，并利用 sizeof 关键字来显示这些变量的长度。

■ 【上机实习范例：CH02_05.c】

```
01   #include<stdio.h>
02   #include <stdlib.h>
03
04   int main()
05   {
06
07
08      long int no1=123456UL;/* 声明长整数 */
09      unsigned short no2=9786;/* 声明无符号短整数 */
10
11       /* 输出各整数数据类型 */
12
13      printf(" 长整数 %d 的长度为 %d 字节 \n",no1,sizeof no1);
14      printf(" 无符号短整数 %d 的长度为 %d 字节 \n",no2,sizeof no2);
15
16
17      return 0;
18   }
19
```

执行结果如图 2.6 所示。

```
长整数123456的长度为4字节
无符号短整数9786的长度为2字节

Process returned 0 (0x0)   execution time : 2.823 s
Press any key to continue.
```

图2.6

程序解说

可以从第 13~14 行的输出结果发现，第 8~9 行中因为加入了不同的整数修饰符，该变量的存储空间发生了变化。

在 C 语言中，有时为了保证程序的可读性，我们可以使用不同的进制来表示不同整数，例如存储数据的内存地址就经常以十六进制的方式来表示。因此除了可以利用十进制来表示整数，当然也能采用八进制或十六进制来表示整数，规则如下。

八进制方式：在数字前加上数值 0，例如 023 就是表示十进制的 19。

十六进制方式：在数字前加上"0x"或"0X"，例如 0x3a 就是十进制的 58。

以下程序利用了 3 种不同的数字系统来设定变量的初始值，各位可以观察使用的方式及输出的结果。

■ 【上机实习范例：CH02_06.c】

```
01    #include <stdio.h>
02    #include <stdlib.h>
03
04    int main(void)
05    {
06
07        int Num=100;           /* 以十进制设定整数变量 */
08        int OctNum=0200;       /* 以八进制设定整数变量 */
09        int HexNum=0x33f;      /* 以十六进制设定整数变量 */
10
11        printf("Num=%d\n",Num);  /* 以十进制输出 */
12        printf("OctNum=%o\n",OctNum); /* 以八进制输出 */
13        printf("HexNum=%x\n",HexNum); /* 以十六进制输出 */
14
15        return 0;
16    }
```

执行结果如图 2.7 所示。

```
Num=100
OctNum=200
HexNum=33f

Process returned 0 (0x0)   execution time : 1.803 s
Press any key to continue.
```

图2.7

**程序解说**

在第 12~13 行中，我们使用了两个格式化字符"%o"与"%x"，主要是用来输出八进制与十六进制的数字，这就是格式化字符好用的地方，眼尖的读者可能会发现变量开头的"0"或"0x"都不见了。

### 2.2.2 浮点数类型

浮点数数据类型指的是带有小数点的数字，也就是数学上所指的实数。由于整数所能表示的范围与精度不足，因此浮点数就出现了。在 C 语言中，浮点数类型分为两种，主要差别在于所表示的数值范围不同，如表 2.3 所示。

表 2.3

| 数据类型 | 长度 | 数值范围 | 说明 |
|---|---|---|---|
| float | 4 字节 | 1.2*10-38~3.4*10+38 | 单精度浮点数，有效位数为 7~8 位数 |
| double | 8 字节 | 2.2*10-308~1.8*10+308 | 双精度浮点数，有效位数为 15~16 位数 |

我们知道在 C 语言中，浮点数默认的数据类型为 double，因此在指定浮点常量的初始值时，可以在数值后方加上"f"或"F"，将数值转换成 float 数据类型，这种对内存"当省则省"的观念，能够提高程序的执行效率。将变量声明为浮点数数据类型的方法如下。

float 变量名称；
或
float 变量名称 = 初始值；
double 变量名称；
或
double 变量名称 = 初始值；

浮点数的表示方法除了一般带有小数点的方式外，另一种是称为科学记数法的指数方式，例如 3.14、-100.521、6e-2、3.2E-18 等。其中 e 或 E 代表以 10 为底数的科学记数法。例如 6e-2，其中 6 称为尾数，-2 称为指数。表 2.4 所示为小数点表示法与科学记数法的转换表。

表 2.4

| 小数点表示法 | 科学记数法 |
|---|---|
| 0.06 | 6e-2 |
| -543.236 | -5.432360e+02 |
| 234.555 | 2.34555e+02 |
| 3450000.00 | 3.45E6 |

不论是单精度浮点数还是双精度浮点数，当以 printf() 函数输出时，输出的格式化字符都是"%f"，不过如果打算以科学记数法输出，则格式化字符为"%e"。在以下程序中，我们将分别以"%f"与"%e"两种格式化字符来输出单精度浮点数与双精度浮点数。

■ 【上机实习范例：CH02_07.c】

```
01   #include <stdio.h>
02   #include <stdlib.h>
03
04   int main(void)
05   {
06
07       float f1=456.78F;      /* 以单精度浮点数类型声明，数值后方加上 F*/
08       double f2=123.90123;     /* 以双精度浮点数类型声明 */
09
10       printf("f1=%f\n",f1);   /* 以浮点数格式输出 */
11       printf("f1=%e\n",f1);   /* 以科学记数法格式输出 */
12       printf("f2=%f\n",f2);   /* 以一般浮点数格式输出 */
13       printf("f2=%e\n",f2);   /* 以科学记数法格式输出 */
14
```

```
15
16      return 0;
17  }
```

执行结果如图 2.8 所示。

```
f1=456.779999
f1=4.567800e+002
f2=123.901230
f2=1.239012e+002

Process returned 0 (0x0)    execution time : 2.711 s
Press any key to continue.
```

图2.8

 **程序解说**

第 7 ～ 8 行声明了单精度与双精度浮点数类型的变量，第 10 ～ 13 行的 printf() 函数将这两个浮点数分别用浮点数及科学记数法来显示，各位可以比较这两种输出格式的不同。

接下来这个范例程序也很有趣，在这个范例中，我们将仔细验证一下用 float 与 double 声明的变量到底能保留多少位有效数字。

**■ 【上机实习范例：CH02_08.c】**

```
01  #include <stdio.h>
02  #include <stdlib.h>
03
04  int main(void)
05  {
06
07      float f1=456.7812345678977F; /* 单精度浮点数类型声明，在数值后方加上 F*/
08      double f2=456.7812345678972; /* 双精度浮点数类型声明 */
09
10      printf("f1=%15.12f\n",f1);   /* 以浮点数格式输出 */
11      printf("f2=%15.12f\n",f2);   /* 以一般浮点数格式输出 */
12
13      return 0;
14  }
```

执行结果如图 2.9 所示。

```
f1=456.781219482422
f2=456.781234567897

Process returned 0 (0x0)    execution time : 1.951 s
Press any key to continue.
```

图2.9

 **程序解说**

在第 10~11 行中，我们用了新的格式化字符 "%15.12f"，这个字符的作用是表示保留 15 个精度字段，但是小数点后保留 12 位。如果是 "%6.3f"，则表示保留 6 个精度字段，小数点后保留 3 位，依此类推。

我们可以从执行结果得知，float 类型声明的 f1 保留了 7 位有效数字 456.7812，而其他多出的数则是保留在内存中的"残值"。第 11 行的输出结果中保留了 15 位有效数字 456.781234567897。

### · 2.2.3 字符类型

字符类型包含了字母、数字、标点符号及控制符号等，在内存中以整数数值的方式进行存储，每个字符占用 1 字节的数据长度。通常字符会被编码，所以字符 ASCII 编码的数值范围为 0 ～ 127，例如字符"A"的数值为 65、字符"0"的数值为 48。

 ASCII（American Standard Code for Information Interchange，美国信息交换标准代码）采用8位不同的字符来制定计算机中的内码，不过最左边的一位为核对位，故实际上仅用到7位来表示。也就是说ASCII最多只可以表示$2^7$＝128个不同的字符，可以表示大小写英文字母、数字、符号及各种控制字符。后来有些计算机系统为了能够处理更多的字符，将编码系统扩充到8位，并加上了更多的图形字符，达到了255个。

在设定字符变量时，必须将字符置于单引号"' '"之间，而不是双引号"" ""之间。声明字符变量的方式如下。

```
方式 1: char 变量名称 1, 变量名称 2, ... , 变量名称 N;  /* 声明多个字符变量 */
方式 2: char 变量名称 = ' 字符 ';        /* 声明并初始化字符变量 */
```

其声明案例如下。

```
char ch1,ch2,ch3,ch4;
```
或是
```
char  ch5='A';
```

由于每一个字符都会编上一个整数码，因此也能分别使用十进制、八进制及十六进制的 ASCII 值来设定，方式如下。

```
char 变量名称 = 十进制 ASCII;
char 变量名称 = '\ 八进制 ASCII';
char 变量名称 = '\x+ 十六进制 ASCII';
char 变量名称 = "0"+ 八进制 ASCII;
char 变量名称 = "\x"+ 十六进制 ASCII;
```

其声明案例如下。

```
char ch1=67;
char ch2='r';
char ch3='\111';
char ch4='\x61';
char ch5=0111;
char ch6=0x61;
```

字符的输出格式化字符有两种，即可以利用"%c"直接输出字符，也可以利用"%d"来输出 ASCII 的整数值。

接下来的范例除了利用不同的字符声明方式外，还将分别使用"%c"与"%d"两种格式化字符来输出字符变量。

**【上机实习范例：CH02_09.c】**

```c
01  #include <stdio.h>
02  #include <stdlib.h>
03
04  int main()
05  {
06
07      char ch1=67;        /* 以十进制 ASCII 设定字符变量 */
08      char ch2='r';       /* 以字符设定字符变量 */
09      char ch3='\111';    /* 以八进制 ASCII 设定字符变量 */
10      char ch4='\x61';    /* 以十六进制 ASCII 设定字符变量 */
11      char ch5=0111;
12      char ch6=0x61;
13
14      /* 输出字符变量的字符值 */
15      printf("char1=%c\n",ch1);
16      printf("char2=%c\n",ch2);
17      printf("char3=%c\n",ch3);
18      printf("char4=%c\n",ch4);
19      printf("char5=%c\n",ch5);
20      printf("char6=%c\n",ch6);
21
22
23      /* 输出字符变量的 ASCII */
24      printf("char1=%d\n",ch1);
25      printf("char2=%d\n",ch2);
26      printf("char3=%d\n",ch3);
27      printf("char4=%d\n",ch4);
28      printf("char5=%d\n",ch5);
29      printf("char6=%d\n",ch6);
30
31      return 0;
32  }
```

执行结果如图 2.10 所示。

```
char1=C
char2=r
char3=I
char4=a
char5=I
char6=a
char1=67
char2=114
char3=73
char4=97
char5=73
char6=97

Process returned 0 (0x0)   execution time : 2.717 s
Press any key to continue.
```

图2.10

第 7~12 行分别以字符及不同进制的 ASCII 值来设定字符变量的初始值，请各位特别比较八进制及十六进制两种设定方式的差别。第14~29行利用"%c"与"%d"两种字符输出ASCII的整数值。

虽然字符的ASCII值为数值，但是数字字符（如 '5'）和它相对应的ASCII是不同的，如 '5' 的ASCII是 53。也可以让字符与一般的数值进行四则运算，只是加上的是它的ASCII的数值。例如：

```
printf("%d\n",100+'A');
printf("%d\n",100-'A');
```

由于字符 'A' 的ASCII为65，因此上面代码运算后的输出结果为165与35。接下来的程序示范了两个字符的加法运算，并将结果分别以整数及字符格式输出。

■ 【上机实习范例：CH02_10.c】

```
01  #include<stdio.h>
02  #include <stdlib.h>
03
04  int main(void)
05  {
06      /* 声明字符变量 */
07      char ch='A';
08      /* 输出运算后的数值 */
09      printf("230+'A'= %d 与 230-'A'=%d\n",230+ch,230-ch);
10      /* 输出运算后的字符 */
11      printf("230+'A'= %c 与 230-'A'=%c\n",230+ch,230-ch);
12
13      return 0;
14  }
```

执行结果如图 2.11 所示。

```
230+'A' = 295 与 230-'A'=165
230+'A' = ' 与 230-'A'=

Process returned 0 (0x0)   execution time : 2.426 s
Press any key to continue.
```

图2.11

程序解说

在第9及第11行中我们将230与ch做加法与减法运算，并分别以"%d"与"%c"格式化字符输出，各位可以看到运算后的数值与对应的字符。但是230+'A' 的结果295已经超过了256，这时该怎么办？其实程序是以一种循环的理念来处理的，只要将295求对256的余数值（结果等于39），就能找到ASCII为39的字符，是单引号"'"字符。

・ 2.2.4 转义序列

字符类型数据中还有一些特殊字符无法利用键盘来输入或显示于屏幕。这时候必须在字符前加上转义字符"\"，来通知编译器将反斜杠后面的字符当成一般的字符显示，或者进行某些特殊的控制，例如之前我们提过的"\n"字符，就是表示换行。

由于反斜杠之后的某字符将转换原来字符的意义，并代表另一个新功能，因此我们称它们为转义序列

（escape sequence）。笔者特别整理了 C 语言中的转义序列与相关说明，如表 2.5 所示。

表 2.5

| 转义序列 | 说明 | 十进制 ASCII | 八进制 ASCII | 十六进制 ASCII |
|---|---|---|---|---|
| \0 | 字符串终止符 | 0 | 0 | 0x00 |
| \a | 警告字符（alarm），使计算机发出哔声 | 7 | 007 | 0x7 |
| \b | 倒退字符（backspace），倒退一格 | 8 | 010 | 0x8 |
| \t | 水平跳格字符（horizontal Tab） | 9 | 011 | 0x9 |
| \n | 换行字符（new line） | 10 | 012 | 0xA |
| \v | 垂直跳格字符（vertical Tab） | 11 | 013 | 0xB |
| \f | 跳页字符（form feed） | 12 | 014 | 0xC |
| \r | 返回字符（carriage return） | 13 | 015 | 0xD |
| \" | 显示双引号（double quote） | 34 | 042 | 0x22 |
| \' | 显示单引号（single quote） | 39 | 047 | 0x27 |
| \\ | 显示反斜杠（backslash） | 92 | 0134 | 0x5C |

以下的程序范例利用 4 种方式来将 '\a' 设值给 c1、c2、c3 与 c4，当输出这 4 个字符时，都能使计算机发出哔声。

■ 【上机实习范例：CH02_11.c】

```
01    #include <stdio.h>
02    #include <stdlib.h>
03
04    int main(void)
05    {
06
07        char c1='\a'; /* 以转义序列来设值 */
08        char c2=7;    /* 以十进制来设值 */
09        char c3='\7'; /* 以八进制来设值 */
10        char c4='\x7';/* 以十六进制来设值 */
11
12        printf("%c%c%c%c\n",c1,c2,c3,c4); /* 发出 4 声哔声 */
13
14        return 0;
15    }
```

执行结果如图 2.12 所示。

```
Process returned 0 (0x0)   execution time : 1.674 s
Press any key to continue.
```

图2.12

 程序解说

第 7~10 行是以不同方式来设定 '\a' 的，这是一种警告字符，会让计算机发出哔声，如果让 ASCII 为 7，也能实现相同的功能。

除了以上的介绍，转义序列还有一些有趣的应用。例如单引号"'"、双引号"""、转义字符"\"等，通常可用来标识某些字符或字符串的值，如果要把包括它们的值指定给字符或字符串，还必须运用转义字符"\"，如下所示。

```
char ch='\''; /* ch 的数据值为 ' */
char ch1='\"'; /* ch1 的数据值为 " */
char ch2='\\'; /* ch2 的数据值为 \ */
```

以下程序范例将说明如何使用转义字符（\）在 printf() 函数中输出单引号"'"与双引号"""。

■ 【上机实习范例：CH02_12.c】

```
01    #include <stdio.h>
02    #include <stdlib.h>
03
04    int main(void)
05    {
06
07        printf("\"I\'m a good boy.\"\n");
08        /* 利用 printf() 函数输出单引号与双引号 */
09
10        return 0;
11    }
```

执行结果如图 2.13 所示。

```
"I'm a good boy."

Process returned 0 (0x0)    execution time : 2.418 s
Press any key to continue.
```

图2.13

 程序解说

第 7 行中我们在 printf() 函数中直接使用转义字符"\""与"\'"，可以达到输出双引号与单引号的效果。

· 2.2.5　强制类型转换

在 C 语言中，针对表达式执行方面的要求，还可以"暂时性"转换数据的类型。数据类型的转换只是针对变量存储的"数据"进行转换，但是不能转换变量本身的数据类型。有时候为了满足程序的需要，C 语言也允许用户自行强制转换数据类型。如果各位要对表达式或变量强制转换数据类型，可以使用如下的语法。

（数据类型）表达式或变量;

我们来看以下这种运算情形。

```
int i=100, j=3;
float Result;
```

```
Result=i/j;
```

表达式类型转换会将 *i/j* 的结果（整数值 33）转换成 float 类型再指定给 *Result* 变量（得到 33.000000），小数点部分被完全舍弃，无法得到精确的数值。如果要得到小数部分的数值，可以把以上的表达式改成强制类型转换形式，如下所示。

```
Result=(float) i/ (float) j;
```

还有一点需要注意，包含类型名称的小括号绝对不可以省略。另外在指定运算符"="左边的变量不能进行强制数据类型转换，如下所示。

```
(float)avg=(a+b)/2;   /* 不合法的语句 */
```

以下程序就是用来验证使用强制类型转换后的输出结果会有哪些不同的。

### ■【上机实习范例：CH02_13.c】

```
01   #include <stdio.h>
02   #include <stdlib.h>
03
04   int main()
05   {
06
07       int i=120,j=33;  /* 定义整数变量 i 与 j */
08       float Result;    /* 定义浮点数变量 Result */
09
10       Result=i/j;
11       printf("Result=i/j=%d/%d=%f\n\n", i, j, Result);
12       printf(" 强制类型转换的执行结果 \n");
13       Result=(float)i /(float) j;
14       printf("Result=(float)i/(float)j=%d/%d=%f\n", i, j, Result);
15
16       return 0;
17   }
```

执行结果如图 2.14 所示。

```
Result=i/j=120/33=3.000000

强制类型转换的执行结果
Result=(float)i/(float)j=120/33=3.636364

Process returned 0 (0x0)   execution time : 1.859 s
Press any key to continue.
```

图2.14

**程序解说**

在第 10 行中，由于变量 i 与 j 都是整数类型，只做整数的除法运算，因此浮点数变量 f 的存储值只能有整数部分。在第 14 行中，使用了强制类型转换，将变量 i 与 j 改为了以 float 类型做除法运算，运算结果就可以包含小数点后的数值。

# 2.3 上机实习课程

从本章的说明中可以得知，C语言中最基本的数据处理对象就是变量与常量，并且会依照不同的数据类型来决定所分配的内存大小。各位必须了解各种数据类型、变量命名规则、转义序列与数据类型转换等相关知识。本节的课程将利用上述的学习内容来进行一连串相关C语言程序的上机实习。

■ 【上机实习范例：CH02_14.c】

我们知道整数的修饰符能够限制整数的数值范围，如果不小心超过了限定的范围，就称为溢出。在C语言的整数溢出处理中，也可以应用一种循环的理念。以下程序将分别设定两个无符号短整数变量$s_1$、$s_2$，并输出其结果。当变量值比最大表示值大1时，则会变为最小表示值，如$s_2$；当变量值比最小表示值小1时，则变为最大表示值，如$s_1$。请各位仔细观察执行结果。程序代码如下。

```
01  #include <stdio.h>
02  #include <stdlib.h>
03
04  int main()
05  {
06
07      unsigned short int s1=-1;/* 超过无符号短整数变量的下限值 */
08      short int s2=32768;  /* 超过无符号短整数变量的上限值 */
09
10
11      printf("s1=%d\n",s1);
12      printf("s2=%d\n",s2);
13
14      return 0;
15  }
```

执行结果如图2.15所示。

```
s1=65535
s2=-32768

Process returned 0 (0x0)    execution time : 2.626 s
Press any key to continue.
```

图2.15

■ 【上机实习范例：CH02_15.c】

以下程序利用 sizeof 关键字来查询各种数据类型（包括 short int、long int、char、float、double）所占用的字节。特别提醒一点：如果是求数据类型占据的空间大小（即字节），则 sizeof 关键字必须加上括号。程序代码如下。

```
01  #include <stdio.h>
02  #include <stdlib.h>
03
```

```
04    int main(void)
05    {
06
07        printf( "short int 的数据长度为 %d 字节 \n",sizeof(short int));
08        /* 得到 short int 类型所占字节 */
09        printf( "long int 的数据长度为 %d 字节 \n",sizeof(long int));
10        /* 得到 long int 类型所占字节 */
11        printf( "char 的数据长度为 %d 字节 \n",sizeof(char));
12        /* 得到 char 类型所占字节 */
13        printf( "float 的数据长度为 %d 字节 \n",sizeof(float));
14        /* 得到 float 类型所占字节 */
15        printf( "double 的数据长度为 %d 字节 \n",sizeof(double));
16        /* 得到 double 类型所占字节 */
17
18        return 0;
19    }
```

执行结果如图 2.16 所示。

```
short int的数据长度为2字节
long int的数据长度为4字节
char的数据长度为1字节
float的数据长度为4字节
double的数据长度为8字节

Process returned 0 (0x0)    execution time : 2.066 s
Press any key to continue.
```

图2.16

### 【上机实习范例：CH02_16.c】

以下程序将使用转义字符与十六进制来表示以下执行结果中每一个字符的 ASCII，虽然该程序代码很短，但可以清楚说明转义字符的功能。

```
01    #include <stdio.h>
02    #include <stdlib.h>
03
04    int main(void)
05    {
06
07        printf( "\"\x48\x45\x4c\x4c\x4f\x21\x57\x4f\x52\x4c\x44\x21\"\n" );
08        /* 以十六进制显示 "HELLO!WORLD!" 字符，最后换行 */
09
10        return 0;
11    }
```

执行结果如图 2.17 所示。

```
"HELLO!WORLD!"

Process returned 0 (0x0)    execution time : 2.378 s
Press any key to continue.
```

图2.17

### ■ 【上机实习范例：CH02_17.c】

以下程序中声明了3个整数成绩，直接除以3就能求得平均成绩，不过这样会舍弃小数点后的数值。请试着强制转换数据类型来求取平均成绩，并自行比较其中的不同。

```
01    #include<stdio.h>
02    #include<stdlib.h>
03
04    int main(void)
05    {
06        int score1=88,score2=79,score3=62;
07        int sum=0;
08
09        sum=score1+score2+score3;
10
11        printf(" 平均成绩为：%d\n",sum/3);/* 不转换数据类型 */
12        /* 强制转换数据类型 */
13        printf(" 强制转换数据类型后的平均成绩为：%f\n",(float)sum/3);
14
15        return 0;
16    }
```

执行结果如图 2.18 所示。

```
平均成绩为：76
强制转换数据类型后的平均成绩为：76.333333

Process returned 0 (0x0)   execution time : 2.509 s
Press any key to continue.
```

图2.18

### ● 本章课后习题

1. 请问以下程序代码中 *i* 与 *j* 的输出结果是什么？

```
int main()
{
    int i=2147483647;
    short int j=32767;
    i=i+1;
    j=j+1;
    printf("i=%d\n",i);
    printf("j=%d\n",j);

    return 0;
}
```

解答：i=-2147483648，j=-32768。

2. 请问以下程序代码中 printf() 函数的输出结果里为什么会有一个空格？

```
int main()
{
    double df=123.45678901;
    printf("df=123.45678901=======>%13.8f\n",df); /* 以指定的格式输出 */

    return 0;
}
```

解答：因为以"%13.8f"格式输出时，表示总位数为 13 位，小数部分为 8 位，所以 df 变量的小数部分得以全部显示。由于该变量总位数仅有 12 位，因此系统在数值前补上了一个空格字符。

3. 何谓变量？何谓常量？

解答：变量代表计算机里的一个内存存储位置，可以在这个位置上提供给用户设定数据，所以它的数值可变动。而常量则是在声明要使用内存位置的同时，就已经给予其固定的数据类型和数值，在程序执行的过程中不能再做任何变动。

4. 请问程序设计习惯与变量或常量的存储长度有何关系？

解答：一个好的程序设计习惯是要学会充分考虑程序代码中变量或常量的存储长度。使用较多字节存储的优点是有更多的有效位数，缺点则是会影响到程序的执行效率。

5. 试简述变量命名必须遵守哪些规则。

解答：

（1）变量名称必须是由英文字母、数字或者下划线"_"所组成，首字符可以是英文字母或是下划线，但不可以是数字。

（2）变量名称中间可以有下划线，但是不可以使用 -,*$@...等符号。

（3）变量名称需要区分大小写字母，例如 Ave 与 AVE 会被视为两个不同的变量。

（4）不可使用与关键字或函数名称相同的名称。

6. 如何在指定浮点常量值时，将数值转换成 float 类型？

解答：在 C 语言中，浮点数默认的数据类型为 double，因此在指定浮点常量值时，可以在数值后方加上"f"或"F"，将数值转换成 float 类型。

7. 请将整数值 45 用 C 语言中的八进制与十六进制表示。

解答：八进制为 055；十六进制为 0x2d。

8. 字符数据类型在输出、输入上有哪两种选择？

解答：

（1）%c，依照字符的形式输出、输入。

（2）%d，依照 ASCII 的数值输出、输入。

9.void 的功能是什么？

解答：void 数据类型并不属于 C 语言的基本数据类型，用于表示一种不存在的值，而且 C 语言中也没有直接声明 void 类型的变量，它主要用在函数的应用中。

10. 下面这个程序进行的是除法运算，如果想得到较精确的结果，请问其中有何错误？

```c
#include <stdio.h>
int main(void)
{
    int x = 11, y = 7;
    printf("x /y = %f\n", x/y)*;
    return 0;
}
```

解答：浮点数的存储方式与整数不同，原程序将会得到结果 0，若要得到正确的结果，则必须将第 5 行改为：

```c
float x = 11, y = 7;
```

11. 请简述"signed"与"unsigned"这两种数据类型之间的区别。

解答："signed"为有符号整数，"unsigned"为无符号整数。

12. 请说明以下转义序列的含义。

（1）\t；（2）\n；（3）\"；（4）\'；（5）\\。

解答：各转义序列的含义如表 2.6 所示。

表 2.6

| 转义序列 | 说明 |
|---|---|
| \t | 水平跳格字符 |
| \n | 换行字符 |
| \" | 显示双引号 |
| \' | 显示单引号 |
| \\ | 显示反斜杠 |

13. 请写出以下 C 程序代码的输出结果。

```c
printf("%o\n",100);
printf("%x\n",100);
```

解答：144、64。

14. 现有一个个人资料输入程序，但是无法顺利编译，编译器指出下面这段程序代码出了问题，请指出问题所在。

```c
printf(" 请输入 ID"08004512": ");
```

解答：若要显示 "" 符号，必须使用 \" 转义序列，程序代码应更改如下。

```c
printf(" 请输入 ID\"08004512\": ");
```

# 表达式

　　无论如何复杂的程序，本质上多半都是用来帮助我们进行各种运算工作的，而这些运算工作都必须依赖一行行的表达式程序代码来完成。大家都学过数学的加减乘除四则运算，如 3+5，3÷5，2-8+3÷2 等，它们都可以算作是表达式。

　　C 语言中的表达式由操作数及运算符组合而成，操作数包括了常量、变量、函数调用或其他表达式，例如以下就是一个简单的表达式：

d=a*b+f*100-123.4

　　其中 d、a、b、f、100、123.4 等常量或变量称为操作数，而 =、*、- 等运算符号称为运算符。

# 3.1 认识运算符

精确快速的计算能力称得上是计算机最重要的能力之一，表达式在各种快速计算中起关键作用，而运算符就是各种运算舞台上的演员。C语言运算符的种类相当多，它们分门别类地执行各种计算功能，例如赋值运算符、算术运算符、自增与自减运算符、关系运算符、逻辑运算符和位运算符等。

## 3.1.1 赋值运算符

"="在数学上的含义是等于，不过在程序语言中它的含义则完全不同，其主要作用是将"="右侧的值赋给"="左侧的变量，由至少两个操作数组成。以下是赋值运算符的使用方式。

变量名称 = 赋的值 或 表达式;

例如：

```
a= a + 1;        /* 将 a 值加 1 后赋给变量 a */
c= 'A';          /* 将字符 'A' 赋给变量 c */
```

$a=a+1$ 是很经典的表达式，当然在数学上根本不成立，在C语言中是指当利用赋值运算符"="来设定数值时，才将右侧的数值或表达式的值赋给"="左侧的变量。

赋值运算符"="的右侧可以是常量、变量或表达式，最终都会赋给左侧的变量，而运算符左侧仅能是变量，不能是数值、函数或表达式等，例如表达式 X–Y=Z 就是不合法的。

赋值运算符除了能够一次赋一个数值给变量外，还能够同时赋同一个数值给多个变量。例如：

```
int a,b,c;
a=b=c=10;
```

此时表达式的执行顺序是由右至左，先将数值 10 赋给变量 $c$，然后再依序赋给 $b$ 与 $a$，所以变量 $a$、$b$ 及 $c$ 的值都是 10。

以下程序范例相当简单，主要是用于加强读者对赋值运算符"="的理解，我们将一次赋一个数值给变量，再将其中变量 $a+1$ 计算后的值存储在 $a$ 中。

### ■【上机实习范例：CH03_01.c】

```
01    #include <stdio.h>
02    #include <stdlib.h>
03
04    int main(void)
05    {
06        int a,b,c;
07        a=b=c=1; /* 同时赋值给 3 个变量 */
08
09        printf("a=%d b=%d c=%d\n",a,b,c);
```

```
10      a=a+1;/* 将 a 的值加 1 后赋给变量 a */
11      printf("a=%d\n",a);
12
13      return 0;
14  }
```

执行结果如图 3.1 所示。

```
a=1 b=1 c=1
a=2

Process returned 0 (0x0)   execution time : 1.772 s
Press any key to continue.
```

图3.1

**程序解说**

第 7 行中我们同时对 3 个已经声明为整数类型的变量设定了值 1，不可以直接写成 int a=b=c=1;，否则在编译时会出现错误。第 10 行中 $a+1$ 的结果为 2，再将 2 赋给"="左侧的变量 $a$，所以第 11 行的输出结果为 2。

### 3.1.2 算术运算符

算术运算符是程序语言中使用频率最高的运算符，包含了四则运算符、正 / 负号运算符、取余运算符等。表 3.1 所示为算术运算符的语法及范例说明。

表 3.1

| 算术运算符 | 说明 | 使用语法 | 执行结果（A=15，B=7） |
|---|---|---|---|
| + | 加 | A + B | 15+7=22 |
| − | 减 | A − B | 15-7=8 |
| * | 乘 | A * B | 15*7=105 |
| / | 除 | A / B | 15/7=2 |
| + | 正号 | +A | +15 |
| − | 负号 | −B | −7 |
| % | 取余 | A % B | 15%2=1 |

四则运算符与我们常用的数学运算符相同，而正 / 负号运算符主要表示操作数的正、负值。通常设定常量为正数时可以省略 + 号，例如"a=5"与"a=+5"的意义是相同的；而负号除了可以使正数变为负数外，也可以使原来为负数的数值变成正数。

请看下面的例子。

10−3*3

上述的运算结果是 1。因为负号的处理优先级别高于乘号，所以会将 −3 乘上 3 得到 −9，接着 10 再与 −9 进行运算，最后得到结果 1。

以下范例是声明两个整数变量 $a$ 与 $b$，并输出进行四则运算后的结果。

## 【上机实习范例：CH03_02.c】

```
01   #include <stdio.h>
02   #include <stdlib.h>
03
04   int main(void)
05   {
06       int a=5,b=3;
07
08       printf("a=%d\n",a);   /* 输出变量 a 的值 */
09       printf("b=%d\n",b);   /* 输出变量 b 的值 */
10
11       a=a+10-3*2+120/a-200; /* 四则运算表达式 */
12       b=60/b+3*b+112-b;      /* 四则运算表达式 */
13
14       printf("a=%d\n",a);   /* 输出变量 a 的值 */
15       printf("b=%d\n",b);   /* 输出变量 b 的值 */
16
17       b=-a;
18       printf("a=%d\n",a);   /* 输出变量 a 的值 */
19       printf("b=%d\n",b);   /* 输出变量 b 的值 */
20
21       return 0;
22   }
```

执行结果如图 3.2 所示。

```
a=5
b=3
a=-167
b=138
a=-167
b=167

Process returned 0 (0x0)   execution time : 2.690 s
Press any key to continue.
```

图3.2

 程序解说

第 11~12 行中 a 与 b 都是经过四则运算后，再重新设定其值，第 17 行中将变量 a 的值 –167 加上负号，"负负得正"后，b 的值为 167。

至于取余运算符 "%"，在数学运算中较为少见，主要用于计算两数相除后的余数，而且这两个操作数必须为整数、短整数或长整数类型，不可以是浮点数，如下所示。

```
int a=15,b=7;
printf("%d",a%b); /* 输出结果为 1*/
```

以下程序范例是取余运算符的练习，我们要求 137 除以 4、5、6 的余数。

## 【上机实习范例：CH03_03.c】

```
01   #include <stdio.h>
02   #include <stdlib.h>
```

```
03
04    int main(void)
05    {
06        int a=137;
07
08        printf("%d%%4=%d\n",a,a%4); /* 输出 137%4 */
09        printf("%d%%5=%d\n",a,a%5); /* 输出 137%5 */
10        printf("%d%%6=%d\n",a,a%6); /* 输出 137%6 */
11
12        return 0;
13    }
```

执行结果如图 3.3 所示。

```
137%4=1
137%5=2
137%6=5

Process returned 0 (0x0)   execution time : 2.210 s
Press any key to continue.
```

图3.3

程序解说

第 8 行中当 137 除以 4 时，余数为 1。而第 9 行中 137 除以 5 时，余数为 2。第 10 行中 137 除以 6 时，余数为 5。

### · 3.1.3　自增与自减运算符

本小节我们要介绍的运算符相当特别，也就是 C 语言中专有的自增"++"及自减"--"运算符。它们是针对变量操作数加、减 1 的简化写法。当"++"或"--"放在变量的前方时，就是属于"前缀型"，表示将变量的值先做 +1 或 –1 的运算，再输出变量的值。声明方式如下。

```
++ 变量名称；
-- 变量名称；
```

请看以下程序段。

```
int a,b;
a=10;
b=++a;
printf("a=%d, b=%d\n",a,b);
```

由于是前缀型自增运算符，因此必须先执行 $a=a+1$ 运算，再执行 $b=a$ 运算，会输出 $a=11$，$b=11$。

接着来看以下程序段。

```
int a,b;
a=10;
b=--a;
printf("a=%d, b=%d\n",a,b);
```

由于是前缀型自减运算符，因此必须先执行 $a=a-1$ 运算，再执行 $b=a$ 运算，会输出 $a=9$，$b=9$。

当"++"或"--"放在变量的后方时，代表先将变量的值输出，再做 +1 或 –1 的运算。声明方式如下。

```
变量名称 ++;
变量名称 --;
```

请看以下程序段。

```
int a,b;
a=10;
b=a++;
printf("a=%d, b=%d\n",a,b);
```

由于是后缀型自增运算符，因此必须先执行 $b=a$ 运算，再执行 $a=a+1$ 运算，会输出 $a=11$, $b=10$。接着来看以下程序段。

```
int a,b;
a=10;
b=a--;
printf("a=%d, b=%d\n",a,b);
```

由于是后缀型自减运算符，因此必须先执行 $b=a$ 运算，再执行 $a=a-1$ 运算，会输出 $a=9$, $b=10$。

以下程序范例将上述前缀型与后缀型自增、自减运算符均应用了一次，各位比较结果后，自然会了解它们之间的差异。

### ■【上机实习范例：CH03_04.c】

```
01    #include <stdio.h>
02    #include <stdlib.h>
03
04    int main(void)
05    {
06
07        int a=10,b=0;
08
09        printf("a=%d b=%d b=++a\n",a,b);
10        b=++a;/* 前缀型自增运算符 */
11        printf("a=%d b=%d\n",a,b);
12
13        a=10,b=0;
14        printf("a=%d b=%d b=--a\n",a,b);
15        b=--a;/* 前缀型自减运算符 */
16        printf("a=%d b=%d\n",a,b);
17
18        a=10,b=0;
19        printf("a=%d b=%d b=a++\n",a,b);
20        b=a++;/* 后缀型自增运算符 */
21        printf("a=%d b=%d\n",a,b);
22
23        a=10,b=0;
24        printf("a=%d b=%d b=a--\n",a,b);
25        b=a--;/* 后缀型自减运算符 */
26        printf("a=%d b=%d\n",a,b);
27
```

```
28      return 0;
29  }
```

执行结果如图 3.4 所示。

```
a=10 b=0 b=++a
a=11 b=11
a=10 b=0 b=--a
a=9 b=9
a=10 b=0 b=a++
a=11 b=10
a=10 b=0 b=a--
a=9 b=10

Process returned 0 (0x0)   execution time : 1.998 s
Press any key to continue.
```

图3.4

**程序解说**

第 10、15、20、25 行是前缀型与后缀型自增运算符、自减运算符的各种表达式，各位可对照执行结果。

## 3.1.4 关系运算符

关系运算符主要用于比较两个数值的大小，往往会应用 if-else 或 while 这类流程的条件表达式（if 相关语句在第 5 章中会详细说明）。在此我们先用最简单的 if 语法来说明。

```
if( 条件表达式 )
    程序语句 ;
```

当条件表达式的值为真时，会执行下方的语句，如果值不为真下方的语句就不会被执行。例如当 $a>5$ 时会输出"$a$ 的值大于 5"，">"就是关系运算符的一种，如下所示。

```
if(a>5)
    printf("a 的值大于 5\n");
```

当使用关系运算符时，所运算的结果只有"值为真"与"值为假"两种。结果为真称为"真"（true），不为真则称为"假"（false）。

C 语言中没有特别定义布尔（bool）类型，不过 C++ 中有定义。false 用数值 0 来表示，其他所有非 0 的数值都表示 true（通常用数值 1 表示）。关系运算符共有 6 种，如表 3.2 所示。

表 3.2

| 关系运算符 | 功能 | 用法 |
|---|---|---|
| > | 大于 | a>b |
| < | 小于 | a<b |
| >= | 大于等于 | a>=b |
| <= | 小于等于 | a<=b |
| == | 等于 | a==b |
| != | 不等于 | a!=b |

请注意，C 语言中表示等于关系的是"=="运算符，"="则是赋值运算符，这种差别很容易造成程序

代码编写人员的疏忽，日后程序出错时，这可是非常容易出现的小漏洞（bug）。

例如：

```
int a=3,b=5;
printf("%d",a<b); /*a(3) 小于 b(5)，结果为真，输出数值 1*/
printf("%d",a==b); /*a(3) 等于 b(5)，结果为假，输出数值 0*/
```

以下范例用于说明两个操作数之间关系运算符的真假情况，0 表示结果为假、1 表示结果为真。

### ■【上机实习范例：CH03_05.c】

```
01   #include <stdio.h>
02   #include <stdlib.h>
03
04   int main(void)
05   {
06      int a=3,b=5,c=7; /* 声明 a、b 及 c 这 3 个整数变量，并赋初始值 */
07
08      printf("a=%d b=%d c=%d \n",a,b,c);
09
10      printf("a<b 的比较结果是 %d\n",a<b); /* 比较 a 是否小于 b，若成立，则输出 1*/
11      printf("a==c 的比较结果是 %d\n",a==c); /* 比较 a 是否等于 c，若不成立，则输出 0*/
12
13      if (1)
14         printf(" 此行会被执行 \n");
15
16      if (0.0001)
17         printf(" 此行会被执行 \n");
18
19      if (0)
20         printf(" 此行不会被执行 \n");
21
22      return 0;
23   }
```

执行结果如图 3.5 所示。

```
a=3 b=5 c=7
a<b的比较结果是 1
a==c的比较结果是 0
此行会被执行
此行会被执行

Process returned 0 (0x0)   execution time : 2.305 s
Press any key to continue.
```

图3.5

程序解说

第 10、11 行均利用关系运算符来比较两个操作数间的关系，并且分别输出结果 1 与 0。第 13 行因为条件表达式的值为 1，所以执行第 14 行语句。第 16 行因为条件表达式的值不为 0，所以执行第 17 行语句。第 19 行因为条件表达式的值是 0，所以执行第 20 行语句。

## · 3.1.5 逻辑运算符

逻辑运算符运用在以条件表达式为程序执行流程控制指令的程序中时，通常可用于判断两个表达式之间的关系。逻辑运算符的判断结果与关系运算符的相同，仅有"真"与"假"两种，并且分别输出数值1与0。C语言中的逻辑运算符共有3种，如表3.3所示。

表3.3

| 逻辑运算符 | 功能 | 用法 |
|---|---|---|
| && | AND | a>b && a<c |
| \|\| | OR | a>b \|\| a<c |
| ! | NOT | !（a>b） |

■ "&&"运算符。

当"&&"运算符两边的表达式皆为真时，其执行结果才为真，有任何一边为假时，其执行结果都为假。例如表达式"a>b && a>c"，其执行结果有4种，如表3.4所示。

表3.4

| a > b 的真假值 | a > c 的真假值 | a>b && a>c 的执行结果 |
|---|---|---|
| 真 | 真 | 真 |
| 真 | 假 | 假 |
| 假 | 真 | 假 |
| 假 | 假 | 假 |

■ "\|\|"运算符。

当"\|\|"运算符两边的表达式其中一边为真时，执行结果均为真，否则为假。例如表达式"a>b \|\| a>c"，其执行结果同样有4种，如表3.5所示。

表3.5

| a > b 的真假值 | a > c 的真假值 | a>b \|\| a>c 的执行结果 |
|---|---|---|
| 真 | 真 | 真 |
| 真 | 假 | 真 |
| 假 | 真 | 真 |
| 假 | 假 | 假 |

■ "!"运算符。

这是一元运算符中的一种，可以将表达式的结果变成相反值。例如表达式"!（a>b）"，其执行结果有两种，如表3.6所示。

表3.6

| a > b 的真假值 | !（a>b） 的执行结果 |
|---|---|
| 真 | 假 |
| 假 | 真 |

此外，逻辑运算符也可以连续使用，如下所示。

> a<b && b<c || c<a

当连续使用逻辑运算符时，它的计算顺序为由左至右，也就是先计算"a<b && b<c"，然后再将结果与"c<a"进行 OR 运算。

以下程序用于输出两数比较的逻辑运算符混合关系，请大家仔细观察逻辑运算符间的混合运算规则及优先次序，可以先行在纸上试算出结果，再与执行结果比对。

■ 【上机实习范例：CH03_06.c】

```
01   #include<stdio.h>
02   #include<stdlib.h>
03
04   int main(void)
05   {
06      int a=1,b=0,c=55,d=20;
07
08      /* 逻辑运算符的混合运算规则 */
09      printf("a=%d,b=%d c=%d d=%d\n",a,b,c,d);
10      printf("a && b || c = %d\n",a && b || c);
11      printf("c || b && !d = %d\n",c || b && !d);
12
13      return 0;
14   }
```

执行结果如图 3.6 所示。

```
a=1, b=0  c=55  d=20
a && b || c = 1
c || b && !d = 1

Process returned 0 (0x0)    execution time : 1.914 s
Press any key to continue.
```

图3.6

程序解说

第 9 行分别声明了 $a$、$b$、$c$、$d$ 的值。第 10 行对 $a$、$b$、$c$ 这 3 个变量进行不同的逻辑运算（&& 与 ||），再输出最后的值。第 11 行则对 $c$、$b$、$d$ 这 3 个变量进行不同的逻辑运算（&&、||、!），再输出最后的值。

接下来的程序则是利用简单的 if 语句与逻辑运算符做一个两数相加后结果是否在 0~100 内的判断。

■ 【上机实习范例：CH03_07.c】

```
01   #include<stdio.h>
02   #include<stdlib.h>
03
04   int main(void)
05   {
06      int a=50,b=80;
07
08      /* 逻辑运算符的混合运算规则 */
09      if((a+b)>=0 && (a+b)<=100)
10         printf(" 两者的和在 1~100 内 \n");/*if 条件表达式 */
```

```
11
12      if((a+b)<0 || (a+b)>0)
13          printf(" 两者的和小于 0 或者大于 100\n");/*if 条件表达式 */
14
15      return 0;
16    }
```

执行结果如图 3.7 所示。

```
两者的和小于0或者大于100

Process returned 0 (0×0)   execution time : 1.806 s
Press any key to continue.
```

图3.7

当程序执行到第 9 行时，会对 $a+b$ 的值做判断，如果是 0~100 内的数字则会执行第 10 行的 printf() 语句。第 11 行则会对 $a+b$ 的值做判断，如果是小于 0 或大于 100 范围内的数字则会执行第 13 行的 printf() 语句。

## · 3.1.6 位运算符

我们知道计算机实际处理的数据只有 0 与 1 这两种，也就是采取的是二进制形式。因此各位可以使用位运算符来进行位与位之间的逻辑运算。C 语言中提供了 6 种二进制的位运算符，如表 3.7 所示。

表 3.7

| 位运算符 | 说明 | 使用语法 |
|---|---|---|
| & | A 与 B 执行 AND 运算 | A & B |
| \| | A 与 B 执行 OR 运算 | A \| B |
| ~ | A 执行 NOT 运算 | ~A |
| ^ | A 与 B 执行 XOR 运算 | A^B |
| << | A 执行左移 $n$ 位运算 | A<<n |
| >> | A 执行右移 $n$ 位运算 | A>>n |

■ &（AND）。

执行 AND 运算时，两边表达式的值都为真时，运算结果才为真。例如 $a=12$、$b=7$，则"a&b"得到的结果为 4。因为 12 对应的二进制数为 1100，7 对应的二进制数为 0111，两者执行 AND 运算后，结果为 $100_{(2)}$，也就是 $4_{(10)}$。虽然 $a$ 与 $b$ 都是整数且占有 4 字节，但此数字不大，仅用 1 字节（8 位）表示即可，其他 3 字节都是 0，不会影响结果，如图 3.8 所示。

```
00001100   12
00000111   7 (AND
-------------------
00000100   4
```

图3.8

再来看个例子可能各位会更清楚，若 $a$=105、$b$=57，则"a&b"得到的结果为41。因为105对应的二进制数为01101001，57对应的二进制数为00111001，两者执行 AND 运算后，结果为 $100_{(2)}$，也就是 $41_{(10)}$，如图3.9所示。

```
01101001    105
00111001      57(AND
00101001     41
```

图3.9

下面这个程序范例将实现以上两张图展示的结果，请各位验证执行结果。

### ■ 【上机实习范例：CH03_08.c】

```
01    #include<stdio.h>
02    #include<stdlib.h>
03
04    int main(void)
05    {
06        int a,b;
07
08        a=12,b=7;
09        printf("%d&%d=%d\n",a,b,a&b);/* 计算 a&b */
10
11        a=105,b=57;
12        printf("%d&%d=%d\n",a,b,a&b);/* 计算 a&b */
13
14        return 0;
15    }
```

执行结果如图3.10所示。

```
12&7=4
105&57=41

Process returned 0 (0x0)    execution time : 1.916 s
Press any key to continue.
```

图3.10

 程序解说

第9、12行中我们针对两个操作数 $a$ 与 $b$ 做位与位间的逻辑运算，这是针对二进制的每个位做运算，与逻辑运算符中的"&&"运算符完全不同，请各位日后小心分辨。

■ |（OR）。

执行 OR 运算时，两边表达式的值只要任意一边为真，运算结果即为真。如 $a$=12，则"a|7"的结果为15，如图3.11所示。

```
00001100    12
00000111     7 (OR
-----------------------
00001111    15
```

图3.11

若 $a=105$、$b=57$，则"a|b"的结果为 121，如图 3.12 所示。

```
01101001   105
00111001    57(OR
01111001   121
```

图3.12

■ ^（XOR）。

执行 XOR 运算时，两边表达式的值只要任意一边为真，则运算结果即为真，不过当两者同时为真或假时，则结果为假。如 $a=12$，则"a^7"的结果为 11，如图 3.13 所示。

```
00001100   12
00000111    7 (XOR
------------------------
00001011   11
```

图3.13

若 $a=105$、$b=57$，则"a^b"的结果为 80，如图 3.14 所示。

```
01101001   105
00111001    57(XOR
01010000    80
```

图3.14

■ ~（NOT）。

NOT 是位运算符中较为特殊的一个，因为只需一个操作数即可执行运算。执行结果则是把操作数内的每一位反相，即原本 1 的值变成 0，0 的值变成 1，也就是求二进制数的补码，即 1 的补码。如 $a=12$，则"（~a）"的结果为 –13，而 –13 的补码恰恰是 11110011，如图 3.15 所示。

```
00001100  12（NOT
------------------------
11110011  –13  第一位是 1，表示负数
```

图3.15

**Tips** "1补码系统"是指如果两数之和为1，则此两数互为1的补码，即0和1互为1的补码。也就是说，如果打算求得二进制数的补码，只需将0变成1、1变成0即可，例如$01101010_{(2)}$的1的补码为$10010101_{(2)}$。

如果用 $N$ 位表示一个整数，最左边一位代表正负号，其余 $N–1$ 位表示该数值，则此数的变化范围为 $-2^{N-1}-1 \sim +2^{N-1}-1$。如以 8 位来表示一个整数，则最大的正整数为 $01111111_{(2)} = 127$，而最小的负整数为 $11111111_{(2)} = -127$。

例如，+3 和 –3 的表示方法如图 3.16 所示。

图3.16

如果 $a=105$，那么"~a"的结果为 –106，如图 3.17 所示。

```
01101001   105(NOT
------------------------
10010110  –106
```

图3.17

下面这个程序将求出不同变量 $a$ 执行"~a"运算后的值。

■ 【上机实习范例：CH03_09.c】

```c
01  #include<stdio.h>
02  #include<stdlib.h>
03
04  int main(void)
05  {
06      int a,b;
07
08      a=12;
09      printf("a=%d ~a=%d\n",a,~a);/* 计算 "~a" 的结果 */
10
11      a=105;
12      printf("a=%d ~a=%d\n",a,~a);/* 计算 "~a" 的结果 */
13
14      a=57;
15      printf("a=%d ~a=%d\n",a,~a);/* 计算 "~a" 的结果 */
16
17      return 0;
18  }
```

执行结果如图 3.18 所示。

```
a=12 ~ a=-13
a=105 ~ a=-106
a=57 ~ a=-58

Process returned 0 (0x0)    execution time : 2.079 s
Press any key to continue.
```

图3.18

程序解说

第 9、12、15 行中分别对 a 的 3 个数值做 NOT 运算，建议各位可以先在纸上运算，再验证实际执行后的结果。

■ <<（左移）。

左移运算符 "<<" 可将操作数 a 的内容向左移动 n 位，左移后若超出存储范围则舍去，右边空出的位则补 0，其格式如下。

a<<n

例如表达式 "12<<2"，数值 12 的二进制值为 00001100，向左移动 2 位后成为 00110000，也就是十进制的 48，如图 3.19 所示。

```
00001100   12(<<2
-------------------------
00110000   48
```

图3.19

此外，"<<" 也可以和 "=" 结合成赋值运算符 "<<="。其运算过程是先执行位左移，再将结果存储回原来的变量中，如下所示。

```
int a=12;   /* 声明变量 a 的初始值为 12*/
a<<=2;      /*a 左移 2 位后成为 48，并将值存回 a 中 */
printf("%d\n",a); /* 输出 a 的值为 48*/
```

■ >>（右移）。

右移运算符"》"与左移运算符相反，可将操作数的内容右移 $n$ 位，其格式如下。

```
a>>n
```

例如表达式"12>>2"，数值 12 的二进制值为 00001100，向右移动 2 位后成为 00000011，也就是十进制的 3，如图 3.20 所示。

```
00001100   12(>>2
-----------------------
00000011   3
```

图3.20

当然"》"同样也可以与"="结合成赋值运算符"》="。它的运算过程是先执行位右移，再将结果存储回原来的变量中。

以下程序用于验证以上的说明，并分别利用两个整数操作数 13 与 57 来进行左移 2 位与右移 3 位的相关运算。

■ 【上机实习范例：CH03_10.c】

```
01  #include<stdio.h>
02  #include<stdlib.h>
03
04  int main(void)
05  {
06      int a=13, b=57;
07
08      /* 标示 a 与 b 的二进制值 */
09      printf("a=13, 二进制值为 00001101\n");
10      printf("b=57, 二进制值为 00111001\n");
11
12      printf("%d << 2 = %d\n",a,a<<2);
13      printf("%d >> 3 = %d\n",b,b>>3);
14
15      return 0;
16  }
```

执行结果如图 3.21 所示。

```
a=13, 二进制值为00001101
b=57, 二进制值为00111001
13 << 2 = 52
57 >> 3 = 7

Process returned 0 (0x0)   execution time : 2.224 s
Press any key to continue.
```

图3.21

程序解说

第 9 行中我们将变量 $a$（00001101）的值左移 2 位，所以第 12 行会输出 52。第 10 行中我们将变量 $b$（00111001）的值右移 3 位，所以第 13 行会输出 7。

## · 3.1.7　条件运算符

条件运算符 "?:" 是 C 语言中唯一的 "三元运算符"，它可以通过条件表达式的真、假值来传回所赋的值，可以看成是 if 条件表达式的精简版。其语法如下所示。

条件表达式？表达式 1：表达式 2

条件运算符会先执行条件表达式，如果条件表达式的结果为真，则执行表达式 1；如果条件表达式的结果为假，则执行表达式 2。各位也可以将表达式 1 或表达式 2 的结果值直接赋给某个变量，该赋值语法如下所示。

变量名称 = 条件表达式？表达式 1：表达式 2

下面这个范例将分别用条件运算符的两种语法来判断学生两个科目的成绩是否都超过 60 分，并输出 Y（yse）或 N（no）。

### ■ 【上机实习范例：CH03_11.c】

```
01    /* 条件运算符练习 */
02    #include <stdio.h>
03    #include <stdlib.h>
04
05    int main(void)
06    {
07       int math, physical; /* 声明两个科目的分数 */
08       char chr_pass;      /* 声明表示合格的字符变量 */
09
10       math=85;
11       physical=57;
12
13       printf(" 数学 = %d 分与 物理 = %d \n",math,physical);
14       (math >= 60 && physical >= 60 )? (chr_pass='Y'):(chr_pass='N');
15       /* 输出 chr_pass 变量内容，显示该考生是否合格 */
16       printf( " 该名考生是否合格?  %c\n", chr_pass );
17
18       math=65;
19       physical=77;
20       printf(" 数学 = %d 分与 物理 = %d \n",math,physical);
21       chr_pass = ( math >= 60 && physical >= 60 )?'Y':'N';
22       printf( " 该名考生是否合格?  %c\n", chr_pass );
23
24       return 0;
25    }
```

执行结果如图 3.22 所示。

```
数学 = 85 分与 物理 = 57
该名考生是否合格？ N
数学 = 65 分与 物理 = 77
该名考生是否合格？ Y

Process returned 0 (0x0)   execution time : 2.079 s
Press any key to continue.
```

图3.22

**程序解说**

第 14 行的条件表达式中使用 "&&" 运算符（AND）来判断两个科目的成绩是否都超过 60 分，如果成立则执行 chr_pass='Y'，如果不成立则执行 chr_pass='N'。请留意本行中的 chr_pass='Y' 与 chr_pass='N' 必须用括号括起来，否则编译时会出现警告信息。第 21 行是将条件运算符判断后的结果直接传递给变量 char_pass，这样的写法使可读性更高，能让程序代码看起来更简洁。

## 3.1.8 复合赋值运算符

C 语言中还有一种复合赋值运算符，由赋值运算符 "=" 与其他运算符组合而成。先决条件是 "=" 右方的来源操作数必须有一个和左方接收赋值数值的操作数相同。如果一个表达式含有多个复合赋值运算符，则运算过程必须由右方开始，逐步进行到左方。

例如以 "A += B;" 语句来说，它就是语句 "A=A+B;" 的精简写法，即先执行 A+B 的计算，接着将计算结果赋给变量 $A$。这类的运算符有以下几种，如表 3.8 所示。

表 3.8

| 复合赋值运算符 | 说明 | 使用语法 |
|:---:|:---:|:---:|
| += | 加法赋值运算 | A += B |
| -= | 减法赋值运算 | A -= B |
| *= | 乘法赋值运算 | A *= B |
| /= | 除法赋值运算 | A /= B |
| %= | 余数赋值运算 | A %= B |
| &= | AND 位赋值运算 | A &= B |
| \|= | OR 位赋值运算 | A \|= B |
| ^= | NOT 位赋值运算 | A ^= B |
| <<= | 位左移赋值运算 | A <<= B |
| >>= | 位右移赋值运算 | A >>= B |

以下程序用于让各位体验一下复合赋值运算符的应用，已知 $a=b=11$，请计算经由一连串 C 语言的运算符输出后的结果。

**■【上机实习范例：CH03_12.c】**

```
01  #include<stdio.h>
02  #include<stdlib.h>
03
04  int main(void)
```

```
05   {
06       int a,b;
07       a=b=11;/* 声明 a、b 的值 */
08       /* 利用复合赋值运算符计算下列算式 */
09       printf("a=%d , b=%d \n",a,b);
10
11       /* 复合赋值运算符的多层运算 */
12       a+=a+=b+=b%=b<<2;
13       printf("a+=a+=b+=b%=b<<2 的值为 %d \n",a);
14
15       return 0;
16   }
```

执行结果如图 3.23 所示。

```
a=11 , b=11
a+=a+=b+=b%=b<<2的值为 66

Process returned 0 (0x0)   execution time : 1.920 s
Press any key to continue.
```

图3.23

程序解说

第 9 行中如果一个表达式含有多层复合赋值运算符，则运算过程必须从右侧进行到左侧，再将运算结果与复合赋值运算符左侧的变量进行运算。

# 3.2 认识表达式

依照运算符处理操作数个数的不同，表达式可以分为"一元运算式""二元表达式"及"三元表达式"3种。下面我们简单介绍这 3 种表达式的特性与范例。

1. 一元运算式：由一元运算符所组成的表达式，在运算符左侧或右侧仅有一个操作数，例如 -100（负数）、tmp--（自减）、sum++（自增）等。

2. 二元表达式：由二元运算符所组成的表达式，在运算符两侧都有操作数，例如 A+B（加）、A= =10（等于）、x+=y（加法赋值）等。

3. 三元表达式：由三元运算符所组成的表达式，由于此类型的运算符仅有 "?: "（条件）运算符，因此三元表达式又称为 "条件表达式"，例如 a>b ? 'Y':'N'。

## · 3.2.1 运算符的优先级

当表达式中有不止一个运算符时，例如 "z=x+3*y"，就必须考虑运算符优先级。根据数学基本运算（先乘除后加减）的原则可知，这个表达式会先执行 3*y 的运算，再把运算结果与 x 相加，最后才将相加的结果赋给 z，得到表达式的答案。因此在 C 语言中，可以说 "*"运算符的优先级高于 "+"运算符。

基本上，四则运算的运算符，使用者比较不容易弄错。但是如果再结合 C 语言中的其他运算符可能就会有些难度，例如以下的表达式。

```
if (a+b == c*d)
```

如果不清楚运算符的优先级情况，对于上面的式子就不能很容易地理解了。在处理一个多运算符的表达式时，有一些规则与步骤是必须要遵守的，如下所示。

1. 当遇到一个表达式时，先区分运算符与操作数。

2. 依照运算符的优先级进行整理。

3. 将各运算符根据其由左至右的顺序进行运算。

通常运算符会依照其预设的优先级来进行计算，但是也可利用括号"()"来改变其优先级。表 3.9 所示为 C 语言中各种运算符计算的优先级。

表 3.9

| 运算符 | 说明 |
|---|---|
| () | 括号 |
| !<br>−<br>++<br>−− | 逻辑运算 NOT<br>负号<br>自增运算<br>自减运算 |
| *<br>/<br>% | 乘法运算<br>除法运算<br>取余运算 |
| +<br>− | 加法运算<br>减法运算 |
| <<<br>>> | 位左移运算<br>位右移运算 |
| ><br>>=<br><<br><= | 比较运算大于<br>比较运算大于等于<br>比较运算小于<br>比较运算小于等于 |
| ==<br>!= | 比较运算等于<br>比较运算不等于 |
| &<br>^<br>\| | 位运算 AND<br>位运算 XOR<br>位运算 OR |
| &&<br>\|\| | 逻辑运算 AND<br>逻辑运算 OR |
| ?: | 条件运算符 |
| = | 赋值运算 |

下面这个程序范例主要是用以下表达式来测试大家对运算符优先级与结合性的了解程度，各位不要一看到就觉得头晕眼花，试着先用纸笔计算结果，再来确认与程序执行结果是否一致。

```
a*9+（b+7%2）-20*7%（b%5）-++a
```

■ 【上机实习范例：CH03_13.c】

```
01  #include <stdio.h>
02  #include <stdlib.h>
03
04  int main(void)
05  {
06
07      int a=8,b=12,sum=0;
08
09      sum=a*9+(b+7%2)-20*7%(b%5)-++a;
10      printf("a*9+(b+7%2)-20*7%(b%5)-++a=%d\n",sum);
11      /* 输出最后结果 */
12
13      return 0;
14  }
```

执行结果如图 3.24 所示。

```
a*9+(b+7%2)-20*7%(b%5)-++a=76

Process returned 0 (0x0)    execution time : 2.701 s
Press any key to continue.
```

图3.24

程序解说

第 7 行声明与设定了 *a*、*b* 的初始值，第 9 行先计算 ++*a* 的值，接着计算 *b*%5 的值，由右至左配合结合性进行计算。

## 3.2.2 表达式的自动转换

在程序执行过程中，表达式中经常会使用不同类型的变量，这时 C 语言编译器会自动将变量存储的数据转换成相同的数据类型再做运算。通常会以数据类型数值范围较大者作为优先转换的对象，例如 float+int，会将结果转为 float。如果 "=" 两边的数据类型不同，则一律转换成与左边变量相同的数据类型。请看以下的程序段。

```
int i=13;
float f=5.2;
double d;

d=i+f;
```

转换方式如图 3.25 所示。

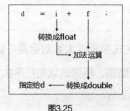

图3.25

当然在这种情况下，要注意执行结果可能会有所改变，例如将 float 类型赋值给 int 类型后，会遗失小数点后的精度。

以下程序范例用于示范表达式类型转换的过程，各位可以仔细观察每个步骤的输出结果与变量转换时的顺序关系。

**■【上机实习范例：CH03_14.c】**

```
#include <stdio.h>
01   #include <stdlib.h>
02
03   int main(void)
04   {
05
06       int i=3;    /* 定义整数变量 i */
07       float f=200.2F;   /* 定义浮点数变量 f */
08       double d=200.2; /* 定义双精度浮点数变量 d */
09
10       printf("i( 整数 )=%d\n", i);
11       printf("f( 单精度浮点数 )=%f\n",f);
12       printf("d( 双精度浮点数)=%f\n",d);
13       f=f/i;
14       printf("f/i=%f\n", f);
15       d=d/i;
16       printf("d/i=%f\n", d);
17       i=f+d;/* 加法运算结果转换成 int 类型再存入变量 i */
18       printf("i( 整数 )=f+d=%d\n", i);
19
20       return 0;
21   }
```

执行结果如图 3.26 所示。

```
i(整数)=3
f(单精度浮点数)=200.199997
d(双精度浮点数)=200.200000
f/i=66.733330
d/i=66.733333
i(整数)=f+d=133

Process returned 0 (0x0)    execution time : 2.595 s
Press any key to continue.
```

图3.26

**程序解说**

第 14 行中因为 float 的数值范围大于 int，所以 C 语言编译器会先把变量 i 的数据类型转换成 float，再进行浮点数间的除法运算。第 16 行中 double 的数值范围大于 float，C 语言编译器会先把变量 f 的数据类型转换 d，再进行双精度浮点数间的除法运算。第 18 行会一律转换成与左边变量相同的数据类型，所以最后的输出结果是整数，并且无条件舍弃小数点后面的数。

# 3.3 上机实习课程

从本章的说明中可以得知，表达式就像我们平常所用的数学公式一样，由运算符与操作数所组成，C语言中提供了不同种类的运算符及表达式的结合性规则、自动转换等特性。本节的课程将利用上述的学习内容来进行一连串相关C语言程序的上机实习。

### ■ 【上机实习范例：CH03_15.c】

左移运算符"<<"可将操作数内容向左移动 *n* 位，右移运算符">>"则可将操作数内容右移 *n* 位，请设计一个程序，求 88 向左移 4 位，再向右移 3 位后的值。

```
01  #include<stdio.h>
02  #include<stdlib.h>
03
04  int main(void)
05  {
06      int a=88;
07
08      printf("%d<<4=%d\n",a,a<<4);
09      a=a<<4;/* 左移 4 位 */
10      printf("%d>>3=%d\n",a,a>>3);
11      /* 右移 3 位 */
12
13      return 0;
14  }
```

执行结果如图 3.27 所示。

```
88<<4=1408
1408>>3=176

Process returned 0 (0x0)    execution time : 2.823 s
Press any key to continue.
```

图3.27

### ■ 【上机实习范例：CH03_16.c】

现有一个整数变量，请利用取余运算符"%"所构成的表达式来输出其百位上的数字。如该数为4976，则输出 9。

```
01  #include <stdio.h>
02  #include <stdlib.h>
03
04  int main(void)
05  {
06
07      int num=4976;
08
```

```
09      num=(num/100)%10;/* 求除以 10 的余数 */
10      printf(" 百位上的数字为 %d\n",num);
11
12      return 0;
13   }
```

执行结果如图 3.28 所示。

```
百位上的数字为9

Process returned 0 (0x0)    execution time : 1.961 s
Press any key to continue.
```

图3.28

### 【上机实习范例：CH03_17.c】

已知两数 $a=1$、$b=0$，请设计一个程序来求以下两个关系表达式的值。

```
allb&&!al!b
(!allb)-(a&&!bll!a)
```

```
01   #include<stdio.h>
02   #include<stdlib.h>
03
04   int main(void)
05   {
06      int a=1,b=0;
07
08      printf("%d\n",allb&&!al!b);
09      printf("%d\n",(!allb)-(a&&!bll!a));
10
11      return 0;
12   }
```

执行结果如图 3.29 所示。

```
1
-1

Process returned 0 (0x0)    execution time : 2.565 s
Press any key to continue.
```

图3.29

### 【上机实习范例：CH03_18.c】

请设计一个 C 语言程序，假设现在有 2850 元，请计算并输出所能兑换的百元纸币、50 元纸币与 10 元纸币的数量，兑换的原则是优先兑换大钞。

```
01   #include <stdio.h>
02   #include <stdlib.h>
03
04   int main(void)
05   {
06      int num=2850,hundred,fifty,ten;
```

```
07
08      hundred=num/100;
09      fifty=(num-hundred*100)/50;
10      ten=(num-hundred*100-fifty*50)/10;
11      /* 利用简单的四则运算 */
12      printf(" 百元纸币有 %d 张 50 元纸币有 %d 张 10 元纸币有 %d 张 \n",hundred,fifty,ten);
13
14      return 0;
15  }
```

执行结果如图 3.30 所示。

```
百元纸币有28    50元纸币有1张  10元纸币有0张

Process returned 0 (0x0)   execution time : 2.347 s
Press any key to continue.
```

图3.30

■ 【上机实习范例：CH03_19.c】

请设计一个 C 语言程序，输出 A、B 两数与算术运算符间的运算关系。请注意，第 13 行中由于 "%" 为 printf() 函数的格式化字符，因此无法直接显示。如果各位想在屏幕上显示出 "%" 字符，必须要重复使用两次 "%" 字符。

```
01  #include<stdio.h>
02  #include<stdlib.h>
03
04  int main(void)
05  {
06      int A=101,B=16;
07      /* 算术运算符的各种运算 */
08      printf("A=101,B=16\n");
09      printf("A+B=%d\n",A+B);
10      printf("A-B=%d\n",A-B);
11      printf("A*B=%d\n",A*B);
12      printf("A/B=%d\n",A/B);
13      printf("A%%B=%d\n",A%B);/* 重复使用 "%" 字符，才会输出 "%" 字符 */
14
15      return 0;
16  }
```

执行结果如图 3.31 所示。

```
A=101,B=16
A+B=117
A-B=85
A*B=1616
A/B=6
A%B=5

Process returned 0 (0x0)   execution time : 2.638 s
Press any key to continue.
```

图3.31

■ 【上机实习范例：CH03_20.c】

如果要求实数间的余数，可利用 math.h 函数库中的 fmod() 函数，请设计一个 C 语言程序，求 6.2%2.3

的余数。

```
01   #include<stdio.h>
02   #include<stdlib.h>
03   #include<math.h>/* 包括 math.h 函数库 */
04
05   int main(void)
06   {
07       float A=6.2,B=2.3;
08
09       printf("A%%B=%.1f\n",fmod(A,B));
10       /* 利用 fmod() 函数 */
11
12       return 0;
13   }
```

执行结果如图 3.32 所示。

```
A%B=1.6

Process returned 0 (0x0)   execution time : 2.621 s
Press any key to continue.
```

图3.32

## 本章课后习题

1. 已知 $a=b=5$，$x=10$、$y=20$、$z=30$，请问进行 "x*=a+=y%=b-=z/=3" 运算后，$x$ 的值是多少？

解答：x=50。

2. 请问在 C 语言中 "13|57" 与 "13^57" 的值分别为多少？

解答：61，52。

3. 已知 $a=10$、$b=30$，请问进行 "a+=a+=b+=b%=4" 运算后，$a$ 的值是多少？

解答：28。

4. 已知 $a=20$、$b=30$，请计算下列各式的结果。

```
a-b%6+12*b/2
(a*5)%8/5-2*b)
(a%8)/12*6+12-b/2
```

解答：200，-60，-3。

5. $a=15$，则 "a&10" 的结果是多少？

解答：因为 15 的二进制值为 1111，10 的二进制值为 1010，两者执行 AND 运算后，结果为 $1010_{(2)}$，也就是 $10_{(10)}$。

6. C 语言中有 6 种二进制的位运算符，请一一表述说明。

解答：答案如表 3.10 所示。

表 3.10

| 运算符 | 功能 | 范例 |
|---|---|---|
| & | AND 运算 | a&b |
| \| | OR 运算 | a\|10 |
| ^ | XOR 运算 | 10^5 |
| << | 左移运算 | a<<2 |
| >> | 右移运算 | a>>2 |
| ~ | NOT 运算 | ~a |

7. 求下列位运算符的相关运算值。

（1）105 & 26。

（2）10<<3。

（3）105 ^ 26。

（4）~10。

解答：（1）8；（2）80；（3）115；（4）-11。

8. 如何设计一个程序，可以将数据的第一字节之位全部反转（提示：使用位运算符）？

解答：任意一位与 1 进行 XOR 运算，由于 XOR 运算具有排他特性，因此若原位为 0，则"0^1"得 1，若原位为 1，则"1^1"得 0，利用 XOR 运算即可进行位反转。

9. 请简述二元表达式。

解答：每一个运算符的两边通常都会有一个操作数，这样整个表达式才算是完整的，这通常也称为"二元表达式"，例如 A+B（加）、A=10（等于）、x+=y（自增等于）等。

10. 请简述自动类型转换。

解答：自动类型转换是由编译器来判断应转换成何种数据类型的，也称为"隐含转换"（implicit type conversion）。

11. 请简述三元表达式。

解答：由三元运算符所组成的表达式，由于此类型的运算符仅有"？："（条件）运算符，因此三元表达式又称为"条件表达式"，例如"a>b?'Y':'N'"。

第4章

格式化输出与输入
功能

相信大家对 printf() 函数并不陌生，它是 C 语言中经常使用的输出函数。由于 C 语言并没有直接处理数据输入/输出（I/O）的能力，因此所有与 I/O 相关的操作都必须通过调用函数来完成。

C 语言的标准 I/O 函数的原型都放在头文件 stdio.h 中，通过这些函数可以读取（或输出）数据至外围设备。虽然这在使用上多了一道程序，但也使得在不同平台上移植同一个程序变得更加方便。用户日后只需将其他平台上的 I/O 函数改成该平台的 I/O 函数，重新编译后即可再使用。

# 4.1 printf() 函数

printf() 函数能够将指定的数据输出到标准输出设备（例如显示器）中，printf() 函数会根据格式化字符串来指定数据的输出格式。printf() 函数的原型如下。

printf(char* 格式化字符串，输出参数表 );

## · 4.1.1 格式化字符串

格式化字符串中含有要输出的字符串与对应输出参数的格式化字符，输出参数可以是变量、常量或者是表达式的组合。格式化字符串中有多少个格式化字符，输出参数中就有相同数目对应的输出项，如下所示。

printf(" 一个面包要 %d 元，小民买了 %d 个，一共花了 %d 元 \n",price,no,no*price);

上述 "一个面包要 %d 元，小民买了 %d 个，一共花了 %d 元 \n"，就是格式化字符串，里面包括了 3 个 "%d" 的格式化字符，输出参数中则有 "price" "no" "no*price" 3 个输出项。下面的程序是一个简单的 printf() 函数的应用。

### ■ 【上机实习范例：CH04_01.c】

```
01  #include<stdio.h>
02  #include<stdlib.h>
03
04  int main(void)
05  {
06      printf(" 这 3 个字符是 %c%c%c\n",'B','y','e');
07      /* 分别输出 3 个字符 */
08
09
10      return 0;
11  }
```

执行结果如图 4.1 所示。

这3个字符是Bye

Process returned 0 (0x0)    execution time : 0.240 s
Press any key to continue.

图4.1

第 6 行的格式化字符串中使用了 3 个格式化字符，则 printf() 函数会依序把要输出的字符值代入格式化字符串中相应的位置。

不同的数据类型需要配合不同的格式化字符，表 4.1 所示为 C 语言中常用的格式化字符，以作为设计输出格式时的参考之用。

表 4.1

| 格式化字符 | 说明 |
|---|---|
| %c | 输出字符 |
| %s | 输出字符串 |
| %d | 输出十进制数 |
| %u | 输出不含符号的十进制整数 |
| %o | 输出八进制数 |
| %x | 输出十六进制数，超过 10 的数字以小写字母表示 |
| %X | 输出十六进制数，超过 10 的数字以大写字母表示 |
| %f | 输出浮点数 |
| %e | 使用科学记数法，例如 3.14e+05 |
| %E | 使用科学记数法，例如 3.14E+05（使用大写 E） |
| %g、%G | 输出浮点数，不过是输出 %e 与 %f 中长度较短者 |
| %p | 输出地址值，一个表示地址空间中某个存储器单元的整数。与语言实现（编译系统）相关 |

以下程序是各种常用的格式化字符的范例与输出结果，请各位仔细比对利用不同格式化字符输出结果间的差异，尤其是浮点数的小数有效位数。

### 【上机实习范例：CH04_02.c】

```
01  #include <stdio.h>
02  #include <stdlib.h>
03
04  int main(void)
05  {
06      int no=168;
07      float value=123.45678;
08
09      /* 整数格式化字符输出范例 */
10      printf("----- 整数格式化字符输出 ----\n");
11      printf("no=%d\n",no);
12      printf("%%d 的输出 %d\n",no);
13      printf("%%i 的输出 %i\n",no);
14      printf("%%o 的输出 %o\n",no);
15      printf("%%u 的输出 %u\n",no);
16      printf("%%x 的输出 %x\n",no);
17
18      /* 浮点数格式化字符输出范例 */
19      printf("----- 浮点数格式化字符输出 ---\n");
20      printf("value=%f\n",value);
21      printf("%%f 的输出 %f\n",value);
22      printf("%%g 的输出 %g\n",value);
23      printf("%%e 的输出 %e\n",value);
24
25
26      return 0;
27  }
```

执行结果如图 4.2 所示。

```
------ 整数格式化字符输出-----
no=168
%d的输出168
%i的输出168
%o的输出250
%u的输出168
%x的输出a8
------ 浮点数格式化字符输出-----
value=123.456779
%f的输出123.456779
%g的输出123.457
%e的输出1.234568e+002

Process returned 0 (0x0)    execution time : 0.223 s
Press any key to continue.
```

图4.2

第 12~16 行中展示了各种整数格式化字符的输出，各位可以注意到使用 "%o" 与 "%x" 可以直接输出八进制与十六进制的数值。由于 "%" 符号也是格式化字符的开头字符，因此要输出 "%" 符号时必须多加上一个 "%" 符号。第 20~23 行中展示了浮点数格式化字符的输出。

### · 4.1.2　输出修饰符

除了格式化字符，printf() 函数中的格式化字符串也可以进一步配合输出修饰符来控制输出参数的格式，例如下面的 "flag" "width" ".precision" 都属于输出修饰符。

**%[flag][width][.precision] 格式化字符**

■ [flag]。可以使用 "+" "–" 字符来指定输出的格式。如果使用正号 "+"，则输出靠右对齐同时显示数值的正、负号；如果使用负号 "–"，则输出靠左对齐。预设是靠右对齐，且正数不显示 "+" 符号。

■ [width]。用来指定使用多少字符栏宽输出文字。数据输出时，以栏宽值为该数据长度并靠右显示，若设定栏宽小于数据长度，则数据仍会依照原本长度靠左依序显示。

■ [.precision]。指定输出小数位数的个数。前面需用句点 "." 与 [width] 隔开。例如 "%6.3f" 表示输出包括小数点在内的共 6 位数的浮点数，小数点后只显示 3 位数。

> **TIPS**　printf() 函数中的控制输出格式，凡是在 [ ] 内的项目都可省略。而在 [width] 项目中还包括了 "h" "l" 两种字符。"h" 字符代表将 int 转换为 short int，而 "l" 字符代表将 int 转换为 long int。

以下程序很经典，说明了如何在格式化字符中使用栏宽与对齐方式的设定方式，特别注意栏宽直接以自变量的形式设定，在原格式化字符前设定值时则改用 "*" 字符代替，如下所示。

```c
printf("%*d\n",i,no);     /* %*d 中的 * 会被 i 的值取代 */
```

**■ 【上机实习范例：CH04_03.c】**

```c
01  #include <stdio.h>
02  #include <stdlib.h>
03
04  int main(void)
05  {
```

```
06      /*  整数变量 no 与浮点数变量 fno */
07      int no=523;
08      float fno=13.4567;
09
10      printf("%4d\n",no);/* 以 % 4d 格式输出 */
11      printf("%-4d\n",no);/* 以 %-4d 格式输出 */
12      printf("%*d\n",8,no);
13      printf("%6.3f\n",fno);/* 以 6.3f 格式输出 */
14
15      return 0;
16  }
```

执行结果如图 4.3 所示。

```
 523
523
      523
13.457
_____

Process exited with return value 0
Press any key to continue . . .
```

图4.3

（程序解说）

第 10 行是以 "%4d" 格式输出的，靠右对齐且有 4 个字符的栏宽输出结果。第 11 行是以 "%-4d" 格式输出的，靠左对齐且有 4 个字符的栏宽输出结果。第 12 行是以 "*" 格式输出的，所以会直接代入 i 的值来输出栏宽。第 13 行是以 "6.3f" 格式输出的，加上小数点共 6 位数，保留小数点后 3 位数，如图 4.4 所示。

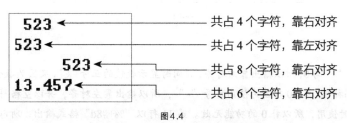

| **523** ← | —— 共占 4 个字符，靠右对齐 |
| **523** ← | —— 共占 4 个字符，靠左对齐 |
| **523** ← | —— 共占 8 个字符，靠右对齐 |
| **13.457** ← | —— 共占 6 个字符，靠右对齐 |

图4.4

[flag] 设定的参数可有可无，并可选择一个或一个以上的参数设定值，主要用于作为正、负号显示，数据对齐方式及格式符号等。常见的 [flag] 设定字符说明如表 4.2 所示。

表 4.2

| [flag] 设定字符 | 特色与说明 |
| --- | --- |
| + | 如果使用正号 "+"，输出靠右对齐，并同时显示数值的正、负号，再以空格符补齐左边空位 |
| – | 如果使用负号 "–"，则输出靠左对齐，并以空格符补齐右边空位，通常可搭配栏宽设定使用 |
| # | 完整呈现所有数值位数。显示八进制时 "%o"，在数值前会加上数字 0。显示十六进制时 "%x"，在数值前会加上 0x。如果配合 "%f" "%e" 等浮点数格式化字符，则即使所定的数值不含小数位数，结果也会包含小数点 |
| 空白 | 输出值为正数或 0 时，显示空白。输出值为负数时，显示负号 |
| 0 | 设定栏宽时，若数值位数小于栏宽值，不足数会在数值左侧补 0；如果与负号 "–" 同时使用，该功能就无效了 |

以下这个程序利用 [flag] 设定字符与整数来演示不同的范例，请各位依照表 4.2 所示的说明来加以比对。

■【上机实习范例：CH04_04.c】

```
01  #include <stdio.h>
02  #include <stdlib.h>
03
04  int main(void)
05  {
06      /* [flag] 设定字符的范例 */
07      int no=12345;
08
09      printf("%+08d\n",no);/* 以 %+08d 输出 */
10      printf("%-08d\n",no);/* 以 %-08d 输出 */
11      printf("%+#8d\n",no);/* 以 %+#8d 输出 */
12      printf("%+#o\n",no);/* 以 %+#o 输出 */
13      printf("%+#x\n",no);/* 以 %+#x 输出 */
14
15
16      return 0;
17  }
```

执行结果如图 4.5 所示。

```
+0012345
12345
   +12345
030071
0x3039

Process returned 0 (0x0)    execution time : 0.235 s
Press any key to continue.
```

图 4.5

 程序解说

第 9 行因为加了"+"与 0，所以输出靠右对齐，并同时显示数值的正号"+"，又因为数值位数小于栏宽值，不足数会在数值左侧补 0。第 10 行因为使用负号"-"，所以输出靠左对齐，并以空格符补齐右边空位，又因为与负号"-"同时使用，所以补 0 的功能无效。第 11 行以"%+#8d"格式输出，所以输出靠右对齐，且宽度设定 8 个字符。第 12 行以"%+#o"格式输出，因为"#"符号的缘故，所显示的八进制数"%o"在数值前会加上数字 0。第 13 行以"%+#x"格式输出，所显示的十六进制数"%x"在数值前会加上数字 0x。

接下来这个程序会将浮点数变量用不同的格式输出，各位可以自行比较输出结果的差异，其中整数 Num1 作为浮点数输出时，因为数据类型不符合，会发生状况。

■【上机实习范例：CH04_05.c】

```
01  #include <stdio.h>
02  #include <stdlib.h>
03
04  int main(void)
05  {
06      int Num1=12345;   /* 定义整数变量 Num1 */
07      float Num2=3.141592; /* 定义浮点数变量 Num2 */
08
```

```
09      printf("NUm1=%f\n",Num1);
10      printf(" 显示 Num2(%%f)    :%f\n", Num2);
11      /* 使用 %f 输出数值 */
12      printf(" 显示 Num2(%%10f)  :%10f\n", Num2);
13      /* 使用 %10f 输出数值 */
14      printf(" 显示 Num2(%%+10f) :%+10f\n", Num2);
15      /* 使用 %+10f 输出数值 */
16      printf(" 显示 Num2(%%-10f) :%-10f\n", Num2);
17      /* 使用 %-10f 输出数值 */
18      printf(" 显示 Num2(%%+10.4f):%+10.4f\n", Num2);
19      /* 使用 %+10.4f 输出数值 */
20      printf(" 显示 Num2(%%-10.4f):%-10.4f\n", Num2);
21      /* 使用 %-10.4f 输出数值 */
22      printf("\n");   /* 换行 */
23
24
25      return 0;
26  }
```

执行结果如图 4.6 所示。

```
NUm1=0.000000
显示Num2(%f)     :3.141592
显示Num2(%10f)   :  3.141592
显示Num2(%+10f)  : +3.141592
显示Num2(%-10f)  :3.141592
显示Num2(%+10.4f):   +3.1416
显示Num2(%-10.4f):3.1416


----------------------------------
Process exited with return value 0
Press any key to continue . . .
```

图4.6

 **程序解说**

第 9 行因输出变量的数据类型与格式化字符不同而无法显示正确的数据值。第 10 行直接以 "%f" 格式输出，没有进行小数位数的设定。第 12 行输出时靠右对齐，栏宽有 10 个字符。第 13 行输出时靠左对齐。第 18 行输出时靠右对齐，保留 4 位小数位数，因为指定输出的小数位数不足，所以程序会自行四舍五入。第 20 行输出时靠左对齐，保留 4 位小数位数，因为指定输出的小数位数不足，所以程序会自行四舍五入。

C 语言的 printf() 函数就像早期的 FORTRAN 语言一样，对于浮点数的输出控制有很精准的效果，我们再来看一个浮点数输出的例子。

**■ 【上机实习范例：CH04_06.c】**

```
01  #include <stdio.h>
02  #include <stdlib.h>
03
04  int main(void)
05  {
06
07      float Val=567.123;
08
09      /* 不同浮点数值设定输出范例 */
```

```
10    printf("%%f Val   =%f\n",Val);
11    printf("%%.1f Val =%.1f\n",Val);
12    printf("%%.3f Val =%.3f\n",Val);
13    printf("%%.5f Val =%.5f\n",Val);
14    printf("%%9.1f Val=%9.1f\n",Val);
15    printf("%%6.3f Val=%9.3f\n",Val);
16    printf("%%3.5f Val=%9.5f\n",Val);
17    printf("%%7.3f 的自变量   方式 Val= %*.*f\n\n",7,3,Val);
18
19    return 0;
20    }
```

执行结果如图 4.7 所示。

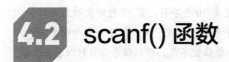

```
%f Val   =567.122986
%.1f Val =567.1
%.3f Val =567.123
%.5f Val =567.12299
%9.1f Val=    567.1
%6.3f Val=  567.123
%3.5f Val=567.12299
%7.3f的自变量定义方式 Val= 567.123


----------------------------------
Process exited with return value 0
Press any key to continue . . .
```

图4.7

**程序解说**

　　第 10 行直接输出浮点数，与原来的设定值有些许的误差。第 11 行输出浮点数，只保留 1 位小数位数。第 12 行输出浮点数，只保留 3 位小数位数。第 13 行输出浮点数，只保留 5 位小数位数。第 14 行将浮点数靠右对齐输出，栏宽保留 9 个字符，只保留 1 位小数位数。第 15 行将浮点数靠右对齐输出，栏宽保留 9 个字符，只保留 3 位小数位数。第 16 行将浮点数靠右对齐输出，栏宽保留 9 个字符，只保留 5 位小数位数。第 17 行以自变量的形式输出，栏宽保留 7 个字符，只保留 3 位小数位数。

# 4.2 scanf() 函数

　　scanf() 函数的功能恰好跟 printf() 函数相反，各位在 C 语言程序中经常会看到它，其主要的功能是可以让使用者从外部输入数值、字符或字符串来传送给指定的变量。scanf() 函数可以配合以 "%" 字符开头的格式化字符所组成的格式化字符串，来输出指定格式的变量或数值内容。scanf() 函数的原型如下所示：

scanf(char* 格式化字符串，自变量列)；

　　scanf() 函数中的格式化字符等相关设定都和 printf() 函数极为相似，它常用的格式化字符如表 4.3 所示。

表 4.3

| 格式化字符 | 说明 |
| --- | --- |
| %c | 输入字符 |
| %s | 输入字符串或字符指针所指定的字符串数据 |

续表

| 格式化字符 | 说明 |
|---|---|
| %d | 输入十进制数 |
| %o | 输入八进制数 |
| %x | 输入十六进制数，超过 10 的数字用小写字母表示 |
| %X | 输入十六进制数，超过 10 的数字用大写字母表示 |
| %f | 输入浮点数 |
| %e | 使用科学记数法，例如 3.14e+05 |
| %E | 使用科学记数法，例如 3.14E+05（使用大写 E） |

scanf() 函数的格式化字符串中含有要输入的字符串与对应自变量列项目的格式化字符，这些项目必须是变量。格式化字符串中有多少个格式化字符，自变量列中就应该有相同数目的对应项目，而且每个变量前一定要加上取址运算符 "&" 来获取变量的地址，如下所示。

```
scanf("%d%f", &N1, &N2); /* 务必加上 & */
```

在上述代码中，间隔输入的符号是空格符。输入数值可利用空格键、Enter 键或 Tab 键隔开，不过所输入的数值必须与每一个格式化字符相对应，如下所示。

```
100 300.999
```

以下程序利用 scanf() 函数让使用者分别输入两个数据，最后在屏幕上输出这两个数据。

### ■【上机实习范例：CH04_07.c】

```
01   #include <stdio.h>
02   #include <stdlib.h>
03
04   int main(void)
05   {
06       int N1;
07       float N2;
08
09       printf(" 请输入整数与浮点数 , 以空格符分隔 :\n");
10       scanf("%d%f",&N1,&N2);      /* 使用 scanf() 函数连续读取数据 */
11
12       printf(" 输入的数值 N1=%d N2=%f\n", N1, N2);
13
14
15       return 0;
16   }
```

执行结果如图 4.8 所示。

```
请输入整数与浮点数，以空格符分隔:
25 33.8
输入的数值 N1=25 N2=33.799999

Process returned 0 (0x0)   execution time : 4.375 s
Press any key to continue.
```

图 4.8

**程序解说**

第 10 行中我们从外部输入了一个整数及一个浮点数，有如下两种操作方式。

25 33.8【Enter】

或：

25　【Enter】
33.8【Enter】

两个数据输入完成后会分别存储在 $N_1$ 与 $N_2$ 变量中，这个过程由取址运算符 "&" 将变量的地址传入，再把这个数据值存储在这个变量的地址上完成。如果各位因疏忽未加上 "&" 符号，就很容易造成奇怪的错误，这也是日后经常出现的 bug。第 12 行输出刚刚输入的 $N_1$ 与 $N_2$ 的值。

在输入时用来间隔输入的符号也可以由使用者来指定，例如在 scanf() 函数中使用逗号 "," 作为间隔，那么输入时也必须以 "," 为间隔。请看下列代码。

scanf("%d,%f", &N1, &N2);

则输入时，必须以 "," 为间隔，如下所示。

100,300.999

虽然 scanf() 函数在使用上与 printf() 函数类似，但是因为 scanf() 函数只作读取数据之用，所以在格式化字符串中无法显示格式化字符串以外的说明字符或字符串。请看以下语句。

scanf(" 请输入整数 (x,y,z)：%d,%d,%d",&x,&y,&z); /* 输入时会发生错误 */

必须修改成如下代码片段。

printf(" 请输入整数 (x,y,z)：");
scanf("%d,%d,%d", &x, &y, &z);

以下这个范例程序是利用 scanf() 函数，且在输入时使用逗号 "," 作为间隔，让使用者输入 3 个整数 $x$、$y$、$z$，来计算下面公式的结果。

$(x \times x + y \times y + z \times z)/(x+y+z)$

**■【上机实习范例：CH04_08.c】**

```
01  #include <stdio.h>
02  #include <stdlib.h>
03
04  int main(void)
05  {
06
07      int x, y, z;
08      float result;
09
10      printf(" 请输入整数 (x,y,z)：");
11      scanf("%d,%d,%d", &x, &y, &z);/* 以逗号为间隔输入格式 */
12      result=(x*x+y*y+z*z)/(float)(x+y+z);
```

```
13      /* 强制类型转换 */
14      printf(" 计算结果 =%f",result);
15
16
17      return 0;
18  }
```

执行结果如图 4.9 所示。

```
请输入整数(x, y, z)：3, 5, 7
计算结果=5.533333
Process returned 0 (0x0)    execution time : 14.034 s
Press any key to continue.
```

图4.9

程序解说

　　第 11 行以逗号为间隔输入格式，因此输入时也必须以"，"作为间隔，不能直接用空格或按 Enter 键来隔开，否则会得到奇怪的结果。第 12 行由于整数间的除法会舍弃小数位数的值，因此我们对分母利用强制类型转换变成浮点数。

　　还有一点要补充说明，我们知道如果在"%d"或"%f"等数值的格式化字符前加入空格，那么在输入时不论之前有多少空格，scanf() 函数只会输出第一个非空格的数字字符后所有的数字字符，各位可观察以下这个程序范例的执行结果。

■ 【上机实习范例：CH04_09.c】

```
01  #include <stdio.h>
02  #include <stdlib.h>
03
04  int main(void)
05  {
06
07      float fnum;
08
09      printf(" 输入浮点数 :");
10      scanf(" %f",&fnum);/* 输入浮点数 */
11
12      printf("fnum=%f\n",fnum);
13
14
15      return 0;
16  }
```

执行结果如图 4.10 所示。

```
输入浮点数:543.76abcded
fnum=543.760010

Process returned 0 (0x0)    execution time : 7.910 s
Press any key to continue.
```

图4.10

程序解说

　　各位可在执行时尝试输入几个空格，按 Tab 键或 Enter 键，接着再输入 543.76abdef，会发现 fum 只会读取 543.76，对于前面的空格与后面非数字的英文字母都不会读取，原因是第 10 行的 scanf() 函数是以 "%f" 格式读取的。

不过 abdef 这几个字母不会凭空消失，还是会留在缓冲区内，如果第 10 行后还有其他 scanf() 函数就会被优先读取，以下程序就能说明这个情况。

■ 【上机实习范例：CH04_10.c】

```
01   #include <stdio.h>
02   #include <stdlib.h>
03
04   int main(void)
05   {
06
07       float fnum;
08       char c1,c2;
09
10       printf(" 输入浮点数 :");
11       scanf("%f",&fnum);/* 输入浮点数 */
12       scanf("%c",&c1);/* 输入字符 */
13       scanf("%c",&c2);/* 输入字符 */
14
15       printf("fnum=%f\n",fnum);
16       printf("c1=%c\n",c1);
17       printf("c2=%c\n",c2);
18
19
20       return 0;
21   }
```

执行结果如图 4.11 所示。

```
输入浮点数:543.76abcdef
fnum=543.760010
c1=a
c2=b

Process returned 0 (0x0)    execution time : 5.728 s
Press any key to continue.
```

图4.11

 程序解说

在第 12、13 行中又加了两条 scanf() 函数语句，都用于读取一个字符，各位会发现程序在执行时并不会等待你从键盘输入而会直接跳过，原因就是 C 语言系统会自动读取存放在缓冲区内的数据。

最后再来看一个有趣的例子，当利用 scanf() 函数读取数据时，通过栏宽设定功能也可以所设定的栏宽值为长度来分段读取所输入的数据。

■ 【上机实习范例：CH04_11.c】

```
01   #include <stdio.h>
02   #include <stdlib.h>
03
04   int main(void)
```

```
05   {
06       int no1,no2;
07       printf(" 请输入 10 个数字 , 并输出前 4 个数字与后 6 个数字 :\n");
08       scanf("%4d%6d",&no1,&no2);
09       /* 以栏宽设定功能输入整数 */
10       printf(" 前 4 个数字为 :%4d\n",no1);
11       printf(" 前 6 个数字为 :%6d\n",no2);
12
13
14       return 0;
15   }
```

执行结果如图 4.12 所示。

```
请输入10个数字,并输出前4个数字与后6个数字:
12348765432
前4个数字为:1234
前6个数字为:876543

Process returned 0 (0x0)    execution time : 5.774 s
Press any key to continue.
```

图 4.12

 **程序解说**

　　本程序的主要功能是以栏宽设定功能来输入并存储变量，第 8 行将所输入的 10 个数值，分别以 4 与 6 个数字的设定来分段读取与存储。第 10~11 行分别输出这两组数的十进制值。

# 4.3 输出与输入字符函数

　　以上为大家介绍了 printf() 输出函数与 scanf() 输入函数，本节将要介绍 C 语言函数库中所提供的其他字符输出及输入函数，它们的原型都定义在 stdio.h 头文件中。

## 4.3.1 getchar() 函数与 putchar() 函数

　　getchar() 函数可以让使用者从键盘输入一个字符，并在按下 Enter 键后，才开始接收及读取第一个字符，需要注意的是 getchar() 函数内并不需要加上任何自变量。当使用者从键盘输入字符时，计算机只会读取第一个字符，其他字符都会被忽略，继续保留在缓冲区中，等待下一个读取字符或字符串的函数读入。getchar() 函数的原型如下。

```
char 字符变量 ;
字符变量 =getchar();   /* 读取并存储一个字符在字符变量中 */
```

　　除了 printf() 函数之外，C 语言中还有一个 putchar() 函数可用来输出指定的单一字符到屏幕上，函数原型如下。

```
putchar( 字符变量 );
```

　　以下的程序将简单示范 getchar() 函数与 putchar() 函数的使用方法，也将利用 putchar() 函数来实现换行功能，各位可以比较它与 printf() 函数的差别。

■ 【上机实习范例：CH04_12.c】

```
01  #include <stdio.h>
02  #include <stdlib.h>
03
04  int main(void)
05  {
06      char c1,c2,c3;/*   一个字符变量 */
07
08      printf(" 输入一个字符，然后按下 Enter 键 :");
09      c1=getchar();
10      printf(" 刚刚输入的字符是 :");
11      putchar(c1); /* 输出字符 */
12      putchar('\n');/* 利用 putchar() 函数来实现换行功能 */
13
14
15      return 0;
16  }
```

执行结果如图 4.13 所示。

```
输入一个字符, 然后按下Enter键:y
刚刚输入的字符是:y

Process returned 0 (0x0)    execution time : 2.202 s
Press any key to continue.
```

图 4.13

 程序解说

第 9 行是利用 getchar() 函数来输入一个字符，输入完后需要按下 Enter 键。第 11~12 行则是利用 putchar() 函数来输出一个字符，并实现换行（'\n'）。

这里我们还要探讨一个问题，当使用 getchar() 函数时，缓冲区内是否还有一些字符？我们知道按下 Enter 键包括了返回与换行两个动作，当系统接收了返回（'\r', ASCII 为 13）的信息，便会将各位所输入字符存储到变量 $c_1$ 中，而缓冲区中会留下换行（'\n', ASCII 为 10）字符。

以下程序中多加了一行 scanf() 函数来读取缓冲区的这个字符，因为 "\n" 无法在屏幕上显示，所以我们输出它的 ASCII 来验证。

■ 【上机实习范例：CH04_13.c】

```
01  #include <stdio.h>
02  #include <stdlib.h>
03
04  int main(void)
05  {
06      char c1,c2;/*   一个字符变量 */
07
08      printf(" 输入一个字符，然后按下 Enter 键 :");
09      c1=getchar();
10      printf(" 刚刚输入的字符是 :");
```

```
11      scanf("%c",&c2); /* 读取缓冲区字符 */
12      putchar(c1); /* 输出字符 */
13      putchar('\n');/* 利用 putchar() 函数来实现换行功能 */
14      printf(" 缓冲区字符的 ASCII=%d\n",c2);
15      /* 输出 c2 的 ASCII */
16
17      return 0;
18    }
```

执行结果如图 4.14 所示。

```
输入一个字符,然后按下Enter键:p
刚刚输入的字符是:p
缓冲区字符的ASCII=10

Process returned 0 (0x0)    execution time : 1.913 s
Press any key to continue.
```

图 4.14

**程序解说**

第 11 行中利用 scanf() 函数来读取缓冲区中所存储的字符,第 12 行中则输出此字符的 ASCII,各位会发现输出的值为 10,代表换行('\n')。

## 4.3.2 getche() 函数与 getch() 函数

getche() 函数与 getchar() 函数一样,都可用来读取一个字符。其中 getche() 函数会读取从键盘输入的字符,再回传给使用者,并在屏幕上回应所输入的字符,也就是立刻在屏幕上显示该字符,而不会等待按下 Enter 键。当然如果使用者输入错误,便无法更改。

getche() 函数多应用于程序只需使用者输入一个字符,即可往下继续执行的情况,例如"按任意键继续"或"您确定吗(y/n)?"等情况。其语法格式如下。

字符变量 =getche();

而 getch() 函数与 getche() 函数的用法相同,也不用按下 Enter 键即可读取一个字符。二者唯一的不同之处就是 getch() 函数不会将所输入的字符显示到屏幕上。其语法格式如下。

字符变量 =getch();

以下这个程序简单说明了利用 getche() 与 getch() 函数读取一个字符的差异,请各位注意输入字符后屏幕上的显示情况。

**【上机实习范例: CH04_14.c】**

```
01    #include <stdio.h>
02    #include <stdlib.h>
03
04    int main(void)
05    {
06        char c1,c2; /* 定义字符变量 c1,c2 */
07
```

```
08      printf(" 按任意键继续 (getche())...");
09      c1=getche();/* 使用 getche() 函数读取字符 */
10      printf("\n");
11
12      printf(" 按任意键继续 (getch())...");
13      c2=getch();/* 使用 getche() 函数读取字符 */
14      printf("\n");
15      printf(" 第一次输入 %c 字符，第二次输入 %c 字符 \n",c1,c2);
16
17      return 0;
18    }
```

执行结果如图 4.15 所示。

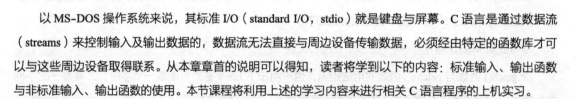

```
按任意键继续(getche())...u
按任意键继续(getch())...
第一次输入u字符，第二次输入f字符

Process returned 0 (0x0)   execution time : 2.808 s
Press any key to continue.
```

图 4.15

**程序解说**

　　第 9 行利用 getche() 函数来读取字符，第 13 行使用 getch() 函数来读取字符。各位从屏幕上显示的结果可以知道，当输入字符时，只有利用 getche() 函数字符才会显示在屏幕上；getch() 函数则会直接跳过，屏幕上不会显示任何字符。

# 4.4 上机实习课程

　　以 MS-DOS 操作系统来说，其标准 I/O（standard I/O，stdio）就是键盘与屏幕。C 语言是通过数据流（streams）来控制输入及输出数据的，数据流无法直接与周边设备传输数据，必须经由特定的函数库才可以与这些周边设备取得联系。从本章章首的说明可以得知，读者将学到以下的内容：标准输入、输出函数与非标准输入、输出函数的使用。本节课程将利用上述的学习内容来进行相关 C 语言程序的上机实习。

## ■【上机实习范例：CH04_15.c】

　　我们知道通过 printf() 函数中的栏宽设定功能，可以将输出的数字靠左或靠右对齐。请设计一个 C 语言程序，分别将整数 12345 靠左与靠右对齐输出。

```
01    #include <stdio.h>
02    #include <stdlib.h>
03
04    int main(void)
05    {
06      int var1;
07
08      var1=12345;
09      printf("var1=%8d\n",var1);
10      printf("var1=%-8d\n",var1);/* 加上负号则靠左对齐 */
```

```
11
12
13    return 0;
14  }
```

执行结果如图 4.16 所示。

```
var1=    12345
var1=12345

Process returned 0 (0x0)    execution time : 0.206 s
Press any key to continue.
```

图 4.16

### 【上机实习范例：CH04_16.c】

请设计一个 C 语言程序，输入任何一个 3 位数以上的整数时，利用余数运算符"**%**"来计算并输出其百位上的数字，如输入 4976 则输出 9，输入 254637 则输出 6。

```
01  #include <stdio.h>
02  #include <stdlib.h>
03
04  int main(void)
05  {
06
07     long int num; /* 输入长整数 */
08
09     printf(" 请输入 3 位数以上的整数 :");
10     scanf("%d",&num);/* 利用 scanf() 函数 */
11
12     num=(num/100)%10;/* 计算出百位数 */
13     printf(" 百位上的数字为 %d\n",num);
14
15
16     return 0;
17  }
```

执行结果如图 4.17 所示。

```
请输入3位数以上的整数:254637
百位上的数字为6

Process returned 0 (0x0)    execution time : 2.826 s
Press any key to continue.
```

图 4.17

### 【上机实习范例：CH04_17.c】

请设计一个 C 语言程序，输入学生的 3 科成绩，输入时请用逗号隔开每科成绩，并输出 3 科成绩、总分和平均分。

```
01  #include <stdio.h>
02  #include <stdlib.h>
03
04  int main(void)
```

```
05  {
06
07      int Chi,Eng,Math;
08      float total,average;
09
10      printf(" 请输入学生 3 科成绩 : ");
11      scanf("%d,%d,%d",&Chi,&Eng,&Math);
12      /* 从键盘输入 3 科成绩 */
13      total=Chi+Eng+Math; /* 计算总分 */
14      average=total/3;    /* 计算平均分 */
15
16      printf(" 语文 \t 英语 \t 数学 \t 总分 \t 平均 \n");
17      printf("%d\t%d\t%d\t\t%.0f\t%.1f\n",Chi,Eng,Math,total,average);
18
19
20      return 0;
21  }
```

执行结果如图 4.18 所示。

```
请输入学生3科成绩: 85, 86, 87
语文      英语      数学      总分      平均分
85        86        87        258       86.0

Process returned 0 (0x0)   execution time : 5.658 s
Press any key to continue.
```

图 4.18

## ■ 【上机实习范例: CH04_18.c】

请各位设计一个 C 语言程序，利用 "%d" 格式化字符，让使用者可以以格式 "YYYY-MM-DD" 进行日期输入，并显示输入的结果。

```
01  #include <stdio.h>
02  #include <stdlib.h>
03
04  int main(void)
05  {
06      int year, month, day;
07
08      printf(" 请输入日期 (YYYY-MM-DD):  ");
09      scanf("%4d-%2d-%2d", &year, &month, &day);
10      /* 输入当前日期 , 以 "-" 作为间隔 */
11      printf(" 日期: %d-%d-%d\n", year, month, day);
12
13
14      return 0;
15  }
```

执行结果如图 4.19 所示。

```
请输入日期(YYYY-MM-DD): 2019-11-26
日期: 2019-11-26

Process returned 0 (0x0)   execution time : 5.587 s
Press any key to continue.
```

图 4.19

## 本章课后习题

1. 阅读以下 C 语言程序代码段：

```
scanf("%d",&i);
printf("%c\n",i);
```

请问当在 scanf() 函数中输入 65 时，printf() 函数会输出什么？

解答：A。

2. 何谓 printf() 函数的精度设定？

解答：精度设定可以使数值数据在输出时依照精度所设定的位数输出。设定时必须在格式化字符前加上 ". 位数"。如果搭配栏宽设定，则格式化字符前必须加上 "栏宽 . 位数"。

3. 试写出以下程序代码的执行结果。

```
printf("%5s\n","***");
printf("%5s\n","****");
printf("%5s\n","*****");
```

解答：

```
  ***
 ****
*****
```

4. 请问以下程序代码的输出结果是什么？

```
printf("\"\\n 是一种换行字符 \"\n");
```

解答：" \n 是一种换行字符 "。

5. 试说明 scanf() 函数的栏宽设定功能。

解答：当利用 scanf() 函数读取数据时，栏宽设定功能可以以所设定的栏宽值为长度来分段读取数据。它通常运用于使用者一次输入整个数据时，但为了运算方便，可对该数据做一定长度的切割并存储于不同变量中。

6. 以下程序代码段用于从键盘输入整数，按下 Enter 键，并将其指定给变量 *no*，接着再通过键盘输入字符 'A'，并将其指定给变量 ch，请回答以下问题。

```
01   printf(" 请输入一个整数 : ");
02   scanf("%d",&no);
03   printf(" 请输入一个字符 : ");
04   scanf("%c",&ch);
05   printf("ASCII of ch=%d\n",ch);
```

（1）请问第 5 行的输出值是什么？为什么会出现这个结果？

（2）如何能够输入字符 'a'，并输出 65？

解答：

（1）输出值为 10，而且并未执行第 4 行，直接跳到了第 5 行。出现这个结果的原因主要是在第 2 行的 scanf() 函数中输入 *no* 的数值后，还要按下 Enter 键。这代表两个步骤：一个是 return 功能（'\r'），代表数据输入完了，但另一个换行功能（'\n'）会留在缓冲区中，因此第 4 行的 scanf() 函数会先读取此字符，而等不到各位输入的字符，所以会直接输出 "'\n'" 的 ASCII 10。

（2）只要在 "%c" 前多空一格即可，如下所示。

```
scanf(" %c",&c); /* 在 %c 前多空一格 */
```

7. 以下为一段完整的程序代码，程序编译成功没有错误，但是在执行时出现错误信息，请检查程序哪个地方有问题。

```
01   #include <stdio.h>
02   int main(void)
03   {
04       int height;
05       printf(" 请输入体重：");
06       scanf("%d", weight);
07       printf(" 您的身高为 %d ", weight);
08       return 0;
09   }
```

解答：第 6 行应更正为 scanf（"%d"，&weight）;。

8. 以下的 C 程序代码段包含了 scanf() 函数。

```
int a,b,c;
scanf("%d,%d,%d",&a,&b,&c);
```

请问当输入数据时，能否以如下方式输入？试说明原因。

```
87 76 55
```

解答：不行，因为 scanf() 函数中使用了 ","作为分隔，所以在输入时也必须以 ","作为分隔。

9. 观察以下程序段。

```
scanf("%d",&num);
printf("num=%d\n",num);
```

如果输入 "7654abcd" 字符串，请问输出的 num 值是什么？

解答：7654，因为使用 scanf() 函数时，会略过空格符而直接读取数字及字符，直至读取完为止，而且后面的 abcd 字符也不会读入。

10. 试比较 getche() 与 getch() 函数的差别。

解答：getche() 函数会读取从键盘输入的一个字符，回传给使用者，并在屏幕上回应输入的字符。getch() 函数则与前面介绍的 getche() 函数的用法相同，唯一不同之处是 getch() 函数不会将输入的字符显示到屏幕上。

# 第 5 章

# 流程控制

　　程序的执行顺序不像南北向的高速公路，可以沿一个方向直通到底，它有时复杂得像山路的九转十八弯，几乎让人晕头转向。C语言是一种很典型的结构化程序设计语言，其核心精神就是"由上而下设计"与"模块化设计"。"模块化设计"可以看作由 C 语言函数的集合构成，至于"由上而下设计"则是将整个程序按需求从上至下、由大到小逐步分解成较小的函数。

# 5.1 什么是流程控制

C 语言程序主要是按照代码的编写顺序由上而下顺序执行的，不过有时会视需要改变执行顺序，此时就可由流程控制语句来告诉计算机，应以何种顺序来执行语句。例如读者想要计算从 1 加到 100 的值，最笨的方法就是在程序中将 1~100 的数字依序相加；其实不需要如此大费周章，利用循环控制结构就可以轻松处理。

C 语言包含了 3 种常用的流程控制结构，分别是顺序结构、选择结构和循环结构。

## · 5.1.1 顺序结构

顺序结构就是由上而下地执行每一个程序语句，没有任何转折地执行语句，如图 5.1 所示。

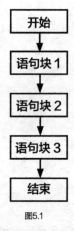

图5.1

以下程序就是一个典型的顺序结构，其执行流程为由上到下，一个接一个地执行语句。

```c
int main()
{
    char c1,c2;

    printf(" 请输入两个字符 :");
    scanf("%c%c",&c1,&c2);/* 连续输入两个字符 */

    printf("c1=%c ASCII=%d\n",c1,c1); /* 输出字符及其 ASCII */
    printf("c2=%c ASCII=%d\n",c2,c2); /* 输出字符及其 ASCII */

    return 0;
}
```

接下来这个程序就是先由用户输入摄氏温度值，再将它转换为华氏温度后输出。

**【上机实习范例：CH05_01.c】**

```
01    #include<stdio.h>
02    #include<stdlib.h>
03
04    int main(void)
05    {
06        /* 声明变量 */
07        float c, f;
08        // 输入摄氏温度值
09        printf("请输入摄氏温度值: ");
10        scanf("%f",&c);
11        f=(9*c)/5+32;   /* 华氏温度转换公式 */
12        printf("%.1f 摄氏度 = %.1f 华氏度 \n",c,f);
13
14
15        return 0;
16
17    }
```

执行结果如图 5.2 所示。

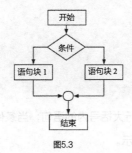

```
请输入摄氏温度值: 25
25.0摄氏度 = 77.0华氏度

Process returned 0 (0x0)   execution time : 31.592 s
Press any key to continue.
```

图5.2

第 10 行将所输入的值存放在浮点数变量 $c$ 中。第 11 行将根据华氏温度转换公式计算后的值赋给变量 $f$。第 12 行输出摄氏与华氏温度值。

## · 5.1.2 选择结构

前文介绍关系运算符的时候，简单介绍了一下 if 语句，它是一种选择结构，就像你走到了一个十字路口，不同的目的地有不同的方向。例如，大家在选择大学时将自己的兴趣与职业规划作为择校的标准，也是一种选择结构。

选择结构对程序设计语言来说，就是一种条件控制语句，包含一个条件表达式，如果条件为真，则执行某些程序，一旦条件为假，就执行另一些程序，如图 5.3 所示。

```
        ┌──────┐
        │ 开始 │
        └──────┘
            │
            ▼
          ◇条件◇
         ╱      ╲
    ┌────────┐  ┌────────┐
    │语句块 1│  │语句块 2│
    └────────┘  └────────┘
         ╲      ╱
           ◯
            │
            ▼
        ┌──────┐
        │ 结束 │
        └──────┘
```

图5.3

### · 5.1.3 循环结构

循环结构主要具有循环控制的功能。循环就是重复执行一个程序块的代码，直到符合特定的结束条件为止。程序语言中循环结构依照结束条件的位置可分为以下两种。

1. 前测试型循环。循环结束条件在程序块的开头。符合条件者，才可以执行循环内的语句，如图5.4所示。

尾，所以至少会执行一次循环内的语句，再测试条件是否成立，若成立则返回循环起点重复执行循环，如图5.5所示。

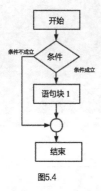

图5.4

2. 后测试型循环。循环结束条件在程序块的结

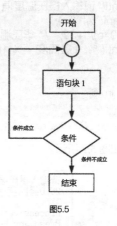

图5.5

# 5.2 选择结构

选择结构必须配合逻辑判断来编写条件语句，再依据不同的判断结果选择应该执行的下一个程序语句。除了之前介绍过的条件运算符外，C语言中还提供了3种条件控制语句：if、if-else及switch。这些语句可以让读者在编写程序时有更丰富的逻辑性。

### · 5.2.1 if 条件语句

if条件语句是C语言中相当热门的语句之一，即使是相当简单的程序，也可能经常用到它。在C语言中，if条件语句的语法格式如下所示。

```
if ( 条件表达式 )
{
  语句 1;
  语句 2;
  语句 3;
  ……
}
```

当if条件表达式成立时，程序将执行大括号内的语句；当条件表达式不成立（返回0）时，不执行大括号内的语句并结束if语句，如图5.6所示。

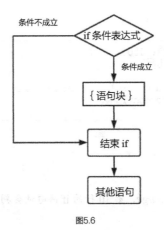

图5.6

如果 if 语句块内仅包含一个程序语句，则可省略大括号"{}"，如下所示。

```
if ( 条件表达式 )
  语句 1；
```

例如：

```
if(score>=60)

{
  printf(" 成绩及格 \n");
}
```

此时 if 语句块内仅包含一个程序语句，则可省略大括号"{}"，可改写为如下代码。

```
if(score>60)
printf(" 成绩及格 !");
```

以下这个程序用来表示某个百货公司准备在年终反馈顾客，只要顾客的总消费额满 1000 元（输入值）就可获赠礼品，可以使用 if 语句来设计。

**【上机实习范例：CH05_02.c】**

```
01  #include <stdio.h>
02  #include <stdlib.h>
03
04  int main(void)
05  {
06      int charge;    /* 声明 charge 变量 */
07      printf(" 请输入总消费金额：");
08      scanf("%d", &charge);   /* 输入总消费金额 */
09
10      if(charge>=1000)   /* 如果总消费金额大于等于 1000*/
11          printf(" 快去领取周年庆礼品 \n"); /* 则显示 " 可领取礼品 "*/
12
13
14      return 0;
15  }
```

执行结果如图 5.7 所示。

```
请输入总消费金额：1500
快去领取周年庆礼品

Process returned 0 (0x0)    execution time : 34.168 s
Press any key to continue.
```

图5.7

 程序解说

在第 8 行中输入某一数值给变量 *charge*，第 10 行的 if 语句便会判断变量 *charge* 是否大于等于 1000，如果是，则执行第 11 行语句。

在上个范例中如果第 10 行的判断不成立，就会直接往下执行。如果想在其他情况下再执行其他操作，可以使用重复的 if 语句来加以判断。以下的程序使用了两个 if 语句，可以让用户输入一个数值 a，根据第二次输入的数值选择计算 a 的立方或平方值，并将计算结果显示在屏幕上。

■ 【上机实习范例：CH05_03.c】

```c
01  #include <stdio.h>
02  #include <stdlib.h>
03
04  int main(void)
05  {
06      int a,ans; /* 声明整数变量 */
07      char select;
08
09      printf(" 请输入所求的数值： ");
10      scanf("%d", &a);/* 输入数值  */
11      printf("1. 平方 2. 立方 \n");
12      select=getch();      /* 输入 1 或 2 */
13      if(select=='1')
14      {
15          ans=a*a;/* 计算 a 的平方值并赋给变量 ans_a */
16          printf(" 平方值为： %d\n", ans);
17      }/* 第一个 if 语句 */
18
19      if(select=='2')   /* 判断 select 是否等于 2*/
20      {
21          ans=a*a*a;/* 计算 a 的立方值并赋给变量 ans*/
22          printf(" 立方值为： %d\n", ans); /* 显示立方值 */
23      }/* 第二个 if 语句 */
24
25
26      return 0;
27  }
```

执行结果如图 5.8 所示。

```
请输入所求的数值：5
1.平方 2.立方
立方值为：125

Process returned 0 (0x0)   execution time : 8.521 s
Press any key to continue.
```

图5.8

**程序解说**

在第 10 行由用户输入所要计算的数值 $a$。第 12 行使用 getch() 函数来输入 1 或 2 的字符，并存放在 select 字符变量中。第 13 行当 if 条件表达式成立时，执行第 14~17 行语句来计算 $a$ 的平方值。第 19 行当 if 条件表达式成立时，执行第 20~23 行语句来计算 $a$ 的立方值。

### · 5.2.2 if-else 条件语句

虽然使用多重 if 条件语句可以解决各种条件下的不同执行问题，但始终还是不够精简，这时 if-else 条件语句就能派上用场了。简单来说，if-else 条件语句提供了两种不同的选择，即当 if 条件表达式成立时，执行 if 语句块内的语句，否则执行 else 语句块内的语句后结束 if 语句，如图 5.9 所示。

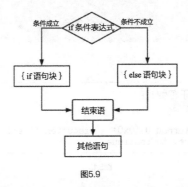

图5.9

if-else 语句的语法格式如下所示。

```
if ( 条件表达式 )
{

 程序语句块；

}
else
{

 程序语句块；

}
```

当然，如果 if-else 区块内仅包含一个程序语句，则可省略大括号"{}"，如下所示。

```
if（条件表达式）
单一语句；
else
单一语句；
```

if-else 条件语句可以提高选择结构代码的可读性，以下这个程序就利用了整数除以 2 的余数值与 if-else 语句来判断所输入的数字是奇数还是偶数。

### ■ 【上机实习范例：CH05_04.c】

```
01   #include <stdio.h>
02   #include <stdlib.h>
03
04   int main(void)
05   {
06       int num=0;    /* 声明字符变量 */
07       printf(" 请输入一个正整数 :");
08       scanf("%d", &num);    /* 输入数值 */
09       if(num%2)    /* 如果整数除以 2 的余数等于 0*/
10           printf(" 输入的数为奇数。\n");    /* 则输出奇数 "*/
11       else            /* 否则 */
12           printf(" 输入的数为偶数。\n");    /* 则输出偶数 "*/
13
14       return 0;
15   }
```

执行结果如图 5.10 所示。

```
请输入一个正整数 :18
输入的数为偶数。

Process returned 0 (0x0)   execution time : 17.855 s
Press any key to continue.
```

图5.10

**程序解说**

在第 9 行的"if（num%2）"条件表达式中，由于整数除以 2 后余数只有 1 或 0 两种情况，而在 C 语言中，非 0 的数都会被视为真，0 被视为假，因此当余数等于 1 时条件表达式将返回 true（条件式成立），反之当余数为 0 时条件表达式将返回 false（条件式不成立），此时执行第 11 行 else 之后的语句。

### · 5.2.3 嵌套 if 条件语句

有时在判断条件复杂的情况下，会出现 if 条件语句所包含的复合语句中又有另外一层 if 条件语句，这样多层的选择结构就称作嵌套 if 条件语句。

我们先来研究以下程序，代码表示若第 1 个 if 条件（ score >= 60 ）成立，则继续判断第 2 个 if 条件（ score ==100 ）；如果第 1 个 if 条件（ score >= 60 ）不成立，则执行 printf（ " 成绩不及格 !" ）。请读者输入 80，看看会出现什么情况。

**【上机实习范例：CH05_05.c】**

```
01   #include <stdio.h>
02   #include <stdlib.h>
03
04   int main(void)
05   {
06      int score;
07
08      printf(" 请输入成绩： ");
09      scanf("%d", &score);/* 输入一个整数 */
10
11      if(score >= 60)   /* 如果 score 大于等于 60*/
12         if(score ==100)   /* 如果 score 等于 100*/
13            printf(" 满分 !");  /* 则显示"满分！" */
14      else   /* 否则 */
15         printf(" 成绩不及格 !");   /* 显示"成绩不及格！" */
16
17
18      return 0;
19   }
```

执行结果如图 5.11 所示。

```
请输入成绩：80
成绩不及格!
Process returned 0 (0x0)   execution time : 3.721 s
Press any key to continue.
```

图5.11

**程序解说**

　　执行结果竟然是显示"成绩不及格！"，真是奇怪了，其实原因就是 else 的配对出了问题。由于在 C 语言中 else 一定对应最近的一个 if，因此读者可以发现此程序段中的 else 语句对应"if（score ==100）"语句，虽然编译仍然会成功，但程序逻辑错误，执行结果就有可能是错误的。例如当 score 为 80 时，显示"成绩不及格！"，而当 score=50 时，却没有显示任何文字。这时读者可将对应的 if-else 用大括号 {} 括住，这样就没有问题了，如下所示。

```
if(score >= 60    /* 如果 score 大于等于 60*/
{
if(score ==100   /* 如果 score 等于 100*/
printf(" 满分 !/n");
}
else
printf(" 成绩不及格 !");   /* 显示"成绩不及格！" */
```

　　接下来的程序是让用户输入一个整数，并利用 if-else 语句来判断其是否为 2 或 3 的倍数，不过却不能为 6 的倍数，这里我们用了两个 if-else 语句，请读者留意它们的执行顺序。

■ 【上机实习范例：CH05_06.c】

```
01  #include <stdio.h>
02  #include <stdlib.h>
03
04  int main(void)
05  {
06      int no;
07
08      printf(" 请输入一个整数： ");
09      scanf("%d", &no);
10      /* 输入一个整数 */
11
12      if(no%2==0 || no%3==0)
13      /* 判断是否为 2 或 3 的倍数 */
14      if(no%6!=0)
15          printf(" 符合所要求的条件 \n");
16      else
17          /* 为 6 的倍数 */
18          printf(" 不符合所要求的条件 \n");
19      else
20          printf(" 不符合所要求的条件 \n");
21
22      return 0;
23  }
```

执行结果如图 5.12 所示。

```
请输入一个整数： 12
不符合所要求的条件

Process returned 0 (0x0)    execution time : 24.271 s
Press any key to continue.
```

图5.12

第 12 行利用 if 语句与逻辑运算符 "||" 来判断该整数是否为 2 或 3 的倍数，与第 19 行的 else 语句组成一组。第 14~17 行则是另一组 if- else 语句，用来判断该整数是否为 6 的倍数。

· 5.2.4  if 多分支条件语句

if 多分支条件语句可以让用户在 if 和 else if 语句中选择符合条件表达式的程序语句块，如果以上条件表达式都不成立，就执行最后的 else 语句，这也可看作是一种嵌套 if-else 结构。其语法格式如下。

if ( 条件表达式 1)

　程序语句块 1;

else if ( 条件表达式 2)

```
    程序语句块 2;

……
else if ( 条件表达式 3)



……
else

    程序语句块 n;
```

如果条件表达式 1 成立，则执行程序语句块 1，否则执行 else if 之后的条件表达式 2，如果条件表达式 2 成立，则执行程序语句块 2，否则执行 else if 之后的条件表达式 3，依此类推，如果都不成立则执行最后一个 else 的程序语句块 n。图 5.13 所示为 else if 条件语句的流程图。

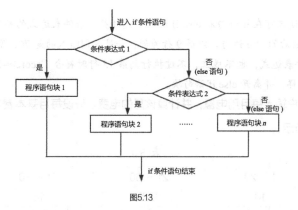

图5.13

可以发现，这样的结构在编写及阅读时都较为容易。以下这个范例可以让用户自行输入学生成绩，并判断成绩属于哪一个评分等级。

### ■ 【上机实习范例：CH05_07.c】

```
01    #include <stdio.h>
02    #include <stdlib.h>
03
04    int main(void)
05    {
06
07        int score=0;
08        printf(" 请输入成绩 :");
09        scanf("%d", &score);        /* 输入成绩 */
10
11        if(score>=90)               /* 如果 score>=90*/
12         printf(" 等级 A.\n");      /* 则显示 "等级 A." */
13         else if(score>=80)         /* 如果 score>=80*/
14         printf(" 等级 B.\n");      /* 则显示 "等级 B." */
15         else if(score>=70)         /* 如果 score>=70*/
16         printf(" 等级 C.\n");      /* 则显示 "等级 C." */
```

```
17      else if(score>=60)      /* 如果 score>=60*/
18        printf(" 等级 D.\n");   /* 则显示 "等级 D." */
19      else                  /* 如果都不符合则显示 "等级 E." */
20        printf(" 等级 E.\n");
21      return 0;
22    }
```

执行结果如图 5.14 所示。

```
请输入成绩:76
等级C.

Process returned 0 (0x0)    execution time : 3.358 s
Press any key to continue.
```

图5.14

 程序解说

在第 11~20 行中，读者可在 if 语句和 else if 语句中选择符合条件表达式的程序语句，如果以上条件表达式都不成立，就执行最后的 else 语句。以第 9 行为例，如果我们输入的是 76，则第 11 行显然不成立，接着执行第 13 行的 if 条件表达式，也不成立，不过执行到第 15 行时符合 "score>=70" 的条件，所以执行第 16 行输出 "等级 C." 字样，并离开 else if 语句块。

接下来的程序由用户输入每月用电量，并计算该月的电费。假设每月基本费电为 300 元，而用电量与单价的对应表如表 5.1 所示。

表 5.1

| 用电量（千瓦·时） | 1 ~ 20 | 21 ~ 60 | 61 ~ 80 | 81 以上 |
| --- | --- | --- | --- | --- |
| 单价（元） | 10 | 12.5 | 18 | 22 |

请使用 if 多分支语句与逻辑运算符来设计一个程序，计算并输出该月用户应交的电费。

### 【上机实习范例：CH05_08.c】

```
01   #include <stdio.h>
02   #include <stdlib.h>
03
04   int main(void)
05   {
06
07      int degree,pay;
08
09      printf(" 请输入用电量 :");
10      scanf("%d",&degree);
11
12      if(degree>=1 && degree<=20)
13        pay=10*degree;
14      else if (degree>=21 && degree<=60)
15        pay=12.5*degree;
16      else if (degree>=61 && degree<=80)
17        pay=18*degree;
18      else if (degree>=81)
```

```
19        pay=22*degree;/* 用 if else 语句来计算电费 */
20
21      printf(" 本月用电 %d 千瓦·时，电费要交 %d 元 \n",degree,pay);
22
23
24      return 0;
25   }
```

执行结果如图 5.15 所示。

```
请输入用电量：35
本月用电35千瓦·时，电费要交437元

Process returned 0 (0x0)    execution time : 3.261 s
Press any key to continue.
```

图5.15

**程序解说**

第 10 行输入用电量 degree。若输入值满足第 12 行 if 条件表达式中 degree 的值为 1~20 的条件，则执行第 13 行 "pay=10*degree"，如果不满足条件则会继续执行第 14 行，若输入值满足第 14 行 if 条件表达式中 degree 的值为 21~60 的条件，执行第 15 行 "pay=12.5*degree"。如果还是不满足条件则会继续执行第 16 行，若输入值满足第 16 行 if 条件表达式中 degree 的值为 61~80 的条件，执行第 17 行 "pay=18*degree"。若还是不满足条件，则执行第 18 行，若输入值满足第 18 行 if 条件表达式中 degree 的值为 ≥81 的条件，执行第 19 行。

## 5.2.5 多重条件选择语句——switch 语句

在进行多重选择控制的时候，读者是不是会觉得过多的 else if 语句往往容易造成程序维护或修改上的困扰，从而让可读性变低？因此 C 语言中提供了另一种选择语句——switch 语句，它能让程序语法更加简洁易懂。它的使用方法与 else if 条件语句也不尽相同，因为 switch 语句必须依据同一个表达式的不同结果来选择要执行哪一段 case 语句，特别注意这个结果值只能是字符或整数常数。然而 if else 语句能直接与逻辑运算符配合使用，没有其他限制。

下面是 switch 语句的语法格式。

```
switch( 条件表达式 )
{
    case 数值 1:
            程序语句块 1;
            break;

    case 数值 2:
            程序语句块 2;
            break;

    default:
            程序语句块;        default 语句也可省略

}
```

如果程序语句仅包含一个语句，可以将程序语句接到常数表达式之后，如下所示。

```
switch( 条件表达式 )
{
    case 数值 1： 程序语句 1；
        break;
    case 数值 2： 程序语句 2；
        break;

    default： 程序语句 ；
}
```

在 switch 条件语句中，首先会求出表达式的值，再将此值与 case 的常数值进行比对。如果找到相同的结果值，则执行相对应的 case 内的语句；假如找不到符合的常数值，就会执行 default 语句。如果没有 default 语句，则结束 switch 语句，default 语句的作用有点像 if-else if 语句中最后的 else 语句的作用。

读者应该留意到了在每个 case 语句的最后必须加上一个 break 语句来结束，这是为什么呢？在 C 语言中，break 语句的主要用途是跳出程序语句，当执行完任何 case 语句后，并不会直接离开 switch 语句块，而是往下继续执行其他的 case 语句，这样会浪费执行时间及发生错误，只有加上 break 语句才可以跳出 switch 语句块。

还要补充一点，default 语句原则上可以放在 switch 语句块内的任何位置，如果找不到符合的结果值，才会执行 default 语句。只有 default 语句放在最后时，才可以省略 default 语句内的 break 语句，否则还是必须加上 break 语句。switch 语句的执行流程如图 5.16 所示。

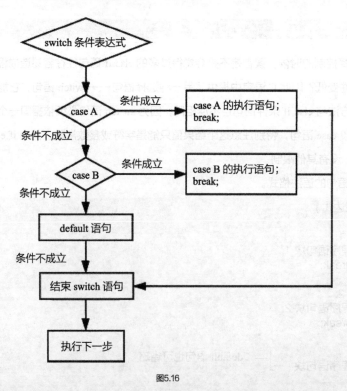

图5.16

以下这个程序使用 switch 语句来取代【上机实习范例：CH05_07.c】中的 if 多分支语句，并用不同的常数值来执行 case 语句，所以读者必须以表达式的方式来将变量 *level* 转换为某些整数常数。

### ■ 【上机实习范例：CH05_09.c】

```
01   #include <stdio.h>
02   #include <stdlib.h>
03
04   int main(void)
05   {
06
07      int score=0,level=0;
08      printf(" 请输入成绩 1~99:");
09      scanf("%d", &score);    /* 输入成绩 */
10      level = (int) score/10;
11
12      switch(level) {      /*level 为 switch 语句的条件表达式 */
13        case 9: /* level 在 90~100 */
14           printf("A 级 \n") ;
15           break;
16        case 8:
17           printf("B 级 \n") ;
18           break;
19        case 7:
20           printf("C 级 \n") ;
21           break;
22        case 6:
23           printf("D 级 \n") ;
24           break;
25        default:
26             printf("E 级 \n") ;
27           }
28
29      return 0;
30   }
```

执行结果如图 5.17 所示。

```
请输入成绩1~99:89
B级

Process returned 0 (0x0)    execution time : 3.394 s
Press any key to continue.
```

图5.17

 **程序解说**

第 10 行中我们使用整数强制转换来求 level 的十进制值，目的是要将其作为 switch 语句中的常数判断值，如第 12 行的语句。第 13 行如果 level 的值等于 9，那么执行第 14 行 "printf（"A 级 \n"）" 语句，接着执行第 15 行，一遇到 break 语句就直接跳出 switch 语句块。如果 level 的值都不在每个 case 语句后，就会执行第 25 行 default 后的语句 "printf（"E 级 \n"）"。

我们知道当执行完任何一个 case 语句后，并不会直接离开 switch 语句块，除非加上 break 语句。可能目前读者还没办法真正感受到 break 语句的作用，现在我们试着将【上机实习范例：CH05_09.c】中所有的 break 语句都去掉，看看会出现什么结果。

### ■ 【上机实习范例：CH05_10.c】

```
01    #include <stdio.h>
02    #include <stdlib.h>
03
04    int main(void)
05    {
06
07        int score=0,level=0;
08        printf(" 请输入成绩 :");
09        scanf("%d", &score);     /* 输入成绩 */
10        level = (int) score/10;
11
12        switch(level) {       /*level 为 switch 语句的条件表达式 */
13
14          case 9: /* level 在 90~100 */
15            printf("A 级 \n") ;
16          case 8:
17            printf("B 级 \n") ;
18          case 7:
19            printf("C 级 \n") ;
20          case 6:
21            printf("D 级 \n") ;
22          default:
23            printf("E 级 \n") ;
24        }
25
26
27        return 0;
28    }
```

执行结果如图 5.18 所示。

```
请输入成绩:89
B级
C级
D级
E级

Process returned 0 (0x0)    execution time : 2.827 s
Press any key to continue.
```

图5.18

读者可以试着输入 76，此时 level 的值是 7，所以会跳到第 18 行，并执行第 19 行的 "printf("C 级 \n")"，由于没有 break 语句，因此会依序执行第 21、22 行，直到程序结束，执行结果为 B 级、C 级、D 级、E 级。

此外，switch 语句中也可以使用不同的 case 值来执行相同的语句，接下来的程序利用 switch 条件语句来输入所要旅游的地点，并分别显示其价格。其中大、小写字母代表同一地点，会执行相同的输出结果。

■ 【上机实习范例：CH05_11.c】

```c
01   #include <stdio.h>
02   #include <stdlib.h>
03
04   int main(void)
05   {
06      char select;
07      puts("(A) 洛阳赏牡丹 ");
08      puts("(B) 清明上河园 ");
09      puts("(C) 云台山 ");
10      printf(" 请输入您要旅游的地点： ");
11      select=getche();/* 可输入大小写字母 */
12
13      printf("\n");
14      switch(select)
15      {
16      case 'a':
17      case 'A':   /* 如果 select 等于 'A' 或 'a'*/
18         puts(" 洛阳赏牡丹 1 日游 300 元 ");
19         break;
20      case 'b':
21      case 'B': /* 如果 select 等于 'B' 或 'b'*/
22         puts(" 清明上河园 1 日游 500 元 ");
23         break;
24      case 'c':
25      case 'C': /* 如果 select 等于 'C' 或 'c'*/
26         puts(" 云台山 1 日游 600 元 ");
27         break;
28      default:   /* 如果 select 不等于 ABC 或 abc 中任何一个字母 */
29         printf(" 选项错误 \n");
30      }
31
32      return 0;
33   }
```

执行结果如图 5.19 所示。

图5.19

第 11 行以 getche() 函数来输入字符，不用按下 Enter 键。第 14 行依据输入的 select 字符决定执行哪一行的 case 语句。例如当读者输入的字符为 'A' 或 'a' 时，会输出"洛阳赏牡丹 1 日游 300 元"字符串。第 19 行 break 语句代表的是跳出 switch 语句块，不会执行下一个 case 语句。第 28 行若输入的字符都不符合所有 case 条件，则会执行 default 后的程序语句块。

# 5.3 循环结构

所谓循环结构，就是一种循环式控制，根据所设立的条件，重复执行某一段程序语句，直到条件判断不成立，才会跳出循环。例如想要让计算机在屏幕上输出一次'我爱你'字符串，那么只要一个 printf() 函数就能解决，要输出 5 次就写上 5 个 printf() 语句，不过如果要输出 100 次，那就需要借助循环结构。

C 语言中提供了 for、while 及 do-while 这 3 种循环语句来实现循环结构的效果，不论是哪一种循环都主要是由以下两个基本关键点所组成。

1. 循环的执行主体由程序语句块组成。

2. 循环的条件判断是决定循环何时停止执行的依据。

## · 5.3.1 for 循环语句

for 循环又称为计数循环，是循环结构中最常使用的一种循环模式，可以重复执行事先设定好次数的循环，这些设定包括循环控制变量的初始值、循环执行的条件表达式与控制变量更新的步长值。其语法格式如下。

```
for( 控制变量的初始值；循环执行的条件表达式；控制变量更新的步长值 )
{
    程序语句；
}
```

for 循环执行步骤的详细说明如下。

1. for 循环的括号中具有 3 个表达式，彼此间必须用分号";"隔开，要设定跳出循环的条件和控制变量的步长（递增或递减值）。这 3 个表达式中可以省略不需要的表达式，也可以设定一个以上的表达式，不过一定要设定跳出循环的条件及控制变量更新的步长值，否则会造成死循环。

2. 设定控制变量的初始值。

3. 如果条件表达式为真，则执行 for 循环内的语句。

4. 执行完成之后，增加或减少控制变量的值是根据步长来做修改的，再重复步骤 3。

5. 如果条件表达式为假，则跳出 for 循环。

图 5.20 所示为 for 循环的执行流程图。

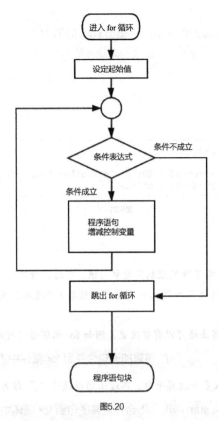

图5.20

以下是一个很典型的案例，使用 for 循环来累加计算从 1 加到 10 的值的程序，最后会输出 *sum* 的值，由于只有 sum=sum+i 一行语句，读者也可以省略大括号。

```
int i,sum;

for (i=1,sum=0; i<=10 ; i++)  /* 控制变量初始值，设定两个变量 */
{
    sum=sum+i;
}
printf("1+2+3+...+10=%d\n", sum);
```

接下来的程序是利用 for 循环来计算从 1 加到 10 的累加值，我们特别在循环外设定了控制变量的初始值，所以 for 循环中只有两个表达式，不过分号不可以省略。

### 【上机实习范例：CH05_12.c】

```
01  #include <stdio.h>
02  #include <stdlib.h>
03
04  int main(void)
05  {
06      int i=1,sum=0;
07
08      for (;i<=10;i++) /* 定义 for 循环 */
09          sum+=i;     /*sum=sum+i*/
```

```
10
11      printf("1+2+3+...+10=%d\n", sum);  /* 输出 sum 的值 */
12
13
14      return 0;
15  }
```

执行结果如图 5.21 所示。

```
1+2+3+ ... +10=55

Process returned 0 (0x0)    execution time : 0.198 s
Press any key to continue.
```

图5.21

 程序解说

第 8 行的 for 循环定义中，省略了设定控制变量初始值，不过分号不可以省略，若循环重复条件为 *i* 小于等于 10 时，执行第 9 行，将 *i* 的值累加到 *sum* 变量中，然后 *i* 的递增值为 1，直到当 *i* 大于 10 时，就会离开 for 循环。

此外，第 8、9 行 for 循环的写法还可以有些改变，例如 for 循环语句可以简化为单行。

```
for (i=1 ; i<=10 ; sum+=i++);         /* 将累加语句合并到 for 循环中 */
```

或者读者也可以将其合并放入多个运算子句，不过必须以逗号 "," 作为分隔，如下所示。

```
for (i=1, sum=1 ; i<=10 ; i++, sum+=i);   /* 合并运算子句到 for 循环中 */
```

接下来的程序也是 for 循环的应用，我们知道符号 "！" 代表数学上的阶乘，如 4 的阶乘可写为 4!，代表 $1 \times 2 \times 3 \times 4$ 的值，$5!=1 \times 2 \times 3 \times 4 \times 5$。请计算出 10! 的值。

### ■【上机实习范例：CH05_13.c】

```
01  /* 计算 10! 的值 */
02  #include <stdio.h>
03  #include <stdlib.h>
04
05  int main(void)
06  {
07      int i,sum=1;
08
09      for (i=1;i<=10;sum*=i,i++); /* 定义 for 循环 */
10
11        printf("sum=%d\n",sum);  /* 输出 sum 的值 */
12
13
14      return 0;
15  }
```

执行结果如图 5.22 所示。

```
sum=3628800

Process returned 0 (0x0)   execution time : 0.249 s
Press any key to continue.
```

图5.22

### 程序解说

第 9 行 for 循环中先设定了变量 $i$ 的初始值为 1，循环重复条件为 $i$ 小于等于 10，$i$ 的递增值为 1，所以当 $i$ 大于 10 时，就会离开 for 循环。需要注意的是，我们在第 9 行中加入了两个运算子句，只用一个语句就完成了 for 循环的控制。

### 5.3.2 嵌套 for 循环语句

在此还要介绍一种嵌套 for 循环语句。所谓嵌套 for 循环，就是多层 for 循环结构。在嵌套 for 循环中，执行流程必须先等内层循环执行完毕，才能继续执行外层循环，例如以下的两层嵌套 for 循环的语法格式。

```
for( 控制变量的初始值 1; 循环重复条件式 ; 控制变量更新的步长值 )
{
    程序语句 ;

    for( 控制变量的初始值 2; 循环重复条件式 ; 控制变量更新的步长值 )
    {
        程序语句 ;
    }
}
```

以下的程序就是利用了两层 for 循环，让用户输入任意的整数 $n$，并求出 1!+2!+...+$n$! 的和，相应的数学公式如下所示。

1!+2!+3!+4!+...+$(n-1)$!+$n$!

请注意，for 循环虽然具有很大的弹性，但在使用时务必要设定每层跳出循环的条件，否则程序将会陷入死循环。

### 【上机实习范例：CH05_14.c】

```
01   #include<stdio.h>
02   #include<stdlib.h>
03
04   int main(void)
05   {
06       int n,i,j,n1=1;
07       long sum=0;
08
09       printf(" 请输入任意整数 :");
10       scanf("%d",&n);
11
12       for(i=1;i<=n;i++)
13       {
14           for(j=1;j<=i;j++)
```

```
15        n1*=j; /* n! 的值 */
16
17      sum+=n1;/* 1!+2!+3!+...+n!*/
18      n1=1;
19    }
20
21    printf("1!+2!+3!+...+%d!=%d\n",n,sum);
22
23
24    return 0;
25 }
```

执行结果如图 5.23 所示。

```
请输入任意整数:5
1!+2!+3!+...+5!=153

Process returned 0 (0x0)    execution time : 2.533 s
Press any key to continue.
```

图5.23

 **程序解说**

第 12 行外层 for 循环控制 $i$ 的输出，表示可以运算 $n$ 次。第 14~15 行是计算出 $n!$ 的值，第 17 行 $n!$ 的值加在 $sum$ 变量中，第 18 行将 $n1$ 重新设定为 1。

### · 5.3.3  while 循环语句

如果我们要执行的循环次数确定，for 循环语句当然是最佳的选择，但对于某些无法确定执行次数的情况，while 循环及 do while 循环语句就能派上用场了。while 循环语句与 for 循环语句类似，都是属于前测试型循环。

简单来说，前测试型循环的运作方式就是在程序语句块的开头必须先检查条件表达式，当条件表达式结果为真时，才会执行程序块内的语句。如果不成立，则会直接跳过 while 语句块往下执行。

循环内的语句块可以是一个语句，也可以是多个语句。同样，如果有多个语句在循环中执行，就要使用大括号将它们括住。此外，while 循环必须自行加入控制变量初始值及步长的递增或递减表达式，否则条件式永远成立时，会造成死循环。其语法如下所示。

```
while( 条件表达式 )
{

程序语句块；

}
```

图 5.24 所示为 while 循环执行的流程图。

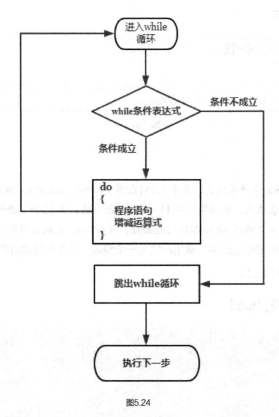

图5.24

接下来这个范例相当简单，利用 while 循环语句来让用户输入 *n* 值，并计算出 *n*! 的值，请读者比较与 for 循环的差别。

**【上机实习范例：CH05_15.c】**

```
01   #include<stdio.h>
02   #include<stdlib.h>
03
04   int main(void)
05   {
06       int n,sum=1,i=0; /* 声明变量与设定初始值 */
07       printf(" 请输入阶乘 n 值 :");
08       scanf("%d",&n); /* 输入 n 值 */
09
10       while(i<n)
11       {
12           i++; /* 执行循环一次则加 1 */
13           sum=i*sum;/* 控制循环的条件表达式 */
14       }
15
16       printf("%d!=%d",i,sum);
17       printf("\n");
18
19
20       return 0;
21   }
```

执行结果如图 5.25 所示。

```
请输入阶乘n值:4
4!=24

Process returned 0 (0x0)   execution time : 3.325 s
Press any key to continue.
```

图5.25

**程序解说**

第 10 行设定 while 循环的条件表达式，其中 *i* 为计数器，初始值设定为 0。当完成第 8 行输入阶乘值时，*i*=0 满足第 10 行 while 条件表达式，所以执行第 11~14 行的语句块，第 12 行 *i* 的值加 1，第 13 行 "i*sum" 之后的值又赋给 *sum*，接下来又回到 while 循环的起始处，直到 *i*=*n*，才跳出循环。

这个范例也是 while 循环语句的应用，请用户输入一个整数，并将此整数的每一个数字反向输出，例如输入 12345 时，程序会输出 54321。

**【上机实习范例：CH05_16.c】**

```
01   #include<stdio.h>
02   #include<stdlib.h>
03
04   int main(void)
05   {
06      int n;
07
08      printf(" 请输入任意整数 :");
09      scanf("%d",&n);
10
11      printf(" 反向输出的结果 :");
12
13      while (n!=0) /* while 循环 */
14      {
15         printf("%d",n%10);/* 求出余数值 */
16         n/=10;
17      }
18
19      printf("\n");
20
21
22      return 0;
23   }
```

执行结果如图 5.26 所示。

```
请输入任意整数:12345
反向输出的结果:54321

Process returned 0 (0x0)   execution time : 12.929 s
Press any key to continue.
```

图5.26

**程序解说**

第 9 行输入任一个正整数 *n*。第 13 行当 *n* 不等于 0 时执行 while 循环后大括号内的语句块。第 15 行求出 *n* 的个位数数值，例如输入 *n*=1234 时，第一次会输出 4。第 16 行 *n* 被重新设定成 *n*/10 的整数值，例如输入 *n*=1234 时，第一次执行时 *n*=*n*/10=123，接着重复执行循环内的语句，直到 *n*=0 时才结束循环。

### · 5.3.4 do-while 循环语句

do-while 循环语句与 while 循环语句算得上是"双胞胎兄弟"，都是当条件式成立时才会执行循环内的语句，两者唯一的不同点在于 do-while 循环内的代码无论如何都至少会被执行一次，这是一种后测试型循环。

读者可以把条件表达式想象成一道门，while 循环的门在前面，如果不符合条件就连进门的机会都没有。而 do-while 循环的门在后面，所以无论如何都能执行循环一次，如果成立的话再返回循环起点重复执行语句块。do-while 语句的语法格式如下。

```
do
{

 程序语句块；

}
while ( 条件表达式 );    /* 请记得加上 "；" */
```

图 5.27 所示为 do-while 语句执行的流程图。

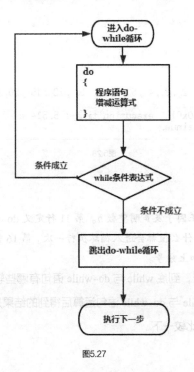

图5.27

下面的程序利用 do-while 循环来求输入的整数的所有正因子，程序中使用余数运算符"%"来求取正因子。

**【上机实习范例：CH05_17.c】**

```
01   #include <stdio.h>
02   #include <stdlib.h>
03
04   int main(void)
05   {
06       int i=1,n;
07       printf(" 请输入一个整数: ");
08       scanf("%d", &n);
09       printf("%d 的所有正因子有 :",n);
10
11       do    /* 定义 do-while 循环，且设定条件为 i<=n*/
12       {
13         if(n%i==0)    /* 如果 n 能够被 i 整除，i 就是 n 的因子 */
14         {             /* 则执行 if 内的语句 */
15           printf("%d ",i);
16           if(n!=i)printf(",");
17         }
18         i++;  /*i 值递增 1*/
19       } while(i<=n);/* 记得加上 ";" */
20
21       printf("\n");
22
23
24       return 0;
25   }
```

执行结果如图 5.28 所示。

```
请输入一个整数: 120
120的所有正因子有:1 ,2 ,3 ,4 ,5 ,6 ,8 ,10 ,12 ,15 ,20 ,24 ,30 ,40 ,60 ,120

Process returned 0 (0x0)    execution time : 5.514 s
Press any key to continue.
```

图5.28

第 6 行设定 *i*=1，且为第一个正因子及声明整数 *n*。第 11 行定义 do-while 循环，并在第 19 行处设定条件判断式为"i<=n"，所以不论 *n* 为什么值都会进入循环执行一次。第 16 行如果 *n*!=*i*，那么就输出一个逗号。第 19 行 do-while 循环结束，记得加上分号。

或许读者还是会觉得有点好奇，到底 while 与 do-while 语句有哪些较明显的差别？以下这个程序中当输入 *n* 的值小于或等于 100 时，while 与 do-while 语句运算后得到的结果是相同的；但是当 *n*>100 时，两者的结果就全然不同了，请读者仔细比较一下。

## 【上机实习范例：CH05_18.c】

```
01   /*while 与 do-while 计算从 n 加到 100 的值 */
02   #include <stdio.h>
03   #include <stdlib.h>
04
05   int main(void)
06   {
07       int sum=0,n,no;
08       printf(" 请输入 n 值: ");
09       scanf("%d",&n);
10
11       no=n;
12       while(n<=100)    /*while 条件式 */
13       {
14         sum+=n;
15         n++;
16       }
17       printf(" 离开 while 循环后的 n=%d、sum=%d\n",n,sum);
18
19       sum=0;n=no;/*n 重新设定为原先所输入的值 */
20        do   /*do-while 循环开始 */
21         {
22           sum+=n;
23           n++;
24         }while(n<=100);
25       printf(" 离开 do-while 循环后的 n=%d、sum=%d\n",n,sum);
26
27
28       return 0;
29   }
```

执行结果如图 5.29 所示。

```
请输入n值: 55
离开while循环后的n=101、sum=3565
离开do-while循环后的n=101、sum=3565

Process returned 0 (0x0)   execution time : 2.565 s
Press any key to continue.
```

图5.29

**程序解说**

第 8 行中请读者先输入小于 100 的数值，例如 55。第 11 行因为经过 while 循环计算后 n 的值会改变，所以我们先把 n 值暂存于 no 变量中。第 12~16 行 while 循环中，只要 n 符合小于或等于 100 的条件，目前 n=55，就有 sum=55+56+57+…+100=3565，第 17 行输出 n=101。在第 20~24 行 do-while 循环中经过计算后，第 25 行输出 sum=3565，n=101。

这时请读者再重新执行程序，改为输入 n=101，第 11 行无法进入 while 循环的语句块，所以第 17 行输出 n=101，sum=0。不过到了第 20 行 do-while 循环，仍会执行第 22 行 "sum+=n" 和第 23 行 "n++"，但是到了第 24 行则不符合 "while（n<=100）" 的条件，程序跳出循环，所以第 25 行输出 n=102，sum=101。

# 5.4 流程跳出语句

编写程序时有时候会出现一些特别的需求，例如提前中断程序运行、让循环提前结束等，这时可以使用 break 或 continue 语句。当想要将程序流程直接改变至任何想要的位置时，可以使用 goto 语句来完成。不过这种跳出语句很容易降低代码可读性，读者必须谨慎使用 goto 语句。

## · 5.4.1 break 语句

break 语句就像它的英文含义一般，代表中断的意思，它的主要用途是跳出最近的 for、while、do-while 与 switch 等语句。注意当遇到嵌套循环时，break 语句只会跳出最近的一层循环，而且多半会配合 if 语句来使用，语法格式如下。

```
break;
```

以下程序是利用嵌套 for 循环与 break 语句来设计图 5.30 所示的执行结果，读者可以看到当执行到 break 语句时会跳出本次循环，重新从外层循环开始执行，即不会输出 5。

### ■【上机实习范例：CH05_19.c】

```
01  #include <stdio.h>
02  #include <stdlib.h>
03
04  int main(void)
05  {
06      int a=1,b;
07      for(a; a<=6; a++)   /* 外层 for 循环控制 y 方向输出 */
08      {
09          for(b=1; b<=a; b++)    /* 内层 for 循环控制 x 方向输出 */
10          {
11              if(b == 5)
12                  break;
13              printf("%d ",b);   /* 输出 b 的值 */
14          }
15          printf("\n");
16      }
17
18
19      return 0;
20  }
```

执行结果如图 5.30 所示。

```
1
1 2
1 2 3
1 2 3 4
1 2 3 4
1 2 3 4

Process returned 0 (0x0)   execution time : 0.205 s
Press any key to continue.
```

图5.30

**程序解说**

第7、9行使用了两个for循环，第11行的if语句在b的值等于5时执行break语句，并跳出最近的for循环，回到第15行来继续执行，当然也不会执行第12~13行的语句。

接下来的程序则是利用break语句来输出九九乘法表，我们只计算乘到6的乘法表。

**【上机实习范例：CH05_20.c】**

```
01  #include<stdio.h>
02  #include<stdlib.h>
03
04  int main(void)
05  {
06   int number;
07   int i,j;
08   /* 九九乘法表的双重循环 */
09   for(i=1; i<=9; i++)
10   {
11    for(j=1; j<=9; j++)
12    {
13
14      printf("%d*%d=",i,j);
15      printf("%d\t ",i*j);
16      if(j>=6)
17         break;/* 设定跳出的条件 */
18    }
19    printf("\n-------------------------------------------------\n");
20   }
21
22   return 0;
23  }
```

执行结果如图 5.31 所示。

```
1*1=1    1*2=2    1*3=3    1*4=4    1*5=5    1*6=6
--------------------------------------------------------
2*1=2    2*2=4    2*3=6    2*4=8    2*5=10   2*6=12
--------------------------------------------------------
3*1=3    3*2=6    3*3=9    3*4=12   3*5=15   3*6=18
--------------------------------------------------------
4*1=4    4*2=8    4*3=12   4*4=16   4*5=20   4*6=24
--------------------------------------------------------
5*1=5    5*2=10   5*3=15   5*4=20   5*5=25   5*6=30
--------------------------------------------------------
6*1=6    6*2=12   6*3=18   6*4=24   6*5=30   6*6=36
--------------------------------------------------------
7*1=7    7*2=14   7*3=21   7*4=28   7*5=35   7*6=42
--------------------------------------------------------
8*1=8    8*2=16   8*3=24   8*4=32   8*5=40   8*6=48
--------------------------------------------------------
9*1=9    9*2=18   9*3=27   9*4=36   9*5=45   9*6=54
--------------------------------------------------------

Process returned 0 (0x0)   execution time : 0.230 s
Press any key to continue.
```

图5.31

**程序解说**

第 9~20 行是嵌套 for 循环的应用；第 16~17 行设定若 $j$ 大于或等于数字 6，就跳出内层循环，再从外层的 for 循环执行。

## · 5.4.2 continue 语句

在循环中遇到 continue 语句时，会跳过该循环剩下的语句而回到循环的开始处，将控制权转移到循环开始处，再开始新的循环周期。continue 与 break 语句的差异在于 continue 语句只是忽略之后未执行的语句，但并未跳出该循环。其语法格式如下。

continue;

以下程序将【上机实习范例：CH05_19.c】中第 12 行的 break 语句直接替换成 continue 语句，请想想看会得到什么样的执行结果。

 **【上机实习范例：CH05_21.c】**

```c
01   #include <stdio.h>
02   #include <stdlib.h>
03
04   int main(void)
05   {
06     int a=1,b;
07     for(a; a<=6; a++)   /* 外层 for 循环控制 y 方向输出 */
08     {
09       for(b=1; b<=a; b++)    /* 内层 for 循环控制 x 方向输出 */
10       {
11         if(b == 5)
12         continue; /* 换成 continue 语句 */
13         printf("%d ",b);   /* 输出 b 的值 */
14       }
15     printf("\n");
```

```
16        }
17
18
19        return 0;
20    }
```

执行结果如图 5.32 所示。

```
1
1 2
1 2 3
1 2 3 4
1 2 3 4
1 2 3 4 6

Process returned 0 (0x0)    execution time : 0.227 s
Press any key to continue.
```

图5.32

【程序解说】

如果满足第 11 行的 if 条件表达式，那么在 $b$ 的值等于 5 时，第 13 行的语句将不会被执行，而会回到第 9 行的 for 循环继续执行，因此不会输出 5。

## 5.4.3  goto 语句

我们知道 break 语句只能跳出最近的循环，当程序是嵌套循环，必须由内层的循环直接跳出至最外层时，可以借助 goto 语句，因为 goto 语句可以将程序流程直接改变至任何一行语句处。虽然 goto 语句十分方便，但很容易造成程序流程混乱，会使维护变得十分困难。笔者强烈建议读者尽量不要使用 goto 语句，其语法如下所示。

```
goto 标签；
    ......
标签：
```

goto 语句必须搭配设定的标签来使用，而标签名称则由一个标识符加上冒号 "："所组成。标签不一定要位于 goto 语句的下方，它可以出现在程序中的任意位置。当程序执行到 goto 语句时便会跳至标签所在的语句，然后继续往下执行。

下面的程序利用 goto 语句输出九九乘法表中 $m \times n$ 前的所有算式。

### ■ 【上机实习范例：CH05_22.c】

```
01    #include<stdio.h>
02    #include<stdlib.h>
03
04    int main(void)
05    {
06      int i,j,n,m;  /* 九九乘法表的双重循环 */
07      printf(" 请输入要跳出的 n 与 m 值 (1<=n,m<=9): ");
```

```
08      scanf("%d %d",&n,&m);
09
10      for(i=1; i<=9; i++)
11      {
12       for(j=1; j<=9; j++)
13       {
14        if(i==n & j==m)
15         goto here; /* 跳到 here 的位置 */
16        printf("%d*%d=",i,j);
17        printf("%d\t ",i*j);
18       }
19        printf("\n");
20       }
21
22       here:printf("\n 我是从 goto 跳过来的 \n");
23
24
25       return 0;
26      }
```

执行结果如图 5.33 所示。

```
请输入要跳出的 n 与 m 值(1<=n,m<=9): 3 7
1*1=1     1*2=2     1*3=3     1*4=4     1*5=5     1*6=6     1*7=7     1*8=8     1*9=9
2*1=2     2*2=4     2*3=6     2*4=8     2*5=10    2*6=12    2*7=14    2*8=16    2*9=18
3*1=3     3*2=6     3*3=9     3*4=12    3*5=15    3*6=18
我是从goto跳过来的

Process returned 0 (0x0)    execution time : 20.435 s
Press any key to continue.
```

图5.33

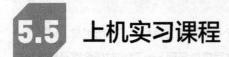

第 14 行中使用 if 条件表达式，如果成立就执行第 15 行 goto 语句，并跳到 goto 后面的标签处。第 22 行中设定了一个标签，只要程序执行到所搭配的 goto 语句，就会跳至该标签语句，再继续往下执行。

# 5.5 上机实习课程

在本章前面的内容中我们学习了 if-else 语句、switch 语句、for 循环、while 循环、break 语句、continue 语句与 goto 语句等。本节的课程将利用上述的学习内容来进行一连串相关 C 语言程序的上机实习。

■ 【上机实习范例: CH05_23.c】

kbhit() 函数是 C 语言中一个很特别的输入函数，当它被调用时，并不会中断程序来等待用户输入，而是会去检查缓冲区内是否有数据适合当程序持续执行，直到用户按任意键时，才会进行其他执行请求。例如我们常见的屏幕保护程序。请设计一个使用 while 循环的 C 语言程序，当你按下任意键时就会跳出循环，并结束程序。

```
01   #include <stdio.h>
02   #include <stdlib.h>
03
04   int main(void)
05   {
06       while ( !kbhit() )
07       /* 使用 kbhit() 函数等待用户按键 */
08       printf(" 按下任意键结束程序 \n");
09
10
11       return 0;
12   }
```

执行结果如图 5.34 所示。

图5.34

■ 【上机实习范例：CH05_24.c】

闰年计算的规则是"四年一闰，百年不闰，四百年一闰"。请设计一个 C 语言程序，利用 if 多分支条件语句来执行闰年计算规则，以便判断用户输入的年份是否为闰年。

```
01   #include <stdio.h>
02   #include <stdlib.h>
03
04   int main(void)
05   {
06       int year=0;
07        /* 声明整数变量 */
08       printf(" 请输入年份 :");
09       scanf("%d", &year); /* 输入年份 */
10
11       if(year % 4 !=0)    /* 如果 year 不是 4 的倍数 */
12           printf("%d 年不是闰年。\n",year);
```

```
13        /* 则显示 year 不是闰年 */
14     else if(year % 100 ==0)
15        /* 如果 year 是 100 的倍数 */
16        {
17          if(year % 400 ==0)     /* 且 year 是 400 的倍数 */
18             printf("%d 年是闰年。\n",year);
19          /* 显示 year 是闰年 */
20          else     /* 否则 */
21             printf("%d 年不是闰年。\n",year);
22          /* 则显示 year 不是闰年 */
23        }
24     else /* 否则 */
25        printf("%d 年是闰年。\n",year);
26        /* 则显示 year 是闰年 */
27
28
29     return 0;
30  }
```

执行结果如图 5.35 所示。

```
请输入年份:2020
2020 年是闰年。

Process returned 0 (0x0)    execution time : 11.843 s
Press any key to continue.
```

图5.35

### 【上机实习范例：CH05_25.c】

请设计一个 C 语言程序，利用 switch 语句来实现简单的计算功能。由用户输入两个浮点数，再按下 "+" "-" "*" "/" 4 个键中任意一个键就可以计算出最后的结果。

```
01   /* 简单的计算功能 */
02   #include <stdio.h>
03   #include <stdlib.h >
04
05   int main(void)
06   {
07      float a,b;
08      char op_key;
09      printf(" 请输入两个浮点数数字 ( 以空格为间隔 ):");
10      scanf("%f %f", &a, &b);
11      printf(" 请按下 "+" "-" "*" "/" 中的任意一个键: ");
12      op_key=getche();  /* 输入字符并存入变量 op_key*/
13
14      switch(op_key)
15      {
16      case '+':    /* 如果 op_key 等于 '+'*/
17      printf("\n%.2f %c %.2f = %.2f\n", a, op_key, b, a+b);
18      break;      /* 则跳出 switch 语句 */
19      case '-': /* 如果 op_key 等于 '-'*/
20      printf("\n%.2f %c %.2f = %.2f\n", a, op_key, b, a-b);
```

```
21      break;  /* 则跳出 switch 语句 */
22      case '*': /* 如果 op_key 等于 '*'*/
23      printf("\n%.2f %c %.2f = %.2f\n", a, op_key, b, a*b);
24      break;        /* 则跳出 switch 语句 */
25      case '/':    /* 如果 op_key 等于 '/'*/
26      printf("\n%.2f %c %.2f = %.2f\n", a, op_key, b, a/b);
27      break;              /* 则跳出 switch 语句 */
28
29      default:      /* 如果 op_key 不等于 "+" "-" "*" "/" 中的任何一个 */
30      printf(" 表达式有误 \n");
31      }
32
33
34      return 0;
35    }
```

执行结果如图 5.36 所示。

```
请输入两个浮点数数字(以空格为间隔):5.6 7.3
请按下"+""-""*""/"中的任意一个键:+
5.60 + 7.30 = 12.90

Process returned 0 (0x0)    execution time : 9.070 s
Press any key to continue.
```

图5.36

## ■ 【上机实习范例:CH05_26.c】

请使用 for 循环来设计一个 C 语言程序,让用户输入一个小于 100 的整数 $n$,并计算下面式子的值。

$$1 \times 1 + 2 \times 2 + 3 \times 3 + 4 \times 4 + \cdots + (n-1) \times (n-1) + n \times n$$

```
01    #include<stdio.h>
02    #include<stdlib.h>
03
04    int main(void)
05    {
06      int n,i;
07      long sum=0;
08
09      printf(" 请输入任意整数 :");
10      scanf("%d",&n);
11
12      for(i=0;i<=n;i++)
13      sum+=i*i; /* 1*1+2*2+3*3+..n*n */
14
15      printf("1*1+2*2+3*3+...+%d*%d=%d\n",n,n,sum);
16
17
18      return 0;
19    }
```

执行结果如图 5.37 所示。

```
请输入任意整数:5
1*1+2*2+3*3+...+5*5=55

Process returned 0 (0x0)   execution time : 3.402 s
Press any key to continue.
```

图5.37

■ 【上机实习范例：CH05_27.c】

请使用 for 循环来设计一个 C 语言程序，让用户输入 *n* 个数字，并且找出输入数字中的最大值。

```
01   #include <stdio.h>
02   #include <stdlib.h>
03
04   int main(void)
05   {
06      int num, MAX= 0, input, i;
07
08      printf(" 请问要输入几个数字: ");
09      scanf("%d", &num);
10
11      for(i = 0; i < num; i++)
12      {
13          printf(">");
14          scanf("%d", &input);
15          if(MAX<input)
16          MAX=input;
17      } /* 利用 for 循环来输入与寻找最大值 */
18      printf(" 你所输入的数字中的最大值为: %d\n",MAX);
19
20
21      return 0;
22   }
```

执行结果如图 5.38 所示。

```
请问要输入几个数字: 3
>5 6 7
>>你所输入的数字中的最大值为: 7

Process returned 0 (0x0)   execution time : 18.983 s
Press any key to continue.
```

图5.38

■ 【上机实习范例：CH05_28.c】

请使用嵌套 for 循环来设计一个 C 语言程序，完整输出九九乘法表的内容，该程序一共会执行 81 次 for 循环，输出 81 个算式。

```
01   #include <stdio.h>
02   #include <stdlib.h>
03
04   int main(void)
```

```
05  {
06      int i,j;
07      printf("************* 九九乘法表输出结果 ****************\n");
08      for (i=1;i<=9;i++)
09      {
10          for (j=1;j<=9;j++)
11          {
12              printf("%d*%d=%d\t",j,i,j*i);
13          }
14          printf("\n");/* 当外部循环 1 次，内部已循环 9 次 */
15      }
16
17
18      return 0;
19  }
```

执行结果如图 5.39 所示。

```
*************九九乘法表输出结果****************
1*1=1    2*1=2    3*1=3    4*1=4    5*1=5    6*1=6    7*1=7    8*1=8    9*1=9
1*2=2    2*2=4    3*2=6    4*2=8    5*2=10   6*2=12   7*2=14   8*2=16   9*2=18
1*3=3    2*3=6    3*3=9    4*3=12   5*3=15   6*3=18   7*3=21   8*3=24   9*3=27
1*4=4    2*4=8    3*4=12   4*4=16   5*4=20   6*4=24   7*4=28   8*4=32   9*4=36
1*5=5    2*5=10   3*5=15   4*5=20   5*5=25   6*5=30   7*5=35   8*5=40   9*5=45
1*6=6    2*6=12   3*6=18   4*6=24   5*6=30   6*6=36   7*6=42   8*6=48   9*6=54
1*7=7    2*7=14   3*7=21   4*7=28   5*7=35   6*7=42   7*7=49   8*7=56   9*7=63
1*8=8    2*8=16   3*8=24   4*8=32   5*8=40   6*8=48   7*8=56   8*8=64   9*8=72
1*9=9    2*9=18   3*9=27   4*9=36   5*9=45   6*9=54   7*9=63   8*9=72   9*9=81

Process returned 0 (0x0)    execution time : 0.705 s
Press any key to continue.
```

图5.39

## 【上机实习范例：CH05_29.c】

请使用 while 语句设计一个 C 语言程序，可以让用户输入英文句子，当输入的字符中有空格时，表示一个单词，直到按下 Enter 键完成输入，然后计算出输入的单词数，并将结果输出在屏幕上。在程序中使用 '\r' 来表示回车字符，当按下 Enter 键时会返回该值。

```
01  /* 使用 while 语句计算单词数 */
02  #include <stdio.h>
03  #include <stdlib.h>
04
05  int main(void)
06  {
07      int word_num=0;
08      char ch;
09
10      printf(" 请输入一句英文 :");
11
12      while ( (ch=getche()) != '\r' )  /* 检查取得的字符是否等于 '\r'*/
13      {
14          if (ch==' ')       /* 如果 ch 中有空格，则表示按下空格键 */
15          word_num++;         /* 字数加 1*/
```

```
16      }
17      printf("\n 您输入了 %d 个单词 .\n",++word_num);
18
19
20      return 0;
21  }
```

执行结果如图 5.40 所示。

```
请输入一句英文:Money makes the mare go.
您输入了 5 个单词.

Process returned 0 (0x0)    execution time : 22.309 s
Press any key to continue.
```

图5.40

### ■【上机实习范例：CH05_30.c】

相信读者都听说过辗转相除法可以用来求取两个数的最大公因数，由于不知道循环要执行的次数，因此该问题最适合使用 while 循环来解决，以下程序可以求得两个整数的最大公因数。

```
01  #include <stdio.h>
02  #include <stdlib.h>
03
04  int main(void)
05  {
06      int Num1, Num2,TmpNum; /* 声明 3 个整数变量 */
07
08      printf(" 求取两个整数的最大公因数 :\n");
09      printf(" 请输入两个整数 :");
10
11      scanf("%d %d",&Num1,&Num2); /* 输入两个整数 */
12
13      if (Num1 < Num2)
14      {
15        TmpNum=Num1;
16        Num1=Num2;
17        Num2=TmpNum; /* 找出两数中的较大值 */
18      }
19
20      while (Num2 != 0)
21      {
22        TmpNum=Num1 % Num2;   /* 求两数的余数值 */
23        Num1=Num2;
24        Num2=TmpNum; /* 辗转相除法 */
25      }
26
27      printf(" 最大公因数 =%d\n",Num1);
28
29
30      return 0;
31  }
```

执行结果如图 5.41 所示。

```
求取两个整数的最大公因数：
请输入两个整数:12 48
最大公因数=12

Process returned 0 (0x0)   execution time : 4.977 s
Press any key to continue.
```

图5.41

## ■【上机实习范例：CH05_31.c】

请设计一个 C 语言程序，可在用户输入一个正整数 *n* 后，输出 2~*n* 内所有的质数，设计本程序时要求必须同时使用 for 及 while 循环。

```
01   #include <stdio.h>
02   #include <stdlib.h>
03
04   int main(void)
05   {
06    int i,j,no_prime,n;
07    printf(" 请输入 n 的值 :");
08    scanf("%d",&n);
09
10    i=2;
11
12    printf(" 以下是 2~%d 内所有的质数 :",n);
13    while(i<=n)
14    {
15     no_prime=0;
16     for(j=2;j<i;j++)
17     if(i%j==0)
18      {
19       no_prime=1;
20       break;/* 跳出 for 循环 */
21       }
22
23
24     if(no_prime==0)
25      printf("%d ",i); /* 输出质数 */
26     i++;
27     }
28    printf("\n");
29
30    return 0;
31    }
```

执行结果如图 5.42 所示。

```
请输入n的值:20
以下是2~20内所有的质数:2 3 5 7 11 13 17 19

Process returned 0 (0x0)   execution time : 3.584 s
Press any key to continue.
```

图5.42

### ■【上机实习范例：CH05_32.c】

假如有一只蜗牛准备爬一棵 30 米高的大树，白天往上爬 3 米，但晚上会掉下 1 米，请问要几天才可爬到树的顶端？请设计一个 C 语言程序，要求利用 do-while 循环语句来解决这个问题。

```
01  #include <stdio.h>
02  #include <stdlib.h>
03
04  int main(void)
05  {
06    int h=30,day=0;
07    do                    /*do-while 循环开始 */
08    {
09      day++;                  /* 天数 */
10      if(h-=3)              /* 每执行一次循环高度减少 3 米 */
11        h++;                /* 加回 1 米 */
12    } while(h>0);              /* 循环成立的条件为高度大于 0*/
13    printf(" 蜗牛需要 %d 天 \n", day);      /* 输出天数 */
14
15
16    return 0;
17  }
```

执行结果如图 5.43 所示。

```
蜗牛需要 15 天

Process returned 0 (0x0)   execution time : 0.192 s
Press any key to continue.
```

图5.43

### ■【上机实习范例：CH05_33.c】

break 与 continue 语句是两个有点类似，却有不同效果的跳出语句。现在请同时结合 break 与 continue 语句的特性，设计一个 C 语言程序，使用户输入密码后，程序能进行简单的密码验证工作，不过输入次数以 3 次为限，超过 3 次则不准登录，假设目前密码为 3388。

```
01  #include <stdio.h>
02  #include <stdlib.h>
03
04  int main(void)
05  {
06    int i=1, new_pw, password=3388;        /* 利用 password 变量来存储密码以供验证 */
07
08    while(i<=3)                /* 输入次数以 3 次为限 */
09    {
10      printf(" 请输入密码 :");
11      scanf("%d", &new_pw);
12      if (new_pw != password)            /* 如果输入的密码与 password 不同 */
13      {
14        printf(" 密码发生错误 !!\n");
15        i++;
16        continue;                /* 则跳回 while 开始处 */
```

```
17          }
18      printf(" 密码正确 !!\n ");              /* 密码正确 */
19      break;
20    }
21    if (i>3)
22      printf(" 密码错误 3 次，取消登录 !!\n");
23
24
25    return 0;
26  }
27
```

执行结果如图 5.44 所示。

```
请输入密码:3424
密码发生错误!!
请输入密码:6575
密码发生错误!!
请输入密码:3388
密码正确!!

Process returned 0 (0x0)    execution time : 19.909 s
Press any key to continue.
```

图5.44

## 本章课后习题

1. 何谓"死循环"？试举例说明。

解答：死循环就是在循环执行时，找不到可以离开循环的出口，如下所示。

```
i=-1;
while (i<0)
printf("%d\n",i--);
```

2. 结构化程序设计分为哪 3 种基本流程结构？

解答：顺序结构、选择结构与循环结构。

3. 选择式结构的条件语句可区分为哪 3 种语句？

解答：if 条件语句、if-else 条件语句与 switch 条件语句。

4. 何谓后测试型循环？

解答：循环结束条件在程序块的结尾，所以至少会执行一次循环内的语句，再测试条件是否成立，若成立则返回到循环起点重复执行循环。

5. 何谓嵌套 if 条件语句？试进行说明。

解答：在判断条件复杂的情况下，有时会出现 if 条件语句所包含的复合语句中又有另外一层的 if 条件语句，这样多层的选择结构就称作嵌套 if 条件语句。

6. 请问 switch 条件表达式的结果必须是什么数据类型？

解答：整数类型或字符类型。

7. 请阅读以下代码段，哪个地方出了问题？试修改之。

```
if(a < 60)
  if( a < 59)
  printf(" 成绩低于 59 分，不合格 \n");
  else
  printf(" 成绩高于 60 分，合格！ ");
```

解答：if 语句会寻找最接近的 else 语句进行配对，所以这个程序段应修改如下。

```
if(a < 60)
{
  if( a < 59)
    printf(" 成绩低于 59 分，不合格 \n");
}
else
  printf(" 成绩高于 60 分，合格！ ");
```

8. 下面这个代码段有何错误？应该如何修改？

```
01   switch ch
02   {
03      case '+':
04        printf("a + b = %.2f\n", a + b);
05      case '-':
06        printf("a – b = %.2f", a – b);
07      case '*':
08        printf("a * b = %.2f", a * b);
09      case '/':
10        printf("a / b = %.2f", a / b);
11   }
```

解答：这个代码段有两个错误，第 1 行的 ch 必须使用括号括起来，而每一个 case 语句要使用 break 语句来退出 switch 语句，以避免程序继续往下一个 case 语句执行。

9. 试说明 default 语句的功能。

解答：default 语句原则上可以放在 switch 语句块内的任何位置，只有找不到符合的结果值，才会执行 default 语句，除非放在最后，否则不可以省略 default 语句内的 break 语句，还是必须加上 break 语句。

10. 以下代码中的 else 语句匹配的是哪一个 if 语句？试说明之。

```
if (number % 3 == 0)
  if (number % 7 == 0)
    printf("%d 是 3 与 7 的公倍数 \n",number);
  else
    printf("%d 不是 3 的倍数 \n",number);
```

解答：代码中的 else 语句乍看似乎与最上层的 if 语句"number%3 ==0"配对，但实际上是与 if 语句"number%7 == 0"配对。这样的代码虽然没有语法错误，也可以编译执行，但是会造成逻辑上的错误。

11. 请简述 for 循环的用法。

解答：for 循环中的 3 个表达式必须以分号"；"分开，而且一定要设定跳出循环的条件及控制变量更新的步长（递增或递减值）。for 循环中的 3 个表达式相当具有弹性，可以省略不需要的表达式，也可以拥有一个以上的运算子句。

12. 运行下列代码后，得到的 k 值为多少？

```
int k=10;
while(k<=25)
{
  k++;
}
printf("%d"k);
```

解答：26。k 值会在此循环中一直累加到大于 25 后才会退出循环，所以 k 值最后会是 26。

13. 下面的代码段有何错误？试说明之。

```
n=45;
do
{
    printf("%d",n);
    ans*=n;
    n--;
}while(n>1)
```

解答：最后一行有误，do-while 循环最后必须用分号作为结束。

14. 试叙述 while 循环与 do-while 循环的差异。

解答：while 循环会先检查"while（条件表达式）"括号内的条件表达式，当条件表达式结果为 true 时，才会执行程序块内的程序。do-while 循环会先执行循环中的语句一次，再判断"while（条件表达式）"括号内的条件表达式，当条件表达式结果为 true 时，继续执行程序块内的程序，若为 false 则跳出循环。

15. 请问下面的代码段有何错误？

```
for(i= 0, i < 10, i++)
printf("%d", i);
```

解答：第 1 行有误，for 循环的条件设定之间必须使用分号隔开，而不是逗号。

16. 试写出下面两段循环语句的执行结果。

```
(a)                                      (b)
        for(int i=0;i<8;i++)                     for(int i=0;i<8;i++)
        {                                        {
            printf("%d", i);                         printf("%d", i);

            if(i==5)                                 if(i==5)
                break;                                       continue;
        }                                        }
```

解答：

（a）输出 012345。

（b）输出 0123467。

17. 请使用 continue 语句设计一个算法，求数值 1 ~ 200 内，5 的倍数与 13 的倍数，但不包含两者的公倍数。

解答：C 语言代码如下。

```
int main()
{
    int i;
    for ( i=1; i <= 200; i++)
    {
        if ( ((i % 5) == 0) && ((i % 13) == 0))
            continue;
        else if ( (i % 5) == 0 )
            printf("%d ",i);
        else if ( (i % 13) == 0)
            printf("%d ",i);
    }

    return 0;
}
```

18. 试叙述 break 语句与 continue 语句的差异。

解答：当 break 语句在嵌套循环中的内层循环时，一旦执行 break 语句，break 语句就会立刻跳出最近的一层循环语句块，并将控制权交给循环语句块外的下一行程序。continue 语句的功能是强迫 for、while、do-while 等循环语句结束正在循环体内进行的程序，而将控制权转移到循环开始处，也就是跳过该循环剩下的语句，重新执行下一次的循环。

19. 试简单叙述 goto 语句。

解答：goto 语句可以将程序流程直接改变至任何一行语句。虽然 goto 语句十分方便，但很容易造成程序流程混乱，会使维护变得十分困难。

# 第 6 章

# 函数与宏

函数是 C 语言的主要核心架构与特色，整个 C 语言程序就是由各种功能函数所组合而成的。我们的程序代码可以直接编写在主程序 main() 中（当然 main() 本身也是一种函数），但如果 C 语言程序只使用一个 main() 函数，自然会降低程序的可读性并增加结构规划上的困难。在中大型程序的开发中，为了提高程序代码的可读性和方便程序项目的规划，通常会将程序分割成一个个功能明确的函数，而这就是模块化概念的充分表现。

本章将介绍函数的基本概念及相关应用，包括函数的定义及调用、函数自变量、传值调用与传址调用、与函数处理相关的内容，还包括宏定义等，这些功能都将是读者在 C 语言程序设计之旅中不可或缺的好帮手。

认识函数

C 语言的函数只有两种类型，即系统本身提供的库函数和自定义函数。使用库函数时只要将所使用的相关函数的头文件包含进来即可，而自定义函数则是自己设计的函数，这也是本章将要介绍的重点。

使用函数最大的优点在于方便程序代码的管理。在本书前面的内容中，所有的程序操作都是在 main() 函数中完成的。接下来我们先来看一个简单的函数例子，它的功能就是利用一个函数在 main() 主函数外定义与输出一段文字。

这个程序虽然很简单，但体现了一个函数的基本功能与形式，读者可以通过它对函数先有直观概念，接下来我们还会做更完整的介绍。

■ 【上机实习范例：CH06_01.c】

```
01  #include<stdio.h>
02  #include<stdlib.h>
03
04  void fun1();/* 函数的声明 */
05
06  int main(void)
07  {
08
09      fun1();/* 调用 fun1() 函数 */
10
11
12      return 0;
13  }
14
15  void fun1()/*fun1() 函数定义的程序段 */
16  {
17   printf(" 在 main() 函数外输出文字 \n");
18
19  }
```

执行结果如图 6.1 所示。

```
在main()函数外输出文字

Process returned 0 (0x0)   execution time : 4.537 s
Press any key to continue.
```

图6.1

第 4 行是函数的声明，当读者准备使用函数时，必须事先声明，而这个 fun1() 函数中并没有传递任何自变量与返回值，所以声明返回值为 void 类型。第 9 行是在 main() 函数中调用 fun1() 函数。第 15~19 行是函数主体的定义，这里面只是简单的输出语句，由于没有返回值，因此也就省略了 return 语句。

相信读者通过【上机实习范例：CH06_01.c】的说明与执行，对函数应该有了一个初步的概念。一个完整的函数应该包括函数的声明、函数主体的定义与函数调用 3 个部分，请看下面的详细介绍。

### · 6.1.1 函数声明

由于 C 语言程序在进行编译时采用的是由上而下的顺序，如果在函数调用前没有预先对这个函数进行声明，那么 C 语言编译器就会返回函数名称未定义的错误。因此函数跟变量一样，要在使用前进行声明。声明要放在程序的开头，通常位于 #include 语句 与 main() 函数之间，也可以放在 main() 函数中，声明的语法格式如下。

返回数据类型 函数名称 ( 数据类型 参数 1, 数据类型 参数 2, ...);

或是：

返回数据类型 函数名称 ( 数据类型，数据类型， ...);

例如一个函数 sum() 可接收两个成绩，返回值为两个成绩的总和，声明有如下两种形式。

int sum(int score1,int score2);

或是：

int sum(int, int);

如果函数不用返回任何值，或者函数中没有任何的参数传递，则都可用关键字 void。

```
void  sum(int score1,int score2);
int sum(void);
int sum(); /* 直接以空括号表示也合法 */
```

请注意，如果调用函数的语句位于函数主体定义之后则可以省略声明，否则就必须在尚未调用函数时，即先行声明自定义函数的类型，来告诉编译器此函数还没有定义。不过考虑到程序的可读性，笔者建议读者尽量养成每一个函数都声明的习惯。

以下程序是对【上机实习范例 CH06_01.c】进行修改后的版本，将函数主体定义放在函数调用语句之前，在编译或运行时都是正确的。

### 【上机实习范例：CH06_02.c】

```
01   #include<stdio.h>
02   #include<stdlib.h>
03
04   void fun1()
05   {
06    printf(" 在 main() 函数外输出文字 \n");
07
08   }/* 函数的定义内容 */
```

```
09
10    int main(void)
11    {
12
13        fun1(); /* 调用函数 */
14
15
16        return 0;
17    }
```

执行结果如图 6.2 所示。

在main()函数外输出文字

Process returned 0 (0x0)    execution time : 0.021 s
Press any key to continue.

图6.2

 **程序解说**

第 4~8 行是函数主体的定义，由于在第 13 行函数调用语句之前，因此可以省略该函数的声明。

以下程序声明了两个自定义函数 f_abs() 与 cubic_abs()，它们的功能分别是求出某实数的绝对值和求出该数的立方绝对值。

### ■【上机实习范例：CH06_03.c】

```
01    #include <stdio.h>
02    #include <stdlib.h>
03
04    float cubic_abs(float o1);/* 函数 cubic_abs() 的声明 */
05    float f_abs(float);/* 函数 f_abs() 的声明 */
06
07    int main(void)
08    {
09
10
11        float f1;
12
13        printf(" 请输入一个实数 :");        /* 提醒输入实数 */
14        scanf("%f",&f1);
15        printf("f_abs(%f)=%.2f\n",f1,f_abs(f1));    /* 输出绝对值 */
16        printf("cubic_abs(%f)=%.2f\n",f1,cubic_abs(f1)); /* 输出立方的绝对值 */
17
18
19
20        return 0;
21    }
22
23
24    float cubic_abs(float o1)
```

```
25  {
26      return f_abs(o1*o1*o1);
27  }
28
29  float f_abs(float o)   /* 自定义函数 f_abs() 返回为绝对值 */
30  {
31      if (o<0)
32          return -1*o;
33      else
34          return o;
35  }
```

执行结果如图 6.3 所示。

```
请输入一个实数：1.5
f_abs(1.500000)=1.50
cubic_abs(1.500000)=3.38

Process returned 0 (0x0)   execution time : 7.925 s
Press any key to continue.
```

图6.3

程序解说

在第 4、5 行中分别为声明了 f_abs() 与 cubic_abs() 的函数原型，因此在 main() 函数中调用这些函数。第 15 行调用 f_abs() 函数，第 16 行调用 cubic_abs() 函数。第 23~26 行定义 cubic_abs() 函数的内容，第 28~34 行定义 f_abs() 函数的内容。

## 6.1.2 定义函数体

清楚函数的声明后，接下来我们要讨论如何定义函数的内容。函数的自定义方式与 main() 函数中程序代码的编写类似，基本语法如下。

```
函数类型 函数名称 ( 数据类型 参数 1, 数据类型 参数 2, ...)
{

    程序语句块 ;

    return 返回值 ;
}
```

函数名称是定义函数的第一步，可根据个人喜好进行命名，其命名规则与变量命名规则相似。函数名称最好具备较高的可读性。尽量避免使用无任何意义的函数名称，如 bbb、aaa 等，不然函数一多就会让人晕头转向，搞不懂某个函数是做什么用的。

不过对于函数名称后面括号内的参数列，不能像函数声明一样只填上各参数的数据类型，而是一定要同时填上数据类型与参数名称。若这个函数中不需要传入参数，则可在括号内写明 void 数据类型（或省略成空白）。

函数体的程序区由 C 语言的合法语句组成，在程序代码编写的风格上，笔者建议使用注释来说明函数的作用。return 语句后面的返回值类型必须与函数类型相同。

例如函数返回值为整数则使用 int，为浮点数则使用 float，若没有返回值则使用 void。如果函数类型声明为 void，则函数定义中最后的 return 关键词可省略，或保留 return，但其后没有返回值，如下所示。

```
return ;
```

接下来的程序包含了自定义的 sum() 函数，其功能是将传入的整数相加并返回此执行结果。

### ■ 【上机实习范例：CH06_04.c】

```
01   #include<stdio.h>
02   #include<stdlib.h>
03
04   int sum(int,int);/* 声明函数原型 */
05
06   int main(void)
07   {
08
09     int x,y;
10
11     printf(" 请输入两个数字 :");
12     /* 输入数字 */
13     scanf("%d %d",&x,&y);
14     /* 在程序中调用函数 */
15     printf("%d+%d=%d\n",x,y,sum(x,y));
16
17
18     return 0 ;
19   }
20   /* 函数主体定义 */
21   int sum(int score1,int score2)
22   {
23     int total;
24     total=score1+score2;
25
26     return total; /* 返回两者的和 */
27   }
```

执行结果如图 6.4 所示。

```
请输入两个数字:12 16
12+16=28

Process returned 0 (0x0)   execution time : 8.205 s
Press any key to continue.
```

图6.4

 程序解说

第 4 行在 main() 函数前声明 sum() 函数的原型，即返回值是整数，并且参数列中传递两个参数。第 15 行输出与调用 sum() 函数。第 21~27 行是函数定义的主体。读者可以发现第 23 行在函数体区内也能自行定义变量，与在 main() 函数中编写的方法一样。第 24 行计算两数相加后的和，并存储在变量 total 中，最后利用 return 语句返回 total 的值。

<h3>· 6.1.3 函数调用模式</h3>

如果读者在程序中需要使用函数（不论是自定义函数还是库函数），就需要调用函数，通常直接使用函数名即可调用函数。函数调用的方式有两种，如果函数没有返回值，通常直接使用函数名即可调用函数，如下所示。

函数名称 ( 自变量 1, 自变量 2, ...);

例如在【上机实习范例：CH06_03.c】中，就是直接使用函数名来调用的。

printf("%d+%d=%d\n",x,y,sum(x,y));

如果函数有返回值，则可运用赋值运算符"="将返回值赋值给变量，如下所示。

变量 = 函数名 ( 自变量 1, 自变量 2,...);

接下来这个程序的功能是将用户输入的两个数作为长方形的长和宽并计算长方形面积，再运用赋值运算符"="将函数返回值赋给 main() 函数中的变量。

<h3>【上机实习范例：CH06_05.c】</h3>

```
01  #include<stdio.h>
02  #include<stdlib.h>
03  /* 函数原型声明 */
04  int area(int,int);
05
06  int main(void)
07  {
08    int w, h,rect_area;
09
10    printf(" 请输入长与宽 :");/* 输入长与宽的数值 */
11    scanf("%d %d",&w,&h);
12
13    rect_area=area(w,h);
14    /* 调用需要返回值的函数 */
15    printf(" 长方形面积 =%d\n",rect_area);
16
17
18    return 0;
19  }
20
21  int area(int a,int b)
22  {
23   return a*b;
24  }/* 计算长方形面积的函数 */
```

执行结果如图 6.5 所示。

```
请输入长与宽:12 8
长方形面积=96

Process returned 0 (0x0)   execution time : 5.121 s
Press any key to continue.
```

图6.5

 **程序解说**

第 4 行函数声明为有返回值及参数传递的 area() 函数。第 13 行调用函数，其参数名称为 w,h，再将返回值赋给整数 rect_area。第 15 行输出长方形面积的值。第 21~24 行定义 area() 函数的主体。

接下来的程序则是求某数的某次方值，即计算输入的两个数 $x$、$y$ 的 $x^y$ 值，并将该函数的定义放在 main() 函数之前。

### 【上机实习范例：CH06_06.c】

```c
01  #include <stdio.h>
02  #include <stdlib.h>
03   /* x 为底数 ,y 为指数 */
04
05   float Pow( float x, int y )
06   {
07    float p = 1;
08    int i;
09    for( i = 1; i <= y; i++ )
10    p *= x;
11
12    return p;
13   }
14
15   int main(void)
16   {
17    float x;
18    int y;
19
20    printf( "请输入次方运算 ( 如 2^3): " );
21    scanf( "%f^%d", &x, &y );
22    printf( "次方运算结果: %.4f\n", Pow(x, y) );
23    /* 输出与调用 Pow() 函数 */
24
25
26    return 0;
27   }
```

执行结果如图 6.6 所示。

```
请输入次方运算（如2^3）: 5^3
次方运算结果: 125.0000

Process returned 0 (0x0)   execution time : 11.642 s
Press any key to continue.
```

图6.6

程序解说

第 5~13 行定义了函数的主体，由于其在 main() 函数之前，因此不需要再进行函数原型声明。第 12 行返回的值是浮点数 p，第 21 行的 scanf() 函数中用"^"字符来作为输入间隔字符。第 22 行输出并调用 Pow（x, y）函数。

## 6.1.4 变量的有效范围

由于函数都具备声明变量的能力，因此某一个变量的有效范围成了程序设计者必须清楚的常识，否则容易在运算时出现意想不到的结果。通常变量根据其在 C 语言程序中所定义的位置与类型，形成了不同的有效范围（scope）。所谓有效范围，就是指在程序中可以使用该变量的范围。变量通常可分为局部变量（local variable）及全局变量（global variable）。

■ 全局变量。

全局变量声明在函数外部，且在声明语句以下的所有函数都可以使用该变量。事实上，全局变量的使用应该相当谨慎，以免某个函数不小心为变量赋予了错误的值，进而影响到整个程序的逻辑。

■ 局部变量。

我们将声明在 main() 函数中或一般函数中的变量称为局部变量，局部变量局限在某个函数内部使用，离开该函数之后就失去作用。

接下来的程序很有趣，能充分说明全局变量与局部变量的用法及差别，希望读者能细心研究。该程序主要声明了一个全局变量 x，当调用 setX1() 函数时，将 x 值设定为 20，这时全局变量 x 的值为 20。而在 setX2() 函数中又声明了一个局部变量 x。读者可以观察到在函数执行期间，局部变量将暂时覆盖全局变量，但在函数执行完毕后，变量的值又恢复为 20。

■ 【上机实习范例：CH06_07.c】

```
01   #include <stdio.h>
02   #include <stdlib.h>
03
04
05   int x=10;/* 声明 x 为全局变量 */
06
07   int main(void)
08   {
09       void setX1();  /* 重新设定全局变量的值为 20 */
10       void setX2();  /* 重新设定全局变量的值为 30 */
11       printf( " 在 main() 函数中的 x = %d\n", x );
12       setX1();
13       printf( " 在 main() 函数中的 x = %d\n", x );
14       setX2();
15       printf( " 在 main() 函数中的 x = %d\n", x );
16
17
18       return 0;
```

```
19    }
20    void setX1()
21    {
22        x = 20; /* x 为全局变量 */
23        printf("在 setX1() 函数中的 x = %d\n", x );
24    }
25
26    void setX2()
27    {
28        int x = 30;/* x 为局部变量 */
29        printf("在 setX2() 函数中的 x = %d\n", x );
30    }
```

执行结果如图 6.7 所示。

```
在main()函数中的x = 10
在setX1()函数中的x = 20
在main()函数中的x = 20
在setX2()函数中的x = 30
在main()函数中的x = 20

Process returned 0 (0x0)    execution time : 0.050 s
Press any key to continue.
```

图6.7

第 5 行中声明全局变量 x，第 9、10 行中则声明 setX1() 与 setX2() 的函数原型，当在第 12 行中调用 setX1() 函数时，第 22 行中的 x 仍为全局变量，第 13、23 行都会输出 20。不过在第 14 行中调用 setX2() 函数时，由于第 28 行声明的 x 为此程序中的局部变量，因此第 28 行会输出 30，但是一旦离开此函数，x 仍为全局变量，第 15 行还是会输出 20。

 # 6.2 参数传递方式

前面我们曾经提到，变量存储在系统内存中，而内存的地址和该地址中保存的数值是相互独立的，所以更改变量的数值是不会影响它存储的地址的。而函数中的参数传递是将主函数中变量的值传递给子函数对应的参数，然后在子函数中执行子函数定义的语句。依照所传递的是变量的数值还是地址的不同，子函数对主函数中该变量的影响会有所不同。

参数传递的这种关系有点像棒球比赛的模式，一个投球，一个接球。在 C 语言中，函数参数传递的方式可以分为传值调用（call by value）与传址调用（call by address）两种。

 我们实际调用的主函数中所提供的参数通常称为实际参数，简称实参；而在子函数主体或原型中所声明的参数则称为形式参数，简称形参。

在正式介绍传址调用方式之前，首先为读者介绍两种在传址调用时所需要的取值运算符"*"和取址运算符"&"，这两个运算符在后文介绍数组及指针的部分会再详细说明。

1. 取值运算符"*"：可以取得变量在内存地址中所存储的值。

2. 取址运算符"&"：可以取得变量在内存中的地址。

## 6.2.1 传值调用

传值调用表示在调用函数时会将实参的值按顺序复制给子函数的形参，因此在子函数中对形参值做的任何改变，都不会影响到原来的实参。目前为止，本书中所介绍的函数调用都是以此种方式传递参数的，其特点是并不会改变主函数中被调用变量的内容。C 语言的传值调用函数的声明形式如下所示。

返回数据类型 函数名 ( 数据类型 参数 1, 数据类型 参数 2, ...);

或：

返回数据类型 函数名 ( 数据类型 , 数据类型 , ...);

传值调用的函数调用形式如下所示。

函数名 ( 自变量 1, 自变量 2, ...);

本章之前所介绍的函数参数传递方式都是传值调用方式，以下程序可以让读者更清楚这种方式运行的重点。先让用户输入两个整数值，并通过自定义函数 swap() 来进行交换，由于不会对自变量本身的地址做修改，因此不会对主程序中变量的内容进行交换。

### 【上机实习范例：CH06_08.c】

```
01   #include <stdio.h>
02   #include <stdlib.h>
03
04   void swap(int,int);/* 传值调用函数 */
05
06   int main(void)
07   {
08      int a,b;
09      a=10;
10      b=20;/* 设定 a、b 的初始值 */
11      printf(" 主函数中在交换前：a=%d, b=%d\n",a,b);
12      swap(a,b);/* 调用函数 */
13      printf(" 主函数中在交换后：a=%d, b=%d\n",a,b);
14
15
16      return 0;
17   }
18
19   void swap(int x,int y)/* 无返回值 */
20   {
21      int t;
22      printf(" 子函数中在交换前：x=%d, y=%d\n",x,y);
23      t=x;
```

```
24      x=y;
25      y=t;/* 交换过程 */
26      printf(" 子函数中在交换后: x=%d, y=%d\n",x,y);
27    }
```

执行结果如图 6.8 所示。

```
主函数中在交换前: a=10, b=20
子函数中在交换前: x=10, y=20
子函数中在交换后: x=20, y=10
主函数中在交换后: a=10, b=20

Process returned 0 (0x0)   execution time : 0.047 s
Press any key to continue.
```

图6.8

 程序解说

第 4 行为传值调用函数的声明，这种方式的最大特点就是被调用的主函数参数的改变只在子函数内起作用，不会带到子函数外部。第 9、10 行设定 *a*、*b* 的初始值。第 12 行为传值函数调用语句。第 19~27 行定义无返回值的 swap() 函数主体。第 23~25 行是 *x* 与 *y* 数值的交换过程。第 26 行在 swap() 函数中对 *x* 与 *y* 的值进行交换。第 13 行主函数中被调用的参数 a 与 b 的值没有受到影响。

以下程序的主要目的是让读者更深入了解传值调用函数中地址的相关变化，这时取址运算符 "&" 就可以派上用场了。请读者细心观察在主函数中、fun() 函数中与调用 fun() 函数后的 *a* 与 *b* 值的变化，以及这 3 种情况下 *a*、*b* 变量的地址差异。

### 【上机实习范例: CH06_09.c】

```
01   #include<stdio.h>
02   #include<stdlib.h>/* 函数声明 */
03   void fun(int, int);
04
05    int main(void)
06    {
07    int a,b;
08    a=10;
09    b=15;
10    /* 输出主函数中的 a、b 值 */
11    printf(" 主函数中 :\na=%d,\tb=%d\n",a,b);
12    printf("a 的地址 :%p, b 的地址 :%p\n",&a,&b);
13    /* 调用函数 */
14    fun(a,b);
15    /* 用于分隔 */   printf("-----------------------------------------\n");
16     /* 输出调用函数后的 a、b 值 */
17     printf(" 调用函数后 :\na=%d,\tb=%d\n",a,b);
18     printf("a 的地址 :%p, b 的地址 :%p\n",&a,&b);
19
20
21      return 0;
22    }
23
```

```
24    void fun(int a, int b)
25    {
26        printf("----------------------------------------------\n");
27        printf("fun() 函数内 :\na=%d, b=%d\n",a,b);
28        printf("a 的地址 :%p, b 的地址 :%p\n",&a,&b);
29        a=20;
30        b=30;/* 重设函数内的 a、b 值 */
31        printf(" 在函数内改变数值后 :a=%d, b=%d\n",a,b);
32    }
```

执行结果如图 6.9 所示。

```
主函数中：
a=10,     b=15
a的地址:0060FEFC, b的地址:0060FEF8
----------------------------------------------
fun()函数内：
a=10,  b=15
a的地址:0060FEE0, b的地址:0060FEE4
在函数内改变数值后:a=20, b=30
----------------------------------------------
调用函数后：
a=10,  b=15
a的地址:0060FEFC, b的地址:0060FEF8

Process returned 0 (0x0)    execution time : 0.062 s
Press any key to continue.
```

图6.9

程序解说

　　第 3 行声明无参数传递的 fun() 函数，第 11~12 行输出主程序中定义的 a、b 值与地址值。在此使用 "&+
变量名称" 可以直接输出该变量所在的地址，"%p" 是格式化控制符，可以输出十六进制的地址值。第 14
行调用函数后执行第 27~28 行，所输出 a 与 b 的值和 main() 函数相同，不过请注意，地址已经不同了。第
29~31 行改变函数内的 a 与 b 的值并输出。

### · 6.2.2 传址调用

　　传址调用表示在调用函数时所传递给函数的参数值是变量的内存地址，因此函数的形参将与所传递的
实参共享同一个内存地址，对形参值的改变连带着也会影响实参值。

　　要进行传址调用，我们必须声明指针变量作为函数的参数。指针变量用来存储变量的内存地址，目前
我们尚未介绍指针，所以读者暂时只需先记得传址调用的参数声明时必须加上运算符 "*"，而调用函数的
实参前必须加上运算符 "&" 即可。

　　传址调用的函数原型声明形式如下所示，请注意多了运算符 "*"。

返回数据的类型 函数名 ( 数据类型 * 参数 1, 数据类型 * 参数 2, ...);

或：

返回数据的类型 函数名 ( 数据类型 *, 数据类型 *, ...);

传址调用的函数调用形式如下所示。

函数名 (& 自变量 1,& 自变量 2, ...);

以下程序会在函数中用传值及传址两种方式赋予参数数值，能让读者迅速熟悉两种参数传递方式的差别，重点观察函数调用前后对变量的值有何影响，请注意看"*"与"&"运算符出现的位置。

### ■【上机实习范例：CH06_10.c】

```
01   #include <stdio.h>
02   #include <stdlib.h>
03
04   void CallByValue(int x);
05   void CallByAddress(int *x);
06
07   int main(void)
08   {
09      int x = 10;
10
11      printf( " 传值调用前：%d\n", x );
12      CallByValue(x);
13      printf( " 传值调用后：%d\n", x );
14      CallByAddress(&x);
15      printf( " 传址调用后：%d\n", x );
16
17
18      return 0;
19   }
20
21   /* 示范传值调用 */
22   void CallByValue(int x)
23   {
24      x = 20;
25   }
26
27   /* 示范传址调用 */
28   void CallByAddress(int *x)
29   {
30      *x = 30;
31   }
```

执行结果如图 6.10 所示。

```
传值调用前：10
传值调用后：10
传址调用后：30

Process returned 0 (0x0)   execution time : 0.050 s
Press any key to continue.
```

图6.10

 程序解说

第 4~5 行声明两个函数的原型。第 14 行进行传址调用的参数赋值时，我们必须使用取址运算符"&"

来取出变量 $x$ 的内存地址。第 15 行在完成传址 "CallByAddress（int *x）" 函数的调用后，对形参 $x$ 值的改变会影响到主函数中的实参 $x$。第 30 行要赋 $x$ 值时，必须使用取值运算符 "*"，告知编译器将值赋予参数地址之下。

接下来对【上机实习范例：CH06_08.c】略做修改，改成传址调用方式，这时所传入的自变量是两个整数的地址，所以在 swap() 函数中就会改变两个变量的数值。

### ■ 【上机实习范例：CH06_11.c】

```
01   #include <stdio.h>
02   #include <stdlib.h>
03
04   void swap(int*,int*);/* 传址调用函数 */
05
06   int main(void)
07   {
08       int a,b;
09       a=10;
10       b=20;/* 设定 a、b 的初始值 */
11       printf(" 主函数中交换前：a=%d, b=%d\n",a,b);
12       swap(&a,&b);/* 函数调用 */
13       printf(" 主函数中交换后：a=%d, b=%d\n",a,b);
14
15
16       return 0;
17   }
18
19   void swap(int *x,int *y)/* 未返回值 */
20   {
21       int t;
22       printf(" 子函数中交换前：x=%d, y=%d\n",*x,*y);
23       t=*x;
24       *x=*y;
25       *y=t;/* 交换过程 */
26       printf(" 子函数中交换后：x=%d, y=%d\n",*x,*y);
27   }
```

执行结果如图 6.11 所示。

```
主函数中交换前：a=10, b=20
子函数中交换前：x=10, y=20
子函数中交换后：x=20, y=10
主函数中交换后：a=20, b=10

Process returned 0 (0x0)   execution time : 0.030 s
Press any key to continue.
```

图6.11

第 4 行声明 swap() 函数原型，指定传递的自变量必须是两个整数的地址，并以两个整型指针 *x 与 *y 作为参数。第 12 行必须加上运算符 "&" 来调用地址，表示传递地址。第 19 行为函数的声明，仍然必须以

两个整型指针 *x 与 *y 作为参数。第 23~25 行若要交换数据则必须使用运算符"*"，因为 x 与 y 是整型指针，所以必须通过运算符"*"来使用其内容。

以下程序则是设计了一个 add() 函数，其功能是将两个参数之和赋给第一个参数；以传址的方式传递参数，读者更能体会出传址调用的作用。

■ 【上机实习范例：CH06_12.c】

```
01   #include <stdio.h>
02   #include <stdlib.h>
03
04   void add(int *,int *);        /* add() 函数的原型 */
05
06   int main(void)
07   {
08      int a=5,b=10;
09
10      printf(" 调用 add() 函数之前 ,a=%d b=%d\n",a,b);
11      add(&a,&b);    /* 调用 add() 函数 , 执行 a=a+b; */
12      printf(" 调用 add() 函数之后 ,a=%d b=%d\n",a,b);
13
14
15      return 0;
16   }
17
18   void add(int *p1,int *p2)
19   {
20      *p1=*p1+*p2;
21   }
```

执行结果如图 6.12 所示。

```
调用add()函数之前,a=5  b=10
调用add()函数之后,a=15  b=10

Process returned 0 (0x0)    execution time : 0.035 s
Press any key to continue.
```

图6.12

在第 4 行为传址调用的函数原型声明，第 11 行则将 main() 函数中参数 a 与 b 的地址传递到第 18 行的 add() 函数中，并由取值运算符"*"告知编译器将形参 p1、p2 作为所传递的地址。第 20 行的 *p1 等于原来 *p1 的值加上 *p2 的值。

在此还要补充一点，一个函数中可以同时拥有传值与传址两种参数传递方式。接下来的程序设计了一个 average() 函数，其中语文与英语成绩参数采用了传值调用方式，而平均成绩参数则采用的是传址调用方式。

■ 【上机实习范例：CH06_13.c】

```
01   #include <stdio.h>
```

```
02   #include <stdlib.h>
03
04   void average(int,int,float*); /* 同时有传值与传址的参数传递 */
05
06   int main(void)
07   {
08     int Chi,Eng;
09     float Ave=0;
10
11     printf(" 请输入语文与英语两科成绩 :");
12     scanf("%d %d",&Chi,&Eng) ;/* 输入两科成绩 */
13     printf(" 语文 =%d\n",Chi);
14     printf(" 英语 =%d\n",Eng);
15
16
17     average(Chi,Eng,&Ave); /* 调用函数 */
18     printf("---------------------------------\n");
19
20     printf(" 语文 =%d\n",Chi);
21     printf(" 英语 =%d\n",Eng);
22     printf(" 平均成绩 =%.1f\n",Ave);
23
24
25     return 0;
26   }
27   void average(int a,int b,float*c)
28   {
29     *c=((float) a+(float) b)/2;/* c 为 a、b 两数的平均数 */
30   }
```

执行结果如图 6.13 所示。

```
请输入语文与英语两科成绩:98 95
语文=98
英语=95
-----------------------------------
语文=98
英语=95
平均成绩=96.5

Process returned 0 (0x0)    execution time : 13.554 s
Press any key to continue.
```

图6.13

**程序解说**

第 4 行的 average() 函数声明中，同时使用了传值与传址调用两种方式的参数。第 12 行让用户输入两科成绩，分别存入 Chi 与 Eng 两个变量中。第 17 行则调用 average() 函数，请注意每个自变量传递的方式。第 27~30 行定义 average() 函数的主体。第 27 行由于变量 *c* 与主程序中的 *Ave* 共享同一个地址，因此 *c* 值改变，*Ave* 的值也会改变。

## 递归函数

递归函数是一种很特殊的函数，简单来说，对程序设计者而言，函数不只是能够被其他函数调用的程序单元，某些语言中还提供了函数自身调用的功能，这种功能就是所谓的"递归"。递归在早期人工智能所用的语言（如 Lisp、Prolog）中几乎是整个语言运行的核心。

### · 6.3.1 递归的定义

谈到递归的定义，我们可以这样形容，假如一个子函数是由自身所定义并可调用自身的，就称其为递归。它至少要具备两个条件，包括一个可以反复执行的递归过程和一个跳出执行过程的出口。递归根据调用对象的不同，可以分为以下两种。

■ 直接递归。指在递归函数中，允许直接调用该函数本身，如下所示。

```
int Fun(...)
{
    ...
    if(...)
      Fun(...)
    ...
}
```

■ 间接递归。指在递归函数中，调用了其他函数，并在其中调用了原来的递归函数，如下所示。

```
int Fun1(...)           int Fun2(...)
{                       {
    ...                     ...
    if(...)                 if(...)
    Fun2(...)               Fun1(...)         .
    ...                     ...
}                       }
```

许多人经常困惑的问题是，"何时才是使用递归的最好时机"和"是不是递归只能解决少数问题"。事实上，任何可以用 if-else 和 while 语句编写的函数，都可以用递归来表示和编写。

 **尾递归就是程序的最后一个语句为递归调用，因为每次调用后，再回到上一次调用的第一行语句就是return语句，所以不需要再进行任何处理，即可直接返回上一级。**

例如我们知道阶乘函数是数学上很有名的函数，对递归而言，也可以将其看成是很典型的例子，我们一般用符号"！"来代表阶乘，如 4 阶乘可写为 4!，$n!$ 可以写成以下形式。

$$n!=n \times (n-1) \times (n-2) \cdots \times 1$$

读者可以进一步分解它的运算过程，从而观察出一定的规律性。

```
5! = (5 × 4!)
   = 5 × (4 × 3!)
   = 5 × 4 × (3 × 2!)
   = 5 × 4 × 3 × (2 × 1)
   = 5 × 4 × (3 × 2)
   = 5 × (4 × 6)
   = (5 × 24)
   = 120
```

以下程序就是用递归来计算 1!~$n$! 的函数值，请注意递归的基本条件：一个反复的过程及一个跳出执行的出口。

**■【上机实习范例：CH06_14.c】**

```
01    /* 用递归函数求 n 阶乘的值 */
02    #include <stdio.h>
03    #include <stdlib.h>
04
05    int factorial(int); /* 函数原型声明 */
06
07    int main()
08    {
09        int i,n;
10
11        printf(" 请输入计算到第几阶的阶乘 :");
12        scanf("%d",&n);
13
14        for (i=0;i<=n;i++)
15         printf("%d ! 值为 %3d\n", i,factorial(i));
16
17
18        return 0;
19    }
20
21    int factorial(int i)
22    {
23        int sum;
24        if(i == 0)/* 递归终止的条件 */
25         return(1);
26        else
27        sum = i * factorial(i-1); /* sum=n*(n-1)! 直接调用自身上一级的阶乘 */
28        return sum;
29    }
```

执行结果如图 6.14 所示。

```
请输入计算到第几阶的乘数:5
0 !值为   1
1 !值为   1
2 !值为   2
3 !值为   6
4 !值为  24
5 !值为 120

Process returned 0 (0x0)   execution time : 8.104 s
Press any key to continue.
```

图6.14

在第 12 行中输入要计算的阶乘数，第 14、15 行将输出 1!~$n$! 的所有结果，第 15 行调用 factorial() 递归函数。第 21~29 行定义 factorial() 函数的主体。第 23 行规定了跳出递归反复执行过程的出口。第 26 行则是执行递归程序的过程。

### 6.3.2 斐波那契数列

以上递归应用的介绍是利用阶乘函数来说明递归的执行方式的。相信读者应该不会再对递归有陌生的感觉了。我们再来看一个很有名气的斐波那契数列（Fibonacci sequence），首先看看斐波那契数列的基本定义。

$$F_n = \begin{cases} 0 & n=0 \\ 1 & n=1 \\ F_{n-1}+F_{n-2} & n=2, 3, 4, 5, 6\cdots（n \text{ 为正整数}） \end{cases}$$

如果用口语化的说法来说，就是数列的第 0 项是 0、第 1 项是 1，之后其他每项的值都由其前面两项的值相加所得。根据斐波那契数列的定义，我们也可以尝试把它转成递归的形式。

```c
int fib(int n)
{
if(n==0)return 0;
if(n==1)
return  1;

else
    return fib(n-1)+fib(n-2);/* 同时调用自身 2 次 */
}
```

以下程序将利用递归函数来计算第 1 项到第 $n$ 项所有斐波那契数列的值，相信读者能够从中体会出递归与循环结构之间的差异。

### 【上机实习范例：CH06_15.c】

```c
01   #include <stdio.h>
02   #include <stdlib.h>
03
04   int fib(int);          /* fib() 函数的原型声明 */
05
```

```
06   int main(void)
07   {
08     int i,n;
09     printf(" 请输入要计算到第几个斐波那契数列 :");
10     scanf("%d",&n);
11
12     for(i=0;i<=n;i++)           /* 计算前 1~n 个斐波那契数列 */
13       printf("fib(%d)=%d\n",i,fib(i));
14
15
16     return 0;
17   }
18
19   int fib(int n)       /* 定义 fib() 函数 */
20   {
21
22     if (n==0)
23       return 0; /* 如果 n=0，则返回 0*/
24     else if(n==1 || n==2)   /* 如果 n=1 或 n=2，则返回 1 */
25       return 1;
26     else             /* 否则返回 fib(n-1)+fib(n-2) */
27       return (fib(n-1)+fib(n-2));
28   }
```

执行结果如图 6.15 所示。

```
请输入要计算到第几个斐波那契数列：8
fib(0)=0
fib(1)=1
fib(2)=1
fib(3)=2
fib(4)=3
fib(5)=5
fib(6)=8
fib(7)=13
fib(8)=21

Process returned 0 (0x0)   execution time : 3.299 s
Press any key to continue.
```

图6.15

**程序解说**

第 10 行输入整数 $n$ 的值。第 12~13 行利用 for 循环调用 fib() 函数来计算前 1~$n$ 个斐波那契数列。第 19~28 行定义了 fib() 函数。第 22、24 行判断该值是否为第 0、1、2 项的斐波那契数列值，如不是则执行第 27 行，以递归方式计算出第 $n$ 项斐波那契数列的值。

# 6.4 变量存储类别

变量依照本身在 C 程序中所声明的位置与类型，可以决定其在内存中所占空间的大小与程序中可以使用到该变量的区域。除了之前介绍的局部变量和全局变量之外，我们还可以运用类型修饰符来改变变量的存储类别。

### · 6.4.1　auto

auto 修饰符表示声明变量为自动变量。所谓自动变量，也就是局部变量，在函数开始执行时，系统才分配内存空间给该变量，当变量离开该函数后，便将所分配到的内存空间归还给系统。如果在声明变量时没有使用类型修饰符，那么系统就会自动将其设定为 auto 型的变量。严格说来，标注这个修饰符是为了提高程序的可读性，其声明语法格式如下。

```
auto 数据类型 变量名称 = 初始值;
```

以下程序说明了在不同函数区域中，即使声明了相同名称的局部变量，系统也将使用不同的内存空间来存放它们。

### ■ 【上机实习范例：CH06_16.c】

```
01   #include <stdio.h>
02   #include <stdlib.h>
03
04   void Fun1();
05   void Fun2();
06
07   int main(void)
08   {
09     auto int i=10;   /* 声明局部变量 i 仅供 main() 函数使用 */
10
11     printf(" 主程序中声明为 auto 变量 i 的值：%d\n",i);
12     Fun1();
13     Fun2();
14     printf(" 调用后主程序中声明为 auto 变量 i 的值：%d\n",i);
15     return 0;
16   }
17
18   void Fun1()
19   {
20     auto int i=20;   /* 声明局部变量 i 仅供 Function1() 函数使用 */
21     printf("fun1() 函数中声明为 auto 变量 i 的值：%d\n",i);
22   }
23
24   void Fun2()
25   {
26     auto int i=30;
27     /* 声明局部变量 i 仅供 Function2() 函数使用 */
28     printf("fun2() 函数中声明为 auto 变量 i 的值：%d\n",i);
29   }
```

执行结果如图 6.16 所示。

```
主程序中声明为auto变量 i 的值: 10
fun1()函数中声明为auto变量 i 的值: 20
fun2()函数中声明为auto变量 i 的值: 30
调用后主程序中声明为auto变量 i 的值: 10

Process returned 0 (0x0)    execution time : 0.067 s
Press any key to continue.
```

图6.16

**程序解说**

第 9 行 main() 函数中声明 auto 变量 $i$,这时的 auto 关键词可省略,此时 $i$ 为 main() 函数中的局部变量。请注意,auto 变量不可声明在第 7 行之前,否则会发生错误。第 20、26 行中也都声明了 auto 变量,仅能供其所在的函数使用。

## 6.4.2 extern

在 main() 函数以外的区域所声明的变量称为外部( extern )变量,这种变量可供其程序内的所有函数使用,它的作用与全局变量相同,如果未指定其初始值,则预设初始值为 0。声明外部变量时,也可以将 extern 关键字省略,例如下面的例子。

```
int a;    /* 声明外部变量,并省略 extern 关键字 */

int main()
{
   ......
}
```

假设外部变量被声明在函数之后,那么在该变量之前的函数如果要使用该变量,必须先使用 extern 声明该变量,才能在函数中使用此外部变量,以下是声明的语法。

```
extern 数据类型 变量名称 = 初始值;
```

例如下面的例子,读者需注意 no 的位置。

```
int main()        /* main() 函数无法使用外部变量 no */
{
   extern int no;  /* 先声明外部变量才能在 main() 函数中使用该外部变量 */
      ⋮
}

int no;          /* 在此声明外部变量 */
```

在接下来的程序中,我们要特别注意变量 PI 的声明在 main() 函数的最后,如果读者要在 main() 函数中使用变量 PI,记得在函数内部声明时加上 extern 修饰符,如果省略不加,则 PI 的值会被当成是 0。

**【上机实习范例: CH06_17.c】**

```
01   #include <stdio.h>
02   #include <stdlib.h>
```

```
03
04    int main(void)
05    {
06      extern float PI; /* 声明 PI 为 extern 变量 */
07      float radius,area;
08
09      printf(" 请输入圆的半径 :");
10      scanf("%f",&radius);
11
12      area=radius*radius*PI;
13      printf(" 圆面积 :%f\n",area);
14      return 0;
15    }
16    float PI=3.14159;
```

执行结果如图 6.17 所示。

```
请输入圆的半径：5
圆面积 :78.539749

Process returned 0 (0x0)    execution time : 6.636 s
Press any key to continue.
```

图6.17

程序解说

第 16 行中声明了一个外部变量 PI，如果打算在 main() 函数中使用它，那么必须在第 7 行中声明 PI 为 extern 变量，即可将第 12 行中 PI=3.14159 的值用来计算圆面积。

此外，extern 修饰符还可以跨越不同的文件来使用。例如我们将程序分开使用两个文件来编写，文件名为 file1.c 与 file2.c，如果读者在 file1.c 中声明了全局变量 x 与 y，并且要在 file2.c 中使用它们，下面的写法将出现 file2.c 中变量 x 没有声明的错误。

```c
#include <stdio.h>
#include <stdlib.h>

#include "file2.c"

int x=10;
int y=12;

int main(void)
{
   test();
  return 0;
}
```

文件 file2.c:

```c
#include <stdio.h>

void test(void)
```

```
{
    printf("%d+%d=%d\n",x,y,x+y);
}
```

这时必须在 file2.c 中使用 extern 来声明变量 x 与 y，表示这个全局变量需参考另一个文件中所声明的变量，如此就不会出现未声明变量的错误。

```
#include <stdio.h>

extern int x;  /* 必须声明外部变量 x */
extern int y; /* 必须声明外部变量 y */

void test(void)
{
    printf("%d+%d=%d\n",x,y,x+y);
}
```

### 6.4.3  register

所谓寄存器（register），是指位于中央处理器（Central Processing Unit，CPU）的芯片中，短暂快速使用的记忆存储空间，可以说是在 CPU 执行算术、逻辑或偏移运算之后再把数据或语句送回的随机存取存储器（Random Access Memory，RAM）。

通常字长就是计算机在单位时间内所能处理的数据大小。例如我们常听到的 64 位 CPU，就表示在单位时间内能一次处理 64 位二进制数。使用 register 修饰符来声明变量时，该变量将由 CPU 的寄存器来存储，由于 CPU 的寄存器速度较快，因此可以提高变量使用的效率，其声明语法如下。

register 数据类型 变量名称 = 初始值;

由于个人计算机上所使用的寄存器容量有限，因此有些编译器规定最多只能使用两个变量（早期局限在只能使用 int 与 char 数据类型），当读者声明 register 变量时，系统仍然会视其为一般的变量，无法看出程序执行速度的增加。以下程序主要是让读者了解寄存器变量的声明及使用方式，对程序员而言，使用寄存器变量的机会并不多。

### 【上机实习范例：CH06_18.c】

```
01  #include <stdio.h>
02  #include <stdlib.h>
03
04  void test();
05
06  int main(void)
07  {
08      register int a=10;/* 声明寄存器变量 */
09      printf(" 寄存器变量 a=%d\n",a);
10      test();
11      return 0;
12  }
```

```
13
14    void test()
15    {
16        register int b=20;/* 在函数中声明寄存器变量 */
17        printf(" 寄存器变量 b=%d\n",b);
18
19    }
```

执行结果如图 6.18 所示。

```
寄存器变量 a=10
寄存器变量 b=20

Process returned 0 (0x0)    execution time : 0.089 s
Press any key to continue.
```

图6.18

【程序解说】

第 8 行若要使用寄存器变量，则只需在变量的数据类型前加上 register 关键字即可。第 10 行调用 test() 函数。第 16 行在 test() 函数中声明寄存器变量。

## 6.4.4　static

通常局部变量的声明在函数执行完时就会结束，然后系统就会将内存上的局部变量清除掉。不过如果在函数中将变量声明成 static 变量（通常称之为"静态局部变量"），当函数执行完毕后，静态局部变量不会被清除，再次调用该函数时，会保留静态局部变量上次所存储的值，而不是原先声明的初始值。其声明语法如下。

static 数据类型 变量名称 = 初始值;

在声明静态局部变量的同时，如果读者没有赋予它初始值的话，系统会自动将静态局部变量初始值赋为 0，而一般变量在没有赋予初始值的情况下，其初始值是一个不确定的值。

以下程序能让读者清楚地认识在函数中声明的局部变量与静态局部变量间的差别，请注意每次调用函数时 *n* 与 *n*1 值的变化。

### 【上机实习范例：CH06_19.c】

```
01    #include<stdio.h>
02    #include<stdlib.h>
03
04    void fun();
05
06    int main(void)
07    {
08       fun();
09       printf("------ 第一次调用 fun() 函数 ------\n");
10       fun();
11       printf("------ 第二次调用 fun() 函数 ------\n");
```

```
12    fun();
13    printf("------ 第三次调用 fun() 函数 ------\n");
14  return 0;
15  }
16
17  void fun()
18  {
19    int n=0; /* n 为局部变量 */
20    static int n1=0;/* n1 为 static 变量 */
21
22    n=n+10;
23    n1=n1+10;
24
25    printf("n=%d\n",n);
26    printf("n1=%d\n",n1);
27  }
```

执行结果如图 6.19 所示。

```
n=10
n1=10
------第一次调用fun()函数------
n=10
n1=20
------第二次调用fun()函数------
n=10
n1=30
------第三次调用fun()函数------

Process returned 0 (0x0)    execution time : 0.052 s
Press any key to continue.
```

图6.19

程序解说

第 17~27 行定义了 fun() 函数的主体，第 19 行声明 $n$ 为一般的局部变量，第 20 行声明 $n1$ 为 static 变量。第 22~23 行每次进入函数后，都会执行加 10 的操作。第 8 行调用 fun() 函数后，第 25~26 行会输出 $n=10$、$n1=10$。当第 10 行调用 fun() 函数后，第 25~26 行会输出 $n=10$、$n1=20$。

为什么 $n1=20$？因为 $n1$ 是 static 变量，第二次调用时便不会执行第 20 行等于 0 的语句，而是等于上一次调用所存储的值 10，所以 $n1$ 在输出时会等于 20。当第 12 行调用 fun() 函数后，$n1$ 的初始值会等于上一次调用所存储的值 20，第 25~26 行会输出 $n=10$、$n1=30$。

接下来的程序也是使用 static 方式来声明变量 count 的，不过稍微复杂一点，它记录阶乘函数被递归调用了几次。

**■ 【上机实习范例：CH06_20.c】**

```
01  #include <stdio.h>
02  #include <stdlib.h>
03
04  int Factorial( int ); /* 阶乘运算使用递归的方式，并计算递归次数 */
05
06  int main(void)
```

```
07   {
08       int number, answer;
09
10       printf( "请输入数值以求阶乘: " );
11       scanf( "%d", &number );
12       answer = Factorial(number);
13       printf( "%d! = %d\n", number, answer );
14       return 0;
15   }
16
17   /* 自变量: number 指定数值进行阶乘运算 */
18   /* 返回值: 阶乘运算结果 */
19   int Factorial( int number )
20   {
21       static int count = 1;/* 声明 static 变量 */
22
23       if ( number > 1 )
24       {
25           count++;
26           return number*Factorial(number-1);
27       }
28       else
29       {
30           printf( "递归次数: %d\n", count );
31           return 1;
32       }
33   }
```

执行结果如图 6.20 所示。

```
请输入数值以求阶乘: 5
递归次数: 5
5! = 120

Process returned 0 (0x0)    execution time : 8.800 s
Press any key to continue.
```

图6.20

在第 11 行中输入所要计算的阶乘数。第 12 行调用递归函数 Factorial()，并将返回值赋给 *answer*。第 19~33 行定义递归函数 Factorial() 的主体。第 21 行使用 static 来声明变量 *count*，这里使用 static 声明变量时，该变量将只被初始化一次，所以利用 static 声明的变量在函数结束后可以保留变量的值。第 25 行中每调用函数一次，*count* 就加 1，可以用来计算递归调用的次数。

# 6.5 预处理器与宏

预处理器是指在 C 语言程序开始编译之前就执行的一种程序。在 C 语言中，预处理语句都以 "#" 符号为开头，并可以放置在程序的任何地方。我们最为熟悉的就是经常使用的 #include 语句。

宏可用于替换源码中的某些内容，由预处理器来处理，在编译前便完成替换，主要功能是以简单的名称来取代某些特定常数、字符串或函数。读者在程序中使用宏可以节省不少开发与维护的时间。

## · 6.5.1　#include 语句

#include 语句可以将指定的文件包含进来，除了可以包含 C 语言所提供的头文件外，还能包含进自己所写的文件，让它们成为目前程序代码的一部分。它的功能是在程序实际编译前告诉预处理器找出所指定的头文件进行编译。#include 语法有以下两种指定方式。

```
#include < 文件名 >
#include " 文件名 "
```

如果在 #include 之后使用尖括号"<>"，那么预处理器将在默认的系统目录中寻找指定的文件，例如 Dev C++ 默认的系统目录为 C:\Dev-Cpp\include。

当使用双引号 "" 来指定文件时，预处理器会先在目前程序文件所在的工作目录中寻找是否有指定的文件，如果找不到，再到系统目录（Include 目录）中寻找。所以如果读者将 stdio.h 写成以下形式，程序仍然可以执行，不过效率会降低。

```
#include "stdio.h"
```

在中大型程序的开发中，我们可以将经常用到的常数与函数定义或声明写成一个独立文件，然后再使用 #include 将这些文件包含到程序内。我们可以使用一个很简单的程序来说明 #include 的使用方法。

```
01    void sayhello (void)
02    {
03      printf(" 大家来说 C 语言 !\n");
04    }
```

**【上机实习范例：CH06_21.c】**

```
01    #include <stdio.h>
02    #include "file3.h"
03    /* 使用 "" 来包含自己设计的文件 */
04
05    int main(void)
06    {
07      sayhello();
08
09
10      return 0;
11    }
```

执行结果如图 6.21 所示。

```
大家来说C语言!

Process returned 0 (0x0)    execution time : 0.031 s
Press any key to continue.
```

图6.21

**程序解说**

第 2 行用双引号将外部文件 file3.h 包含进来。第 7 行调用定义在外部文件中的 sayhello() 函数。

## 6.5.2 #define 语句

#define 语句的功能是告诉预处理器，将所指定的标识符（宏名称）用其后的表达式加以展开（这个过程称为"宏展开"），并取代程序中的数值、字符串、程序语句或函数等。它的语法如下所示。

#define 宏名称 表达式 /* 不需要加";" */

#define 语句后面的宏名称用来取代后面的表达式。宏名称通常会用大写字母来表示，名称中也不可以有空格。宏定义最大的好处是当所设定的数值、字符串或语句需要变动时，不必一一寻找该内容在程序中所在的位置，只需修改宏定义 #define 的部分即可。相关声明语法如下。

```
#define 宏名称 常数值
#define 宏名称 "字符串"
#define 宏名称 程序语句
#define 宏名称 函数名
```

不过有些反应快的读者可能会好奇下面这两行程序代码的声明有何不同。

```
const float pi = 3.14159;
#define PI 3.14159
```

不同之处在于"取代"的差别：在这两行程序代码中，预处理器并不会理会第 1 行程序代码，pi 只是一个常量；然而第 2 行程序代码中，预处理器会将程序中所有的 PI 直接替换为 3.14159。

以下程序使用 #define 宏语句来定义 PI 为 3.14159，并根据输入的半径来计算出圆面积。

**【上机实习范例：CH06_22.c】**

```
01   #include <stdio.h>
02   #include <stdlib.h>
03
04   #define PI 3.14159 /* 定义宏名称 */
05
06   int main(void)
07   {
08    float r;
09
10     printf(" 请输入半径: ");
11     scanf("%f", &r);
```

160

```
12      printf(" 圆面积: %.2f\n", PI*r*r);
13      /* 计算出圆面积 */
14      return 0;
15   }
```

执行结果如图 6.22 所示。

```
请输入半径: 4
圆面积: 50.27

Process returned 0 (0x0)   execution time : 6.693 s
Press any key to continue.
```

图6.22

**程序解说**

第 4 行进行宏的定义来取代常数 3.14159。在编译这个程序之前，预处理器会先行将程序中所有的 PI 替换为 3.14159，然后再进行编译。第 11 行输入半径，第 12 行计算出圆面积。

除了可取代数值外，宏定义也可用来代替字符串。不过必须注意的是，预处理器无法替换程序里双引号中的内容，因为被双引号引起来的内容会被视为字符串，而不是宏名称，以下的程序可以说明这种情况。

**【上机实习范例：CH06_23.c】**

```
01   #include <stdio.h>
02   #include <stdlib.h>
03
04   #define AUTHOR "Justin\n" /* 定义输出 Justin，并换行 */
05
06   int main(void)
07   {
08      printf("AUTHOR");/*AUTHOR 在此是字符串，不是宏名称 */
09      printf(":");
10      printf(AUTHOR);/* 输出宏对应的表达式 */
11      return 0;
12   }
```

执行结果如图 6.23 所示。

```
AUTHOR:Justin

Process returned 0 (0x0)   execution time : 0.031 s
Press any key to continue.
```

图6.23

**程序解说**

第 4 行进行宏的定义，并带有换行的格式化字符。第 8 行中由于 AUTHOR 是被双引号引起来的，因此它被视为字符串输出，预处理器并不会将它如宏名称 AUTHOR 一样展开。第 10 行的 AUTHOR 并没有使用双引号引起来，所以预处理器将之展开为 "Justin" 并换行。

除了数值、字符串、语句外，#define 语句也可以定义函数。读者可能会思考到底何时该使用函数，何时该使用宏展开。

基本上，使用宏展开可以省去一些函数调用的负担，不过由于宏名称会展开为程序代码的一部分，因此编译完成后的程序文件较大，不适合使用它来替换一些逻辑较复杂的函数。但对于一些简单的运算表达式和经常调用的函数，可以使用宏来增加程序代码的可读性。

以下这个程序则是利用 #define 语句定义一个宏来代替某些运算语句，并计算算式的值。

■ 【上机实习范例：CH06_24.c】

```
01   #include <stdio.h>
02   #include <stdlib.h>
03
04   #define FUNCTION x*x*x+5*x*x
05
06   int main()
07   {
08       int x;/* 仍需定义 x 变量 */
09
10       printf(" 输入 n 值 :");
11       scanf("%d",&x);
12       printf("%d^3+5*%d^2=%d\n",x,x,FUNCTION);
13       return 0;
14   }
```

执行结果如图 6.24 所示。

```
输入n值:5
5^3+5*5^2=250

Process returned 0 (0x0)   execution time : 10.038 s
Press any key to continue.
```

图6.24

程序解说

第 4 行为宏的定义。第 8 行在宏中所出现的变量 x 必须在主函数中声明。第 12 行调用宏。

接下来的程序将说明如何用宏定义一个语句和一个不包含自变量的函数。预处理语句会将所有 NEWLINE 展开为 printf（'\n'），而将 DRAWLINE 展开为 draw_line() 函数。

■ 【上机实习范例：CH06_25.c】

```
01   #include <stdio.h>
02   #include <stdlib.h>
03
04   #define NEWLINE printf("\n")/* 宏定义语句 */
05   #define DRAWLINE draw_line()/* 宏定义函数 */
06
07   void draw_line();   /* 输出信息的函数 */
```

```
08
09   int main(void)
10   {
11     DRAWLINE;
12     NEWLINE;
13     DRAWLINE;
14     NEWLINE;
15     return 0;
16   }
17
18   void draw_line()
19   {
20     printf("****************************************");
21   }
```

执行结果如图 6.25 所示。

```
****************************************
****************************************

Process returned 0 (0x0)   execution time : 0.047 s
Press any key to continue.
```

图6.25

这个程序仍然是简单的宏定义，预处理器会将所有的 NEWLINE 展开为 printf（"\n"），如第 12、14 行，而 DRAWLINE 会展开为 draw_line() 函数，如第 11、13 行。

还有一种宏可以传递自变量来取代简单函数。对于那些简单又经常调用的函数，用宏定义函数来取代一般函数可以减少调用和等待函数返回的时间，提高程序执行效率。相关声明语法如下。

#define 宏定义函数的名称（参数）（函数表达式）

进行宏定义时，还可以让所定义的宏名称具有一系列参数，就像是一般函数一样。以下的程序利用含变量的宏定义函数来进行华氏度与摄氏度之间的转换。

**【上机实习范例：CH06_26.c】**

```
01   #include <stdio.h>
02   #include <stdlib.h>
03
04   #define C(F) (F-32)*5/9 /* 有变量的宏定义函数 */
05
06   int main(void)
07   {
08     int Fx;
09
10     printf(" 请输入华氏度 :");
11     scanf("%d",&Fx);
12     printf(" 转换后的摄氏度为 :%d\n",C(Fx)); /* 输出函数结果 */
13
```

```
14
15        return 0;
16    }
```

执行结果如图 6.26 所示。

```
请输入华氏度:100
转换后的摄氏度为:37

Process returned 0 (0x0)    execution time : 24.656 s
Press any key to continue.
```

图6.26

**程序解说**

第 4 行中定义了有自变量的宏定义函数 C（F），可将华氏度转换为摄氏度。在第 11 行输入华氏度，第 12 行中的 C（Fx）在编译时已被替换为"（Fx-32）*5/9"。

接下来的程序利用宏定义与条件运算符将程序中所有的 MIN（a,b）替换成所定义的表达式，然后把 $a$ 与 $b$ 的值代入替换后的表达式中，最后找出 $a$ 和 $b$ 中的较小值。

■ **【上机实习范例：CH06_27.c】**

```
01    #include <stdio.h>
02    #include <stdlib.h>
03
04    #define MIN(a,b) (a<b?a:b)
05     /* #define 宏定义 MIN(a,b) */
06
07    int main(void)
08    {
09        int x, y;    /* 定义整型变量 x, y*/
10        printf(" 输入两个整数 :");
11        scanf("%d %d",&x,&y);
12        printf(" 两数中的较小值为 :%d\n",MIN(x,y));    /* MIN(x,y) 取出较小值 */
13
14
15        return 0;
16    }
```

执行结果如图 6.27 所示。

```
输入两个整数:51 68
两数中的较小值为:51

Process returned 0 (0x0)    execution time : 13.018 s
Press any key to continue.
```

图6.27

**程序解说**

第 4 行用 #define 语句对函数 MIN（a,b）进行宏定义。第 11 行取得变量 $x$ 与 $y$ 的值，第 12 行调用宏定义函数。

最后如果想在程序中解除已定义的宏，可以使用 #undef 语句，其语法如下所示。

#undef 宏名称

以下程序重复定义了同一个宏名称，可说明在利用 #undef 语句之后，被解除的宏名称将不再有效。

■ 【上机实习范例：CH06_28.c】

```
01    #include <stdio.h>
02    #include <stdlib.h>
03    #define NEWLINE putchar('\n') /* 宏定义语句 */
04
05     int main(void)
06    {
07       #define DIVIDE printf("*******\n") /* 宏定义语句 */
08       DIVIDE;
09       printf(" 标题文字 \n");
10       DIVIDE;
11       #undef DIVIDE /* 解除宏 */
12       NEWLINE;
13       #define DIVIDE printf("--------\n")
14       DIVIDE;
15       printf(" 标题文字 \n");
16       DIVIDE;
17       #undef DIVIDE /* 解除宏 */
18       return 0;
19    }
```

执行结果如图 6.28 所示。

```
*******
标题文字
*******

--------
标题文字
--------

Process returned 0 (0x0)   execution time : 0.047 s
Press any key to continue.
```

图6.28

第 11 行使用了 #undef 语句解除第一次宏定义的 DIVIDE，然后重新在第 13 行宏定义 DIVIDE。

# 6.6 条件编译

宏定义也可以设定在某些条件下才进行，以符合实际的程序需求，我们称之为"条件编译"。在 C 语言中，条件编译可以让程序员依据条件来控制程序代码的编译，其有 3 种基本语法：#ifdef、#ifndef、#if。

## · 6.6.1 #ifdef 条件编译

#ifdef 用来判断宏名称是否已经定义过，如果已定义则编译后续程序段，否则就不进行编译。它的语法如下所示。

```
#ifdef 宏名称
    程序段
#endif
```

以下程序说明了 #ifdef 条件编译可以用于在程序中调试程序代码，而在程序执行完成之后，只要移除程序开头的定义，就不会在调试时显示。

### ■ 【上机实习范例：CH06_29.c】

```
01    #include <stdio.h>
02    #include <stdlib.h>
03    #define DEBUG
04
05    int main(void)
06    {
07       char ch;
08
09       printf(" 请输入字母：");
10       scanf("%c", &ch);
11       #ifdef DEBUG /* 假如 DEBUG 被定义过 */
12       printf("\tDEBUG: ASCII = %d\n", ch);
13       #endif
14       if( ch > 96)
15         ch -= 32; /* 转换为大写字母 */
16       #ifdef DEBUG
17       printf("\tDEBUG: ASCII = %d\n", ch);
18       #endif
19       printf(" 转换为大写：%c\n", ch);
20
21
22       return 0;
23    }
```

执行结果如图 6.29 所示。

```
请输入字母：y
        DEBUG: ASCII = 121
        DEBUG: ASCII = 89
转换为大写：Y

Process returned 0 (0x0)   execution time : 9.435 s
Press any key to continue.
```

图6.29

程序解说

只有第 3 行 DEBUG 的名称被定义过，第 11~13 行 #ifdef...#endif 内的程序代码才会被编译。如果将第 3 行中的 DEBUG 定义移除再进行编译，那么程序的结果中就不会再显示调试时的内容。

接下来的程序则是说明只有当 #if 语句的表达式成立（Use_MACRO == 1）时，第 7 行的宏定义才会被执行，而主函数 main() 才可以使用宏定义的 MAX。

■ 【上机实习范例：CH06_30.c】

```
01   #include <stdio.h>
02   #include <stdlib.h>
03
04   #define Use_MACRO 1        /* #define 语句定义标识符 Use_MACRO */
05
06   #if Use_MACRO == 1      /* 若条件成立，才允许对其程序段编译 */
07    #define MAX(a, b) (a>b?a:b)     /* #define 语句对 MAX(a, b) 进行宏定义 */
08   #endif
09
10   int main(void)
11   {
12    int x, y;           /* 定义整型变量 x、y */
13    printf(" 请输入两个数进行大小比较 :");
14    scanf("%d %d",&x,&y);    /* 整型变量 x 与 y 存储输入的值 */
15    printf("%d 与 %d 中的较大值是 %d\n",x,y,MAX(x, y));  /* 显示结果 */
16
17
18    return 0;
19   }
```

执行结果如图 6.30 所示。

```
请输入两个数进行大小比较:7 9
7 与 9 中的较大值是 9

Process returned 0 (0x0)   execution time : 9.326 s
Press any key to continue.
```

图6.30

程序解说

第 4 行 #define 语句定义标识符 Use_MACRO。第 6 行如果条件成立，则允许编译程序段内的语句。第 7 行 #define 语句对 MAX(a, b) 进行宏定义。

· 6.6.2  #ifndef 条件编译

#ifndef 的作用与 #ifdef 正好相反，如果宏名称没有定义，则会编译 #ifndef 程序块中的程序段，其语法如下所示。

#ifndef 宏名称

```
    程序段
#endif
```

例如下面这个程序会提示用户注意 ON 与 OFF 是否已经定义，如果没有则将其分别定义为常数 1 与常数 0。

■ 【上机实习范例：CH06_31.c】

```
01   #include <stdio.h>
02   #include <stdlib.h>
03
04   int main()
05   {
06   #ifndef ON
07   printf(" 如果 ON 未定义，则定义其值为 1\n");
08   #define ON 1
09   #endif
10
11   #ifndef OFF
12     printf(" 如果 OFF 未定义，则定义其值为 0\n");
13   #define OFF 0
14   #endif
15     printf("ON = %d  OFF = %d\n",ON,OFF);
16
17
18   return 0;
19   }
```

执行结果如图 6.31 所示。

```
如果ON未定义，则定义其值为1
如果OFF未定义，则定义其值为0
ON = 1  OFF = 0

Process returned 0 (0x0)   execution time : 0.062 s
Press any key to continue.
```

图6.31

在这个程序中，如果已经自行定义过 ON 和 OFF，则 #ifndef 程序段中的程序代码将不会被编译，程序段中的 #define 也不会被处理。第 6~9 行与第 11~14 行执行当 ON 与 OFF 未被定义时的操作。

此外，我们知道在 C 语言中，NULL 是一个宏名称，其被定义为 0，以下的程序将利用条件编译语句来测试并重新定义 NULL 的值。

■ 【上机实习范例：CH06_32.c】

```
01   #include <stdio.h>
02   #include <stdlib.h>
03
04   int main(void)
05   {
06   #ifdef NULL
```

```
07      printf("NULL = %d\n", NULL);
08   #endif
09   #undef NULL
10   #ifndef NULL
11      #define NULL -1
12      printf("NULL = %d\n", NULL);
13   #endif
14
15
16   return 0;
17   }
```

执行结果如图 6.32 所示。

```
NULL = 0
NULL = -1

Process returned 0 (0x0)   execution time : 0.047 s
Press any key to continue.
```

图6.32

程序解说

第 6~8 行中，如果 NULL 已定义，则输出 NULL 的值。第 9 行中解除 NULL 的定义。而第 10~13 行则将 NULL 定义为 -1。

· 6.6.3  #if、#else、#elif 条件编译

#if 条件编译类似于 if 条件语句，#else 条件编译必须搭配 #if 条件编译使用，可实现和 if-else 条件语句类似的功能。至于 #elif 条件编译则是类似于 if-else if 条件语句中的 else if 语句，它可以在多种条件下进行编译。其语法如下所示。

```
#if 条件表达式一
   程序段一
#elif 条件表达式二
   程序段二
#elif 条件表达式三
   程序段三
……
#else 条件表达式
   程序段四
#endif
```

通常有些人习惯将不想被编译的程序代码使用注释符号 "/**/" 括住，但这种方法并不适合用于已经含注释的程序代码区域中，此时我们可以利用条件编译来解决这个问题，例如下面这个有趣的程序。

■ 【上机实习范例：CH06_33.c】

```
01   #include <stdio.h>
02   #include <stdlib.h>
```

```
03
04    int main(void)
05    {
06    #if 0
07       /* 16 位旧程序 */
08       printf(" 这边的程序不会编译 \n");
09    #else
10       /* 32 位程序 */
11       printf(" 这边的程序会被编译 \n");
12    #endif
13
14
15       return 0;
16    }
```

执行结果如图 6.33 所示。

```
这边的程序会被编译

Process returned 0 (0x0)   execution time : 0.031 s
Press any key to continue.
```

图6.33

 程序解说

第 6 行利用 #if 条件编译来判断。第 9 行则是利用 #else 条件编译语句，不过必须搭配 #if 语句，以实现与 if-else 条件语句类似的功能。

 **6.7** 上机实习课程

函数可视为一种独立的模块。当需要执行某项功能时，只需调用已经编写完成的函数来执行即可。对程序员而言，为了做到程序代码的可读性及日后对程序发展的规划，函数的基本概念及相关应用就显得特别重要。在本章的学习中，读者应了解以下的内容，包括函数的声明与应用、参数传递、返回值和变量的有效范围等。本节的课程将利用上述的学习内容来进行一连串相关 C 语言程序的上机实习。

### 【上机实习范例：CH06_34.c】

请设计一个 C 语言程序，实现利用函数 square(x)，能够根据用户输入的实数 $x$ 的值返回 $x^2$ 的值。

```
01    #include <stdio.h>
02    #include <stdlib.h>
03
04    float square(float);/* 函数原型声明 */
05
06    int main(void)
07    {
```

```
08      float x;
09
10      printf(" 请输入 x 的值 :");
11      scanf("%f",&x);
12      printf("%.1f^2=%.1f\n",x,square(x));/* 调用 square() 函数 */
13      return 0;
14   }
15
16   float square(float x) /* 定义 square() 函数 */
17   {
18      return x*x;
19   }
```

执行结果如图 6.34 所示。

```
请输入 x的值:6
6.0^2=36.0

Process returned 0 (0x0)   execution time : 8.079 s
Press any key to continue.
```

图6.34

### ■ 【上机实习范例：CH06_35.c】

对上个范例进行扩展，请再自行设计两个函数，其中一个函数 cubic（x），能够根据用户输入的实数 $x$ 的值，返回 $x^3$ 的值，此外还要设计一个函数 $F(x) = 4x^3 + 12x^2 - 100$ 来输出 $F(125)$ 的值。

```
01   #include <stdio.h>
02   #include <stdlib.h>
03
04   float square(float);/* 函数原型声明 */
05   float cubic(float);/* 函数原型声明 */
06   float F(float);/* 函数原型声明 */
07
08   int main(void)
09   {
10      float x;
11
12      printf(" 请输入 x 的值 :");
13      scanf("%f",&x);
14      printf("4*%.1f^3+12*%.1f^2-100=%.1f\n",x,x,F(x));
15      /* 调用 square() 函数 */
16
17
18      return 0;
19   }
20
21   float square(float x) /* 定义 square() 函数 */
22   {
23      return x*x;
24   }
25
```

```
26   float cubic(float x) /* 定义 cubic() 函数 */
27   {
28      return x*x*x;
29   }
30
31   float F(float x) /* 定义 F() 函数 */
32   {
33      return 4*cubic(x)+12*square(x)-100;
34   }
```

执行结果如图 6.35 所示。

```
请输入 x的值:6
4*6.0^3+12*6.0^2-100=1196.0

Process returned 0 (0x0)   execution time : 3.168 s
Press any key to continue.
```

图6.35

### ■【上机实习范例：CH06_36.c】

请设计一个 C 语言程序，功能是根据用户输入的两个数字，比较哪一个数字较大。

```
01   #include <stdio.h>
02   #include <stdlib.h>
03
04   int mymax(int,int); /* 函数原型声明 */
05
06   int main(void)
07   {
08      int a,b;
09      printf(" 请输入两个整数 :");
10      scanf("%d %d",&a,&b);
11      printf(" 较大的数是 :%d\n",mymax(a,b));/* 函数调用 */
12
13
14      return 0;
15   }
16
17   int mymax(int x,int y)
18   { /* 函数定义主体 */
19      if(x>y)
20         return x;
21      else
22         return y;
23   }
```

执行结果如图 6.36 所示。

```
请输入两个整数:8 12
较大的数是:12

Process returned 0 (0x0)   execution time : 12.592 s
Press any key to continue.
```

图6.36

## 【上机实习范例：CH06_37.c】

请设计一个传址调用的长度转换函数，让用户输入英尺及英寸的值，再通过此函数将它们转换成米及厘米。提示如下。

1 英尺 =12 英寸，1 英寸 =2.54 厘米

```
01  #include <stdio.h>
02  #include <stdlib.h>
03
04  void transfer(float*,float*);
05  /* 传址调用函数原型声明 */
06
07  int main()
08  {
09      float foot,inch;
10      printf(" 请输入英尺及英寸的值：");
11      scanf("%f %f", &foot,&inch);
12      printf("%.0f 英尺 %.0f 英寸 = ",foot,inch);
13      transfer(&foot,&inch);/* 传址调用 */
14      printf("%.0f 米 %.2f 厘米 \n",foot,inch);
15
16
17      return 0;
18  }
19
20  void transfer(float *x,float *y)/* 无返回值函数 */
21  {
22   float result;
23
24   result=(*x*12+*y)*2.54;
25   *x=(int)result/100;/* 计算米 */
26   *y=result-*x*100;/* 计算厘米 */
27
28  }
```

执行结果如图 6.37 所示。

```
请输入英尺及英寸的值：2 5
2英尺 5英寸= 0米   73.66厘米

Process returned 0 (0x0)   execution time : 27.142 s
Press any key to continue.
```

图6.37

## 【上机实习范例：CH06_38.c】

请设计一个 C 语言程序，利用辗转相除法计算最大公因数的传值调用函数 gcd()，再利用 gcd() 函数来求两数的最小公倍数。

```
01   #include <stdio.h>
02   #include <stdlib.h>
03
04   int gcd(int,int);   /* 传值调用函数的原型声明 */
05
06   int main(void)
07   {
08       int Num1,Num2,lcd_Num,gcd_Num;
09       printf(" 请输入两个整数 :");
10       scanf("%d %d",&Num1,&Num2);
11
12       gcd_Num=gcd(Num1,Num2);/* 调用 gcd() 函数 */
13       lcd_Num=Num1 * Num2 / gcd_Num;
14       printf("%d 和 %d 的最大公因数为：%d\n",Num1,Num2,gcd_Num);
15       printf("%d 和 %d 的最小公倍数为：%d\n",Num1,Num2,lcd_Num);
16
17
18       return 0;
19   }
20
21   int gcd(int Num1, int Num2)
22   {
23    int Temp;
24     while (Num2 != 0)
25     {
26       Temp=Num1 % Num2; /* 求两者相除的余数 */
27       Num1 = Num2;
28       Num2 = Temp;  /* 辗转相除法 */
29     }
30     return Num1;
31   }
```

执行结果如图 6.38 所示。

```
请输入两个整数:12 48
12和48的最大公因数为：12
12和48的最小公倍数为：48

Process returned 0 (0x0)   execution time : 4.410 s
Press any key to continue.
```

图6.38

## ■【上机实习范例：CH06_39.c】

在讨论递归时，法国数学家卢卡斯所提出的"汉诺塔"问题最能传神地体现出递归的特别之处。可以这样描述汉诺塔问题：假设有 3 个木桩和 $n$ 个大小均不相同的套环，开始的时候，$n$ 个套环套在 A 木桩上，现在希望找到将 A 木桩上的套环借助 B 木桩全部移到 C 木桩上所用次数最少的方案，如图 6.39 所示。不过在移动套环时必须遵守下列规则。

1. 直径较小的套环永远置于直径较大的套环上。

2. 套环可以任意地从任何一个木桩移到其他的木桩上，每次仅能移动一个套环。

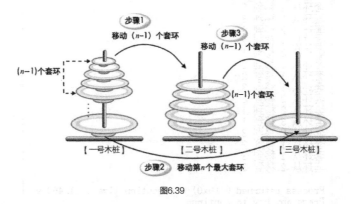

图6.39

请读者设计一个 C 语言程序，以递归的方式来构造汉诺塔函数，当用户输入要移动的套环数量时，能输出所有套环移动的详细过程。

```
01  #include <stdio.h>
02  #include <stdlib.h>
03
04  void hanoi(int, int, int, int);   /* 函数原型 */
05
06  int main(void)
07  {
08      int j;
09      printf(" 请输入套环数量：");
10      scanf("%d", &j);
11      hanoi(j,1, 2, 3);
12
13
14      return 0;
15  }
16
17  void hanoi(int n, int p1, int p2, int p3)
18  {
19   if (n==1) /* 递归出口 */
20    printf(" 套环从 %d 移到 %d\n", p1, p3);
21     else
22     {
23        hanoi(n-1, p1, p3, p2);
24        printf(" 套环从 %d 移到 %d\n", p1, p3);
25        hanoi(n-1, p2, p1, p3);
26      }
27  }
```

执行结果如图 6.40 所示。

```
请输入套环数量：4
套环从 1 移到 2
套环从 1 移到 3
套环从 2 移到 3
套环从 1 移到 2
套环从 3 移到 1
套环从 3 移到 2
套环从 1 移到 2
套环从 1 移到 3
套环从 2 移到 3
套环从 2 移到 1
套环从 3 移到 1
套环从 2 移到 3
套环从 1 移到 2
套环从 1 移到 3
套环从 2 移到 3

Process returned 0 (0x0)    execution time : 11.469 s
Press any key to continue.
```

图6.40

### ■ 【上机实习范例：CH06_40.c】

请设计一个可计算 3 科成绩加权后分数的函数，当平均成绩大于 90 分时，可加权 10%；大于 80 分时，可加权 7%；大于 70 分时，可加权 3%；70 分以下无加权资格。在此函数中我们使用了两种参数传递模式——传值与传址调用。其中记录加权比例的变量使用传址调用的方式，当函数中的参数改变时，main() 函数中对应的参数也会同步改变。

```c
01  #include <stdio.h>
02  #include <stdlib.h>
03
04  void Cal_score(int a,int b,int c,float *d);
05  /* 函数原型中含传值与传址调用两种方式 */
06
07  int main(void)
08  {
09
10      int Math,Eng,Chi;
11      float weight=1.0;
12
13      printf(" 请输入成绩 数学 英语 语文 :");
14      scanf("%d %d %d",&Math,&Eng,&Chi);
15      printf("------------------------------------------\n");
16      printf(" 原有成绩 数学 :%d 英语 :%d 语文 :%d\n",Math,Eng,Chi);
17      Cal_score(Math,Eng,Chi,&weight);
18      /* 函数中具备传值与传址调用两种方式 */
19      printf("------------------------------------------\n");
20      printf(" 加权计分 数学 :%.1f 英语 :%.1f 语文 :%.1f\n",weight*Math,weight*Eng,weight*Chi);
21
22
23      return 0;
24  }
25
26  void Cal_score(int a,int b,int c,float *d)
```

```
27   {
28     float average=(a+b+c)/3;/* 计算平均成绩 */
29
30     if(average>=90)
31       *d=1.1;/* 加权 10% */
32     else if (average>=80)
33       *d=1.07;/* 加权 7% */
34     else if (average>=70)
35       *d=1.03;/* 加权 3% */
36   }
```

执行结果如图 6.41 所示。

```
请输入成绩:数学 英文 国文:80 82 90
-----------------------------------
原有成绩: 数学:80 英文:82 国文:90
-----------------------------------
加权计分: 数学:85.6 英文:87.7 国文:96.3

Process returned 0 (0x0)   execution time : 19.751 s
Press any key to continue.
```

图6.41

### 【上机实习范例: CH06_41.c】

请设计一个 C 语言程序,首先在外部文件 myfun.h 中定义阶乘函数 factorial() 及平方值函数 square(),并利用 #include 语句将该文件包含到主程序中,再利用这两个函数来计算下列算式的值。

$$1!/1+2!/22+3!/32+4!/42+\cdots+n!/n2$$

```
01   #include<stdio.h>
02   #include<stdlib.h>
03   #include"myfun.h"/* 包含外部文件 */
04
05   int main(void)
06   {
07
08     int i,n;
09     float sum=0;
10
11     printf(" 请输入 n 的值 :");
12     scanf("%d",&n);
13
14     for (i=1;i<=n;i++)
15     {
16       sum+=(float)factorial(i)/square(i);/* 调用函数 */
17       printf("%d!/%d^2",i,i);/* 输出所计算的算式 */
18       if (i<n) printf("+");
19     }
20     printf("=%f\n",sum);
21
```

```
22
23    return 0;
24  }
```

### 【上机实习范例：myfun.h】

```
01  int square(int x)
02  {
03    return x*x;
04  }
05
06  int factorial(int i)
07  {
08    int sum;
09    if(i == 0)/* 递归终止的条件 */
10      return(1);
11    else
12      sum = i * factorial(i-1); /* sum=n*(n-1)! 直接调用自身 */
13    return sum;
14  }
```

执行结果如图 6.42 所示。

```
请输入n的值:4
1!/1^2+2!/2^2+3!/3^2+4!/4^2=3.666667

Process returned 0 (0x0)   execution time : 9.578 s
Press any key to continue.
```

图6.42

### 【上机实习范例：CH06_42.c】

设计宏定义函数 scanfint(x) 和 scanffloat(y)，以代替程序中的 scanf() 函数来输入整数与实数。

```
01  #include <stdlib.h>
02
03  #define scanfint(x) scanf("%d", &x)
04  /* 对输入整数类型的 scanf 进行宏定义 */
05  #define scanffloat(x) scanf("%f", &x)
06  /* 对输入实数类型的 scanf 进行宏定义 */
07
08  int main(void)
09  {
10    int x;
11    float y;
12
13    printf(" 请输入整数 x: ");
14    scanfint(x);/* 调用宏定义函数 */
15    printf(" 请输入实数 y: ");
16    scanffloat(y);/* 调用宏定义函数 */
17
18    printf(" 整数 x = %d\n", x);
19    printf(" 实数 y = %.2f\n", y);
```

```
20
21
22     return 0;
23  }
```

执行结果如图 6.43 所示。

```
请输入整数x: 6
请输入实数y: 2.5
整数x = 6
实数y = 2.50

Process returned 0 (0x0)    execution time : 17.441 s
Press any key to continue.
```

图6.43

## 本章课后习题

1.C 语言中的函数可分为哪两种？

解答：C 语言中的函数可分为系统本身提供的标准函数及用户的自定义函数。使用标准函数时，只要将所使用的相关函数头文件包含进来即可。

2. 何谓全局变量与局部变量？试简述之，并以简单程序代码同时使用此两种变量。

解答：全局变量声明在程序块与函数之外，且在声明语句以下的所有函数及程序块都可以使用该变量。我们将声明在 main() 函数或一般函数中的变量称为局部变量，局部变量只限于在某个函数之中使用，离开该函数之后就失去作用，如下所示。

```
int a; /* 声明 a 变量为全局变量 */

void bcs()
{
   int b;   /* 声明 b 变量为局部变量 */
}
```

3. 为何在主过程调用函数之前，必须声明函数原型？

解答：C 语言的程序流程是由上而下的结构设计，而编译器在主程序的部分并不认识函数，这时候就必须在程序尚未调用函数时先声明函数的原型，告诉编译器有此函数的存在。

4. 请问 return 语句的功能是什么？

解答：一般在设计函数时，通常都会要求被调用的函数能够将执行结果返回给调用的程序，此时可以使用 return 语句来完成这项工作。return 语句除了具有将函数结果返回给调用函数的功能外，也可代表函数执行结束，并将程序控制权移交给原调用程序。

5. 函数是结构化语言的体现，它由许多的程序代码所组成，它的主要作用是什么？

解答：

（1）将程序中重复执行的语句块定义成函数，好让程序调用该函数来执行重复的代码。除了可以让程序更加简洁有力外，也能够减少程序代码的编辑时间。

（2）依据功能将大程序分割成数个片段，并将各程序片段建立成函数，如此不仅可让程序结构化及模块化，也可以使管理及调试变得更加方便。

6. 自定义函数由哪些元素组成？

解答：由函数名、参数、返回值与返回数据类型组成。

7. 下面这个程序将返回两数相加的结果，但是结果并不正确，请问哪里有错误？

```
01   #include <stdio.h>
02
03   int main()
04   {
05       printf(" 函数调用：%.2f", add() );
06       return 0;
07   }
08
09   add()
10   {
11     float a = 8.2, b = 6.6;
12     return (a + b);
13   }
```

解答：由于没有声明函数原型与返回值类型，因此编译器默认函数将返回整数值，但 add() 函数返回了浮点数，类型不符而无法显示正确的结果。

8. 函数原型的声明位置有哪两种？

解答：

（1）在 #include 语句引入文件后，主程序或函数程序语句块之前。

（2）在调用函数的主程序或函数程序语句块的大括号的起始位置。

9. 试问下列程序代码中，变量 *money* 最后的值为多少？

```
int money = 800;
int main()
{
   int money = 8000;
   printf("d",money);
}
```

解答：8000。

10. 试简述传值调用的功能与特点。

解答：所谓传值调用，是指主过程传递实际参数时，系统会将实际参数的数值传递并复制给函数中相对应的形式参数。由于函数内的形式参数已经不是原来的实际参数（形式参数是额外配置的内存），因此在函数内的形式参数执行完毕后，并不会影响到主程序中调用的实际参数内容。

11. 请说明传址调用时要加上哪两个运算符。

解答：传址调用的参数在声明时必须加上运算符"*"，而调用函数的实际参数前必须加上运算符"&"。

12. 试说明函数传递时参数的名称是什么。

解答：我们实际调用函数时所提供的参数为实际参数，通常简称为实参，而在函数主体或原型中所声明的参数为形式参数，通常简称为形参。

13. 参数传递方式是否以函数的种类来区分？

解答：对于参数传递方式，并不是以函数的种类来区分的，而是直接以参数个别的传递方式进行区分的，也就是一个函数中可以同时拥有传值与传址两种参数传递方式。

14. 请简述递归函数的意义与特性。

解答：函数不单是能够被其他函数调用（或引用）的程序语句块，C 语言也提供了自身引用的功能，就是所谓的递归函数。递归函数在程序设计上是相当好用而且重要的函数，递归函数可使程序变得相当简洁，但设计时必须非常小心，因为很容易造成死循环或内存的浪费。通常一个递归函数式必须具备以下两个条件。

（1）一个可以反复执行的过程。

（2）一个跳出反复执行过程的出口。

15. 什么是尾递归？

解答：所谓尾递归，就是程序的最后一个语句为递归调用；因为每次调用后，再回到前一次调用的第一行语句就是 return 语句，所以不需要再进行任何计算工作，也不必保存原来的环境信息。

16. 类型修饰符可以用来改变变量的范围，请问 C 语言的类型修饰符种类有哪些？

解答：C 语言中的类型修饰符有 auto、static、extern、register 共 4 种。

17. 何谓静态局部变量？其特点有哪些？

解答：通常局部变量的声明在函数或程序段执行完时就会结束，然后系统会将内存上的变量回收。不过如果在函数或程序段中将变量声明成 static 变量，当函数执行完毕后，它并不会被回收，而是会一直保留到程序全部结束时才会被清除。在声明静态局部变量的同时，如果读者没有为其设定初始值，系统会自动将静态局部变量的初始值设定为 0，而一般变量在未设定初始值的情况下，其初始值是一个不确定值。

18. 请问以下程序代码中的 3 个 printf() 函数分别会输出什么？

```
01    auto int iVar=15;
02    printf(" 进入程序块前的 iVar=%d\n",iVar);
03    {
04    auto int iVar=20;
05    iVar++;
06    printf(" 程序块中的 iVar=%d\n",iVar);
07    }
08    printf(" 离开程序块的 iVar=%d\n",iVar);
```

解答：第 1 个 printf() 函数输出 15，第 2 个 printf() 函数输出 21，第 3 个 printf() 函数输出 15。

19. 何谓宏定义函数？

解答：宏定义函数是一种可以传递自变量来取代简单函数的宏。对于那些简单又经常调用的函数，以宏定义函数来取代一般函数可以减少调用和等待函数返回的时间，提高程序执行效率。不过由于宏定义函数被展开为程序代码的一部分，因此编译完成的程序文件会较原来的函数文件大。

20. 请说明预处理器与编译器之间的关系，以及 C 语言预处理器语句的用途，并列举 3 个预处理器语句。

解答：

（1）预处理器通常是编译器的一部分，它主要是对原始的程序代码在编译之前进行一些预先处理的操作。

（2）C 语言中的预处理器语句可用来指示预处理器对源码进行何种预先的处理操作。

（3）C 语言中的 3 个预处理器语句如表 6.1 所示。

表 6.1

| 预处理器语句 | 说明 |
| --- | --- |
| #define | 定义一个宏名称，预处理器会将程序代码中与宏名称相同的字符串用定义的宏来加以取代 |
| #undef | 取消某一宏名称的定义 |
| #ifdef | 判断某一宏名称是否已被定义 |

21. 以下是一个用来计算梯形面积的宏定义函数，并且可传递上底、下底与高 3 个数值。

```
#define RESULT(r1,r2,h)r1+r2*h/2.0
```

请问此函数是否为一正确的定义？

解答：不是，当传递的 $r1$、$r2$ 和 $h$ 变量都为 2 时，由于运算符的优先级问题（乘法高于加法），代入数值后会造成与数学梯形面积计算的结果不符合的情况。解决方法就是在对函数进行宏定义时，将函数表达式的变量都加上括号即可，如下所示。

```
#define RESULT(r1,r2,h)(((r1)+(r2))*(h))/2.0
```

22. 请问以下程序代码的输出结果是什么？试说明原因。

```
#define MUL(a) a*a
int i=5;
printf("%d", MUL(++i));
```

解答：输出结果将会是 42，而不是预期的 25（5*5）。是因为 C 语言编译器将 MUL（++i）展开后，会变成如下格式。

```
printf("%d", ++i*++i);
```

由于运算符 "++" 的优先级较高，输出的结果将是 6*7。类似这种宏定义方式产生的问题，在查错时是不容易发现的。

23. 在程序中通常我们会使用哪两个宏语句来判断程序代码中的宏语句是否被定义过了？说明二者差异。

解答：#ifdef、#ifndef。#ifdef 语句的用途为可直接判断程序代码中的宏是否被定义了，而 #ifndef 语句的用途则为判断宏是否还没被定义。

24. 若要将程序代码中所定义的宏取消，需要利用哪一个宏语句？

解答：#undef 语句。

25. 我们知道在 #include 之后使用尖括号 "<>"，预处理器将在默认的系统目录中寻找指定的文件。
请问如果将 stdio.h 写成以下的形式，会有哪些不同？

```
#include "stdio.h"
```

解答：使用双引号来指定文件时，预处理器会先在目前程序文件的工作目录中寻找是否有指定的文件，如果找不到，再到系统目录（Include 目录）中寻找，因此程序仍然可以执行，不过效率较低。

26. 试说明使用宏展开的好处是什么。

解答：使用宏展开可以减少一些函数调用的负担与增加程序可读性，不过由于宏会被展开为程序代码的一部分，编译完成的程序文件容量会较大，较不适宜用来展开一些逻辑性较复杂的函数，因此对于一些简单的运算且经常调用的函数可以使用宏定义函数。

27. 以下程序中如果输入 x=20，y=10，请问第 10 行将会输出什么？

```
01    #include <stdio.h>
02    #define SUM(x,y) x+y
03
04    int main(void)
05    {
06       float x, y;
07
08       printf(" 请输入 x 与 y： ");
09       scanf("%f%f", &x, &y);
10       printf(" 平均值： %.2f\n", SUM(x,y)/2);
11
12    return 0;
13    }
```

解答：25。

28. 延续上题，如果希望所输出的结果为 15，该如何重新设计宏定义函数，并简述原因。

解答：为了避免运算符先后顺序不明确的问题，我们应该在宏定义时使用括号，如下所示。

```
#define SUM(x,y) (x+y)
```

如果用这行程序代码取代范例的第 2 行，则程序在经过宏展开后，第 10 行程序的代码如下所示。如此就可以得到正确的执行结果。

```
printf(" 平均值： %.2f\n", (x+y)/2);
```

29. 条件编译可以选择部分程序区块进行编译，请问有哪几种？

解答：有 6 种方式：#if、#else、#elif、#endif、#ifdef 和 #ifndef。

30. 请问以下程序代码哪里出错了？

```
01    #include <stdio.h>
02    #include <stdlib.h>
03    #define TRUE 1;
04    int main()
05    {
06    #ifdef TRUE
07        printf("TRUE 已定义了，常数值为 1\n");
08    #endif
09
10    return 0;
    }
```

解答：第 3 行不需加上分号。

31. #ifdef 的作用是什么？通常应用在哪一方面？

解答：#ifdef 用来判断宏名称是否已经被定义过，如果已定义则编译程序语句块中的代码，否则就不进行编译。通常可以在程序中内含调试程序代码时使用 #ifdef，而在程序执行完成之后，只要移除程序开头的定义，就不会出现调试时的输出结果。

# 第 7 章

# 数组与字符串

数组（array）属于 C 语言中的一种派生数据类型，最适合存储一连串相关的数据。数组可以被看作是一群具有相同名称与数据类型的集合，并且占有一块连续的内存空间。

一个数组元素可以表示成一个"下标"和"数组名"。在编写程序时，只需使用单一数组名再配合下标值，就可以处理一群相同类型的数据。数组的概念有点像学校的一排排外观和大小相同的私物柜，区别在于每个柜子有不同的号码。

在前面的章节中，我们已经简单介绍了字符类型。事实上，C 语言中并没有所谓字符串的基本数据类型，而是使用字符数组的方法来表示字符串的。本章将先介绍数组的声明与相关使用方法，再说明如何使用数组处理字符与字符串。

# 7.1 认识数组

可以将数组想象成计算机内存中的信箱，每个信箱都有固定地址，其中信箱所在地的道路名就是名称，信箱号码就是下标。用户只需根据数组名所代表的起始地址与下标所计算出来的相对偏移量，就可以找到此数组元素的实际地址，并可以直接引用数据。

例如图 7.1 所示的 Array_Name 一维数组就代表拥有 5 个相同数据的数组，根据名称 Array_Name 与下标值，即可方便地引用这 5 个数据。

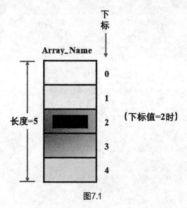

图7.1

通常数组可以分为一维数组、二维数组与多维数组等，其基本的运行原理都相同，相关的定义方式与注意事项有些不同，我们将从一维数组开始介绍。

## 7.1.1 一维数组

假设 $A$ 是一维数组的名称，它含有 $n$ 个元素，即 $A$ 是 $n$ 个连续内存（各个元素为 $A[0],A[1],\cdots,A[n-1]$）的集合，并且每个元素的内容为 $a_0,a_1,\cdots,a_{n-1}$。一维数组可以使用图 7.2 所示的线性图形表示。

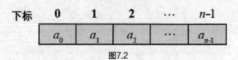

图7.2

数组可以看成是一群相似的变量，当然也需要事先声明，在 C 语言中，一维数组的语法声明如下所示。

数据类型 数组名 [ 数组长度 ];

也可以在声明时，直接设置数组的初始值。

数据类型 数组名 [ 数组长度 ]={ 初始值 1, 初始值 2,...};

■ 数据类型。表示该数组存放的数据类型，可以是基本的数据类型（如 int、float、char 等），也可以是派生数据类型（如 struct、union 等，这部分内容在第 9 章中会介绍）。

■ 数组名。命名规则与一般变量相同。

■ 数组长度。表示数组可存放的数据元素的个数，为一个正整数常数。若只有方括号，即没有指定常数值，则表示定义的是不定长度的数组（数组的长度由设置的初始值个数决定）。例如下面声明的数组Temp，其元素个数会自动设置成 3。

```
int Temp[]={1, 2, 3};
```

在设置数组初始值时，如果设置的初始值个数少于数组声明时的元素个数，则其余的元素将被自动设置为 0，如下所示。

```
int Score[5]={68, 84, 97};
```

下面的方式将数组中的所有元素都设置为同一个数值，如下所示。

```
int item[5]={0}; /* item 数组中所有元素初值皆为 0 */
```

下面列举出了 C 语言中几个声明一维数组的实例。

```
int a[5];/* 声明一个 int 类型的数组 a，数组 a 中可以存放 5 个数据 */
long b[3];/* 声明一个 long 类型的数组 b，数组 b 中可以存放 3 个数据 */
float c[10];/* 声明一个 float 类型的数组 c，数组 c 中可以存放 10 个数据 */
```

基本上，对于定义好的数组，可以根据下标值来引用数组中的数据。一维数组元素的引用格式如下。

```
数组名 [ 下标 ]
```

下标可以使用整型常量、变量、表达式，下标的取值范围为 [0，数组长度 –1]。注意下标不能越界，即下标不能使用取值范围以外的值，否则就是非法访问内存。

例如在 C 语言中声明如下数组。

```
int Score[5];
```

如果这样的数组代表多个学生的成绩，那么在程序中需要输出第 3 个学生的成绩，可以用下面的语句。

```
printf(" 第 3 个学生的成绩 :%d",Score[2]);
```

该语句中为什么输出第 3 个学生的成绩使用的是 Score[2] 呢？这是因为在 C 语言中，数组的下标值是从 0 开始的，不过在某些程序语言中，数组下标值可能不是从 0 开始的，例如 Visual Basic 甚至允许用户自行设置下标值的开始位置。上面所定义的学生成绩数组如图 7.3 所示。

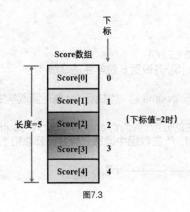

图7.3

下面的程序相当简单，定义了一个可存放 5 个整数的 Score 数组，但只设置了 3 个初始值，由输出结果可以发现 Score[3] 与 Score[4] 的值被自动设置为等于 0。

**【上机实习范例：CH07_01.c】**

```
01   #include <stdio.h>
02   #include <stdlib.h>
03
04   int main(void)
05   {
06     int i,Score[5]={68, 84, 97};/* 声明一维数组 */
07
08     for(i=0;i<5;i++)
09       printf("Score[%d]=%d\n",i,Score[i]);
10
11     return 0;
12   }
```

执行结果如图 7.4 所示。

```
Score[0]=68
Score[1]=84
Score[2]=97
Score[3]=0
Score[4]=0

Process returned 0 (0x0)   execution time : 0.056 s
Press any key to continue.
```

图7.4

**程序解说**

第 6 行声明一维整数数组，并设置 3 个元素的初始值。第 8~9 行利用 for 循环从下标值 0 开始输出 Score 数组中所有元素的值。

下面的程序使用一维数组来记录 5 位学生的分数，并使用 for 循环来输出每位学生的成绩及计算 5 个分数的总和。

**【上机实习范例：CH07_02.c】**

```
01   #include <stdio.h>
02   #include <stdlib.h>
03
04   int main(void)
05   {
06     int Score[5]={ 87,56,90,65,80};
07      /* 声明整数数组 Score[5], 并设置 5 位学生的成绩 */
08     int count, Total=0;
09     for (count=0; count < 5; count++)   /* 执行 for 循环读取学生成绩 */
10     {
11       printf(" 第 %d 位学生的分数 :%d\n", count+1,Score[count]);
12       Total+=Score[count];  /* 在数组中读取分数并计算总和 */
13     }
14     printf("-------------------------\n");
```

```
15      printf("5 位学生的总分 :%d\n", Total);
16      /* 输出成绩总分 */
17      printf("----------------------------\n");
18
19      return 0;
20  }
```

执行结果如图 7.5 所示。

```
第 1 位学生的分数:87
第 2 位学生的分数:56
第 3 位学生的分数:90
第 4 位学生的分数:65
第 5 位学生的分数:80
----------------------------
5位学生的总分:378
----------------------------

Process returned 0 (0x0)    execution time : 0.109 s
Press any key to continue.
```

图7.5

第 6 行声明整数数组时，直接设置 5 位学生的成绩初始值。第 9~13 行通过 for 循环来设置变量 count 从 0 开始计算，并作为数组的下标值，把用户输入的数据写入数组中。第 12 行则使用整数变量 Total 来累计总分。第 15 行输出 Total 的值。

假设数组 arr 的初始值是 1~10 的数字，下面的程序可以实现逐次计算出每个数组元素累加后的总和。

### 【上机实习范例：CH07_03.c】

```
01  #include <stdio.h>
02  #include <stdlib.h>
03
04  int main(void)
05  {
06      int arr[10] = {1,2,3,4,5,6,7,8,9,10};
07      int i,sum=0;
08
09      for (i=0;i<10;i++)
10      {
11          if(i==0)
12              printf(" ");      /* 如果 i 等于 0 就输出空格 */
13          else
14              printf("+");      /* 如果 i 不等于 0 就输出 + */
15          printf("%d",i+1);
16          sum = sum + arr[i]; /* 将数组中的每个元素累加到 sum 中 */
17          printf("=%d\n",sum); /* 输出累加后的结果 */
18      }
19
20      return 0;
21  }
```

执行结果如图 7.6 所示。

```
  1=1
 +2=3
 +3=6
 +4=10
 +5=15
 +6=21
 +7=28
 +8=36
 +9=45
 +10=55

Process returned 0 (0x0)    execution time : 0.083 s
Press any key to continue.
```

图7.6

程序解说

第 6 行声明与设置 arr 数组的 10 个初始值。第 11 行如果 $i$ 等于 0 就输出空格。第 14 行控制输出格式，如果 $i$ 不等于 0 就输出 +。第 16 行将数组中的每个元素累加到 $sum$ 中。第 17 行输出 $i$ 之前的所有累加总值。

## · 7.1.2　命令行参数

下面我们补充一维数组与 main() 函数在参数传递上的应用，其称为"命令行参数"。所谓命令行参数，就是可以在程序执行时直接指定参数。

简单来说，就是 main() 函数也能直接从操作系统中接收参数，只需在执行程序时，在程序名称后面加上参数即可。

在 C 语言中使用这种命令行参数，可以在 main() 函数中使用 argc 与 argv 这两个参数。第一个参数 argc 是整数参数，表示命令行参数的个数；第二个参数 argv 是指向字符的指针数组，用来存储命令行参数中的字符串值。命令行参数的定义如下所示。

```
int main(int argc, char *argv[])
{
   ……
}
```

其中 argv 明确地表达出它是一个一维数组，而且每个元素均为字符串。假设这个程序的名称为 read.c，而我们运行以下命令。

```
read this is a test
```

那么 argc 的值将会是 5，而 argv[0] 的内容为"read"、argv[1] 的内容为"this"、arg[2] 的内容为"is"、argv[3] 的内容为"a"、argv[4] 的内容为"test"；命令行参数的字符串以空白或定位（tab）字符作为分隔。

下面的程序利用命令行参数的功能，在执行程序时直接输入参加此次旅行团的旅客的姓名，就可输出此次旅客总数及所有旅客姓名。

在此特别补充一点，当完成本程序的编译后，请进入 Windows 操作系统中的命令提示字符窗口，利用 DOS 命令（如 cd 命令）切换到此程序可执行文件所在目录。当执行时，输入可执行文件名称及参数即可（如 CH07_04 Peter John Mary Kelly）。或在 Dev C++ 的编译器中执行"执行→参数"命令，并在所弹出的对话框中输入要传递给程序的参数，图 7.7 所示为传递给程序的参数。

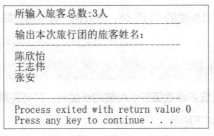

图7.7

### ■【上机实习范例：CH07_04.c】

```
01   #include <stdio.h>
02   #include <stdlib.h>
03
04   int main(int argc, char *argv[])/* 命令行参数传递定义 */
05   {
06      int i;
07      if( argc == 1 )/* 只有程序名称，没有参数 */
08         printf( " 未指定参数 !" );
09      else
10      {
11         printf(" 所输入旅客总数 :%d 人 \n",argc-1);
12         printf("--------------------------------\n");
13         printf(" 输出本次旅行团的旅客姓名：\n");
14         printf("--------------------------------\n");
15         for( i = 1; i < argc; i++ )
16            printf("%s\n",argv[i]);/* 输出 argv 数组的内容 */
17      }
18
19      return 0;
20   }
```

执行结果如图 7.8 所示。

```
所输入旅客总数:3人
--------------------------------
输出本次旅行团的旅客姓名：
--------------------------------
陈欣怡
王志伟
张安

--------------------------------
Process exited with return value 0
Press any key to continue . . .
```

图7.8

第 4 行是命令行参数的传递定义，定义后即可在程序执行时传递参数。第 7 行是用来进行判断的，如果 argc=1，则表示未指定其他参数，只有程序名称。第 15、16 行输出存放在 argv[ ] 数组中的参数，由于 argv[0] 是存储程序名称的字符串，因此从 i=1 开始执行。

### · 7.1.3 二维数组

二维数组可视为一维数组的延伸，只不过需将二维数组转换为一维数组。例如一个含有 $m \times n$ 个元素的二维数组 $A$（$m$ 代表行数，$n$ 代表列数），各个元素的排列方式如图 7.9 所示。

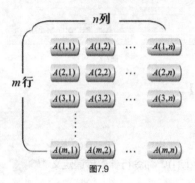

图7.9

二维数组的声明语法格式如下所示。

数据类型 数组名 [m] [n];

例如声明数组 $A$ 的行数是 2，列数是 3，则元素个数为 6，语法格式如下所示。

int A [2] [3];

这个数组有 2 行 3 列个元素，也就是每行有 3 个元素，即数组元素分别是 $A[0][0]$,$A[0][1]$,$A[0][2]$,…,$A[1][2]$。数组中元素的分布如图 7.10 所示。

|  | | |
|---|---|---|
| 第0行 | $A(0,0)$ | $A(0,1)$ | $A(0,2)$ |
| 第1行 | $A(1,0)$ | $A(1,1)$ | $A(1,2)$ |

图7.10

请注意，在引用二维数组中的数据时，使用的下标值仍然是由 0 开始计算的。在设定二维数组的初始值时，为方便分隔行与列，除了最外层的"{}"外，最好用"{}"括住每一行的元素初始值，并用","分隔每个数组元素，如下所示。

int A[2][3]={{1,2,3},{2,3,4}};

还有一点要特别说明，在设置多维数组各个维数的长度时，只允许第 1 维的长度可以省略不用声明，其他维的长度都必须声明清楚，如下所示。

int  A[ ][3]={{1,2,3},{2,3,4}};  /* 合法的声明 */
int  A[2][ ]={{1,2,3},{2,3,4}};  /* 不合法的声明 */

此外，在二维数组中大括号所包围的部分表示为同一列元素的初始值设置。与一维数组相同，若初始表中数据个数少于数组长度，则二维数组中剩余元素将自动赋值为 0，例如下面的情形。

int A[2][5]={{77, 85, 73},{68, 89, 79, 94}};

由于数组中的 $A[0][3]$、$A[0][4]$、$A[1][4]$ 都未赋初始值，因此初始值都为 0，如下所示。

```
int A[2][5]={{77, 85, 73, 0, 0 }, {68, 89, 79, 94, 0}};
```

请注意，大括号会将所包含的部分作为同一个数组，使用时需注意要包含的范围。例如下面的方式会将二维数组所有的值初始化为 0（常用于整数数组的初始化）。

```
int A[2][5]={ 0 };
```

下面的程序为二维数组的简单应用。其中 Tel_fee 数组只用了一个大括号，表示把二维数组视为一长串数组，并设置了 3 个电话号码及每个号码的账单金额，最后通过 for 循环来并列输出每个号码与账单金额。

### 【上机实习范例：CH07_05.c】

```
01    #include <stdio.h>
02    #include <stdlib.h>
03
04    int main(void)
05    {
06      int i;
07      int Tel_fee[3][2]={ 2227317,1430,2253227,2850,2232081,4580 };
08      /* 声明整数二维数组  */
09
10      printf("-- 电话号码与费用 --\n");
11      for(i=0;i<3;i++)
12      {
13        printf("%d        %d 元 \n",Tel_fee[i][0],Tel_fee[i][1]);
14        printf("------------------------------------\n");
15      }
16      /* 输出电话号码与费用 */
17
18      return 0;
19    }
```

执行结果如图 7.11 所示。

```
--电话号码与费用--
2227317          1430元
------------------------------------
2253227          2850元
------------------------------------
2232081          4580元


Process returned 0 (0x0)   execution time : 0.097 s
Press any key to continue.
```

图7.11

 程序解说

第 7 行在声明二维数组 Tel_fee 时，同时设置了初始值。第 11~15 行通过 for 循环来输出每个电话号码与费用。

下面的程序声明了一个二维整数数组来存储两组学生的实验成绩，每组有 6 个学生，并分别计算每组学生的实验总成绩。

**【上机实习范例：CH07_06.c】**

```
01   #include <stdio.h>
02   #include <stdlib.h>
03
04   int main(void)
05   {
06
07       /* 声明与设置二维整数数组 Score */
08       int Score[2][6]={ 77, 75, 83, 64, 91, 68, 89, 79, 94, 83 };
09       int i,j,Total;
10
11       for ( i=0; i< 2; i++ ) /* 用嵌套 for 循环读取学生分数 */
12       {
13           Total=0;       /* 把整数变量 Total 设为 0 */
14           for ( j=0; j < 6; j++)
15           {
16               /* 显示各个学生的分数 */
17               printf(" 第 %d 组成绩 :%d\n",i+1, Score[i][j]);
18               Total+=Score[i][j];   /* 计算总分 */
19           }
20
21           printf("---------------------------\n");
22           printf(" 第 %d 组学生的总成绩 : %d",i+1, Total); /* 输出各组的总分 */
23           printf("\n\n");
24       }
25
26       return 0;
27   }
```

执行结果如图 7.12 所示。

```
第1组成绩:77
第1组成绩:75
第1组成绩:83
第1组成绩:64
第1组成绩:91
第1组成绩:68
---------------------------
第1组学生的总成绩: 458

第2组成绩:89
第2组成绩:79
第2组成绩:94
第2组成绩:83
第2组成绩:0
第2组成绩:0
---------------------------
第2组学生的成绩总分: 345

Process returned 0 (0x0)   execution time : 0.130 s
Press any key to continue.
```

图7.12

程序解说

第 8 行声明及指定二维数组初始值。第 14~19 行使用两层嵌套 for 循环来读取学生成绩二维数组的数据，在第 18 行中同时计算成绩的总和。

下面是利用二维数组的方式编写的一个求二阶行列式的程序。提示：二阶行列式的计算公式为 $a_1 \times b_2 - a_2 \times b_1$。

**【上机实习范例：CH07_07.c】**

```
01    #include <stdio.h>
02    #include <stdlib.h>
03
04    int main(void)
05    {
06        int arr[2][2];
07        int sum;
08        printf("|a1 b1|\n");
09        printf("|a2 b2|\n");
10
11        printf(" 请输入 a1:");
12        scanf("%d",&arr[0][0]);
13        printf(" 请输入 b1:");
14        scanf("%d",&arr[0][1]);
15        printf(" 请输入 a2:");
16        scanf("%d",&arr[1][0]);
17        printf(" 请输入 b2:");
18        scanf("%d",&arr[1][1]);
19
20        sum = arr[0][0]*arr[1][1]-arr[0][1]*arr[1][0];/* 求二阶行列式的值 */
21        printf("|%d %d|\n",arr[0][0],arr[0][1]);
22        printf("|%d %d|\n",arr[1][0],arr[1][1]);
23        printf("sum=%d\n",sum);
24
25        return 0;
26    }
```

执行结果如图 7.13 所示。

```
|a1  b1|
|a2  b2|
请输入a1:5
请输入b1:4
请输入a2:6
请输入b2:7
|5  4|
|6  7|
sum=11

Process returned 0 (0x0)    execution time : 3.587 s
Press any key to continue.
```

图7.13

 **程序解说**

第 6 行声明整数二维数组。第 11~18 行输入二阶行列式中每个项目的数值。第 20 行计算二阶行列式的值。

· **7.1.4　多维数组**

最后来讨论多维数组的声明与使用。在 C 语言中，凡是二维以上的数组都称作多维数组，想要增加数组的维度，只要在声明数组时，增加方括号与下标值即可。其声明方式如下所示。

数据类型 数组名 [ 元素个数 ] [ 元素个数 ] [ 元素个数 ]... [ 元素个数 ];

以下举出了 C 语言中几个多维数组的声明实例。

```
int Three_dim[2][3][4];   /* 三维数组 */
int Four_dim[2][3][4][5]; /* 四维数组 */
```

现在让我们来对三维数组（three-dimension array）进行说明，基本上三维数组的表示法和二维数组一样，它们皆可视为一维数组的延伸，如图 7.14 所示。

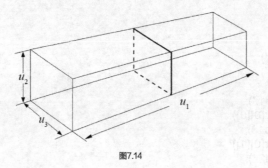

图7.14

例如声明一个 int 类型的三维数组 $A$。

```
int A[2][2][2]={{{1,2},{5,6}},{{3,4},{7,8}}};
```

数组 $A$ 是一个三维数组，它的 3 个维度的元素个数都是 2，因此数组 $A$ 共有 8（即 $2 \times 2 \times 2$）个元素。可以使用立体图形来表示三维数组，如图 7.15 所示。

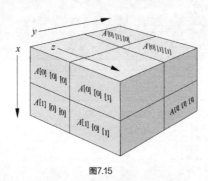

图7.15

下面的程序简单地声明并设置了三维数组所有元素的初始值，从 3 层嵌套 for 循环输出数组元素的过程中，可以更清楚地看到三维数组下标值与元素的关系。

### ■ 【上机实习范例：CH07_08.c】

```
01   #include <stdio.h>
02   #include <stdlib.h>
03
04   int main(void)
05   {
06
07       int A[2][2][2]={{{1,2},{5,6}},{{3,4},{7,8}}};
08
09       int i,j,k;
10
11       for(i=0;i<2;i++)        /* 外层循环 */
12           for(j=0;j<2;j++)    /* 中层循环 */
```

```
13          for(k=0;k<2;k++)   /* 内层循环 */
14              printf("A[%d][%d][%d]=%d\n",i,j,k,A[i][j][k]);
15              /* 输出三维数组中的元素  */
16
17      return 0;
18  }
```

执行结果如图 7.16 所示。

```
A[0][0][0]=1
A[0][0][1]=2
A[0][1][0]=5
A[0][1][1]=6
A[1][0][0]=3
A[1][0][1]=4
A[1][1][0]=7
A[1][1][1]=8

Process returned 0 (0x0)    execution time : 0.097 s
Press any key to continue.
```

图7.16

**程序解说**

第 7 行中声明了一个 $2 \times 2 \times 2$ 的三维数组，可以将其简化为两个 $2 \times 2$ 的二维数组，并同时为其设置初始值。由于数组 A 是一个三维数组，因此能够利用第 11~14 行的 3 层嵌套 for 循环来输出元素。

## 7.1.5 数组内存分配

在定义数组时，程序会在内存中给数组分配一块连续的空间，再由数组名加上下标值所引用数组的数据。之前介绍的 sizeof() 函数可用来显示各种数据类型或变量的数据长度，当然也可以用来取得数组所占用内存空间的大小。

下面的程序使用 sizeof() 函数来取得基本数据类型变量与数组所占用的内存空间，从执行结果可以得知，在数组定义完之后，其所占用的内存空间主要由定义时的数据类型与数组元素个数所决定。

**【上机实习范例：CH07_09.c】**

```
01  #include <stdio.h>
02  #include <stdlib.h>
03
04  int main(void)
05  {
06      char a='0', a_Array[5]={'a','b','c','d','e'};
07      int b=100, b_Array[5]={5,4,3,2,1};
08      float c=120.5, c_Array[5]={44.54,23.88,1211.56,0.9,100.4};
09
10      printf(" 字符类型 : %d 字节 a_Array 字符数组 : %d 字节 \n", sizeof(a), sizeof(a_Array));
11      /* 显示 a_Array 占用的内存空间 */
12      printf(" 整数类型 : %d 字节 b_Array 整数数组 : %d 字节 \n", sizeof(b), sizeof(b_Array));
13      /* 显示 b_Array 占用的内存空间 */
14      printf(" 浮点数类型 : %d 字节 c_Array 浮点数数组 : %d 字节 \n", sizeof(c), sizeof(c_Array));
15      /* 显示 c_Array 占用的内存空间 */
16
```

```
17      return 0;
18   }
```

执行结果如图 7.17 所示。

```
字符类型: 1 字节 a_Array字符数组: 5 字节
整数类型: 4 字节 b_Array整数数组: 20 字节
浮点数类型: 4 字节 c_Array浮点数数组: 20 字节

Process returned 0 (0x0)    execution time : 0.098 s
Press any key to continue.
```

图7.17

 程序解说

第 6~8 行分别声明不同类型的变量与数组。从第 10、12、14 行中可以看出数组所占用的内存空间大小和数据类型与元素个数有关。例如 b_Array[5] 数组由整数类型组成（整数类型占用 4 字节），其占用的内存空间为 4×5=20 字节。

由上述说明，我们可以知道在 C 语言中，系统对于定义的变量或数组都会分配内存空间供所存储的数据使用。因此在程序执行中遇到需要变量的地址做运算时，可以使用取址运算符来取得该变量的地址。

下面的程序将使用取址运算符 "&" 来取得一维数组内每个元素的地址，但是输出的地址会因执行程序所在的硬件环境不同而显示不同的数值。

### ■ 【上机实习范例：CH07_10.c】

```
01   #include <stdio.h>
02   #include <stdlib.h>
03
04   int main(void)
05   {
06      int Num[5]={ 33, 44, 55, 66, 77 };
07      int Count;         /* 整数变量 Count 的声明 */
08
09      for( Count=0; Count < 5; Count++)
10      {
11        printf("Num[%d] 的元素值 :%d", Count, Num[Count]);
12        printf("        ");   /* 输出空白调整位置 */
13        printf("Num[%d] 的地址 :%x", Count, &Num[Count]); /* %x 显示成十六进制值 */
14        printf("\n");   /* 换行 */
15      }
16
17      return 0;
18   }
```

执行结果如图 7.18 所示。

```
Num[0] 的元素值:33        Num[0] 的地址:60fef8
Num[1] 的元素值:44        Num[1] 的地址:60fefc
Num[2] 的元素值:55        Num[2] 的地址:60ff00
Num[3] 的元素值:66        Num[3] 的地址:60ff04
Num[4] 的元素值:77        Num[4] 的地址:60ff08

Process returned 0 (0x0)    execution time : 0.066 s
Press any key to continue.
```

图7.18

程序解说

从第 11、13 行的输出地址结果可以看出，数组每移动一次下标值，其实是在内存中移动 4 字节（因为是整数类型），才取出数组中的下一个数据。

下面我们对二维数组在内存中的排列情况进行更深入的说明。

不论多少维的数组都是采用一维线性方式来分配连续内存空间的，间隔以数据类型所占的字节来区分，用户只需改变下标值，便可直接引用数组中的数据。

■ 【上机实习范例：CH07_11.c】

```
01    #include <stdio.h>
02    #include <stdlib.h>
03
04    int main(void)
05    {
06        int Num[3][3]={ {11, 22, 33},{44, 55, 66},{88,77,66} };
07        int i, j;            /* 整数变量 i 与 j 的声明 */
08
09        for ( i=0; i < 3; i++)   /* 嵌套 for 循环 */
10            for ( j=0; j < 3; j++)
11            {
12                printf("Num[%d][%d] 的值 :%d", i, j, Num[i][j]);/* 输出数组元素的值 */
13                printf("       ");    /* 输出空白调整位置 */
14                printf("Num[%d][%d] 的地址 :%x", i, j, &Num[i][j]);/*%x 显示成十六进制值 */
15                printf("\n");            /* 换行 */
16            }
17
18        return 0;
19    }
```

执行结果如图 7.19 所示。

图7.19

程序解说

第 6 行声明整数二维数组，并直接为其设置初始值。我们利用 for 循环在第 12 行输出数组元素的值，在第 14 行输出该元素在内存中的地址，每个地址之间都相差了 4 字节。

### 7.1.6 数组名与地址

在此我们还要补充一个重要概念，那就是数组名其实可以用来指出数组的起始地址，例如以下语句。

```
int Num[5]={ 11, 22, 33, 44, 55 };
```

可以想象成 C 语言程序另外分配内存用来存储数组的起始地址。最特别的是在编写程序时，也可以直接使用数组名来取得数组的起始地址，或者利用数组名与相对的偏移地址来求得每个元素的地址，如图 7.20 所示。

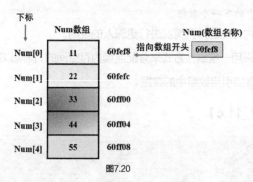

图7.20

除了可以利用取址运算符"&"来取得数组内每个元素的地址外，也能直接以数组名与相对的偏移地址来计算，下面的程序可以实现用数组名与相对的偏移地址来计算每一个数组元素的地址。

■ 【上机实习范例：CH07_12.c】

```
01  #include <stdio.h>
02  #include <stdlib.h>
03
04  int main(void)
05  {
06      int Num[5]={ 11, 22, 33, 44, 55 };
07      int count;
08
09      for ( count=0; count < 5; count++)
10      {
11          printf("Num[%d] 的值 :%d", count, Num[count]);/* 输出数组元素值 */
12          printf("      ");  /* 输出空白调整位置 */
13          printf("Num[%d] 的地址 :%x", count, &Num[count]);
14          printf("      ");      /* 输出空白调整位置 */
15          printf("Num+%d 的地址 :%x", count, Num+count);
16          /* 使用数组名显示地址 */
17          printf("\n");    /* 换行 */
18      }
19      return 0;
20  }
```

执行结果如图 7.21 所示。

```
Num[0] 的值:11        Num[0] 的地址:60fef8      Num+0 的地址:60fef8
Num[1] 的值:22        Num[1] 的地址:60fefc      Num+1 的地址:60fefc
Num[2] 的值:33        Num[2] 的地址:60ff00      Num+2 的地址:60ff00
Num[3] 的值:44        Num[3] 的地址:60ff04      Num+3 的地址:60ff04
Num[4] 的值:55        Num[4] 的地址:60ff08      Num+4 的地址:60ff08

Process returned 0 (0x0)   execution time : 0.070 s
Press any key to continue.
```

图7.21

程序解说

第 6 行声明并设置一维数组。第 13 行使用取址运算符"&"输出每个数组元素的地址。第 15 行输出

"Num+count"的值，虽然Num加的是整数变量count，但编译器会将其自动转换成相对的偏移地址进行计算。

我们之前强调了在使用scanf()函数来输入数据时，必须传入变量地址作为参数，所以要加上取址运算符"&"。如果以数组元素的形式来输入，可使用以下3种方式在scanf()函数中传递地址。特别注意Num+1的方式，其实质就是地址。

1. &Var_Num /* Var_Num 的地址 */。

2. &Num[0] /* Num 数组第 0 个元素的地址 */。

3. Num+1 /* Num 数组第 1 个元素的地址 */。

■ **【上机实习范例：CH07_13.c】**

```
01  #include <stdio.h>
02  #include <stdlib.h>
03
04  int main()
05  {
06      int Var_Num;  /* 声明整数变量 Var_Num */
07      int Num[2];   /* 声明整数数组 Num[2] */
08
09      printf(" 请输入 3 个整数 :");
10      /* 以不同的方式传递地址给 scanf() 函数 */
11      scanf("%d %d %d", &Var_Num, &Num[0], Num+1);
12      printf("Var_Num 的值 : %d\n", Var_Num);
13      printf("Num[0] 的值 : %d\n", Num[0]);
14      printf("Num[1] 的值 : %d\n", Num[1]);
15
16      return 0;
17  }
```

执行结果如图 7.22 所示。

```
请输入 3 个整数:5 6 7
Var_Num 的值: 5
Num[0] 的值: 6
Num[1] 的值: 7

Process returned 0 (0x0)    execution time : 2.383 s
Press any key to continue.
```

图7.22

 **程序解说**

第 11 行中分别使用 3 种方式传入变量地址作为参数，因此 scanf() 函数可把键盘输入的数据存储到对应的内存中。

# 7.2 数组与函数传递

由于数组名存储的值是数组第一个元素的内存地址，因此可以直接使用传址的方式将数组指定给另一个函数。在被调函数中改变了数组内容，主调函数中的数组内容也会随之改变。

在讨论把整个数组当成参数来传递前，我们先来看一个简单的程序，以说明如何以单一数组元素的数值来进行传值调用，并依照传递过来的 num 值输出 num 个 "*"。

■ 【上机实习范例：CH07_14.c】

```
01   #include <stdio.h>
02   #include <stdlib.h>
03
04   void show(int);
05
06   int main(void)
07   {
08      int i;
09      int A[6]={ 8,25,16,13,17,9};/* 声明数组，并设定初始值 */
10
11      for(i=0;i<6;i++)
12      {
13         show(A[i]);/* 以 A[i] 的数值作为参数传递 */
14         printf("\n");
15      }
16
17      return 0;
18   }
19
20   void show(int num)
21   {
22      int i;
23      for(i=0;i<num;i++)
24         printf("*");/* 输出 num 个 "*" */
25   }
```

执行结果如图 7.23 所示。

```
********
**************************
****************
*************
******************
********

Process returned 0 (0x0)   execution time : 0.089 s
Press any key to continue.
```

图7.23

第 4 行声明函数原型，第 9 行则声明整数数组，并设定其初始值。第 13 行调用 show() 函数，并将数组元素值以传值调用的方式传递到函数中。第 23~24 行输出 num 个 "*"。

下面的程序是对上面的程序做了些修改得到的，就是用单一数组元素来进行传址调用，并且在 show() 函数执行完毕后，将每个元素值归零，最后在主程序中输出数组 A 中的每个元素值。可以发现，当在 show() 函数中改变参数值时，主程序中的数组元素值也会随之改变，这就是传址调用的作用。

**【上机实习范例：CH07_15.c】**

```
01   #include <stdio.h>
02   #include <stdlib.h>
03
04   void show(int*); /* 传址调用原型声明 */
05
06   int main(void)
07   {
08       int i;
09       int A[6]={ 8,25,16,13,17,9};/* 声明数组，并设定初始值 */
10
11       for(i=0;i<6;i++)
12       {
13           show(&A[i]);/* 以 A[i] 的地址作为参数传递 */
14           printf("\n");
15       }
16
17       for(i=0;i<6;i++)
18           printf("A[%d]=%d\n",i,A[i]);
19
20       return 0;
21   }
22
23   void show(int *num)
24   {
25       int i;
26       for(i=0;i<*num;i++)
27           printf("*");/* 输出 num 个 "*" */
28       *num=0;/* 参数值归零 */
29   }
```

执行结果如图 7.24 所示。

```
********
*************************
****************
************
******************
*********
A[0]=0
A[1]=0
A[2]=0
A[3]=0
A[4]=0
A[5]=0

Process returned 0 (0x0)   execution time : 0.085 s
Press any key to continue.
```

图7.24

第 4 行是传址调用的原型声明。第 13 行则以 A[i] 的地址作为参数传递，注意要加上取址运算符 "&"，并与第 23 行的 num 共享地址。在第 28 行中 "*num" 的值改变时，主程序中 A[i] 的值也会同步改变。

### · 7.2.1 函数与一维数组参数

除了传递单一数组元素外，之前我们提过数组名所存储的就是数组第一个元素的内存地址，所以也能直接使用传址调用的方式将整个数组传递给另一个函数。传递单一元素就好比一节火车厢经过山洞，传递一整个数组就好比整列火车经过山洞。

以下是一维数组参数传递的函数原型声明。

( 返回值类型 or void) 函数名称 ( 数据类型 数组名 [ ] ,…);

一维数组参数传递的函数调用方式如下所示。

函数名称 ( 数据类型 数组名 ,…);

一维数组与函数的主体架构如下所示。

( 返回值类型 or void) 函数名称 ( 数据类型 数组名 [ ] ,…)
{
　函数主体 ;
}

下面的程序将整个一维数组 *A* 以传址调用的方式传递给 Multiple2() 函数，并在函数中将 arr 一维数组中的每个元素值都乘以 2，同时主程序中的数组 *A* 的元素值也将随之改变，请读者注意观察参数的写法。

### ■ 【上机实习范例：CH07_16.c】

```
01   #include <stdio.h>
02   #include <stdlib.h>
03
04   #define Array_size 6
05
06   void Multiple2(int arr[]);      /* Multiple2() 函数的原型声明 */
07
08   int main()
09   {
10      int i,A[Array_size]={ 1,2,3,4,5,6 };
11
12      printf(" 调用 Multiple2() 函数前 , 数组的内容为 : ");
13      for(i=0;i<Array_size;i++)   /* 输出数组内容 */
14        printf("%d ",A[i]);
15      printf("\n");
16
17      Multiple2(A);     /* 调用 Multiple2() 函数 */
18      printf(" 调用 Multiple2() 函数后 , 数组的内容为 : ");
19
20      for(i=0;i<Array_size;i++)   /* 输出数组内容 */
21        printf("%d ",A[i]);
22      printf("\n");
23
24      return 0;
25   }
26
27   void Multiple2(int arr[])
```

```
28  {
29      int i;
30      for(i=0;i<Array_size;i++)
31          arr[i]*=2;/* 每个元素值都乘以 2*/
32  }
```

执行结果如图 7.25 所示。

```
调用Multiple2()函数前,数组的内容为: 1 2 3 4 5 6
调用Multiple2()函数后,数组的内容为: 2 4 6 8 10 12

Process returned 0 (0x0)    execution time : 0.091 s
Press any key to continue.
```

图7.25

**程序解说**

第 4 行声明 Array_size 为常数。第 6 行是 Multiple2() 函数的原型声明,它以 arr[ ] 参数及传址调用为传递,方括号 "[ ]" 中的数字可写可不写。第 13~14 行输出数组 A 的内容。第 17 行直接使用数组名来调用 Multiple2() 函数。第 31 行将每个元素值都乘以 2 的数组返回主函数。第 20~21 行中输出数组 A,此时数组 A 中的元素值已经改变了。第 27~32 行声明 Multiple2() 函数的主体,请注意第 27 行数组参数在函数中的写法。

**· 7.2.2  排序与函数的数组参数传递**

下面要介绍的内容十分实用,也跟一维数组与函数传递有关,即排序的应用。排序是指将一群数据按特定的规则调换位置,使数据具有某种次序关系(递增或递减)。

目前常见的有冒泡排序法、选择排序法、直接插入排序法、快速排序法、归并排序法、堆排序法、希尔排序法、基数排序法、桶排序法等排序法,它们各有其特色与应用,其中冒泡排序法算是最为简单普遍的方法。

冒泡排序法又称为交换排序法,是由人类在观察水中气泡变化时受到启发而提出的一种排序方法。其原理是从第一个元素开始比较相邻元素的大小,若大小顺序有误,则对调后再进行与下一个元素的比较,就像气泡逐渐由水底浮到水面上一样。因此扫描过一次所有元素之后就可确保最后一个元素位于正确的位置,再进行第 2 次扫描,直到完成所有元素的排序为止。

由此可知,n 个元素的冒泡排序法必须执行 n−1 次扫描,以 5 个元素而言,需经过 4 次扫描。第 1 次扫描需要做 4 次比较,第 2 次扫描需要做 3 次比较,第 3 次扫描需要做 2 次比较,第 4 次扫描需要做 1 次比较。

下面我们利用冒泡排序法来实现 55、23、87、62、16 的排序,冒泡排序法的演算流程如图 7.26~ 图 7.29 所示。

第 1 次扫描过程如图 7.26 所示。

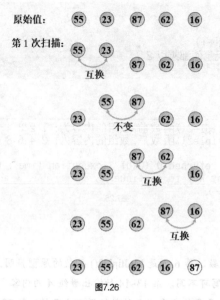

图7.26

第1次扫描会拿第1个元素55和第2个元素23做比较，如果第2个元素小于第1个元素，则交换二者顺序。接着拿55和87做比较，就这样一直比较并交换，到第4次比较完后即可确定最大值在数组的最后面。

第2次扫描过程如图7.27所示。

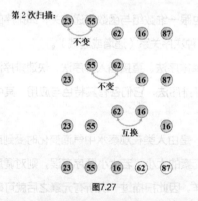

图7.27

第2次扫描也是从头开始比较，但因最后一个元素在第1次扫描后就已确定是数组最大值了，故只需比较3次即可把剩余数组元素的最大值排在倒数第二个位置。

第3次扫描过程如图7.28所示。

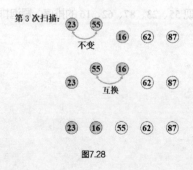

图7.28

第 3 次扫描完成后，完成 3 个值的排序。

第 4 次扫描过程如图 7.29 所示。

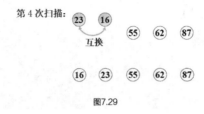

图7.29

第 4 次扫描完成后，即可完成所有值的排序。

下面的程序直接使用传址调用将整个数组传递给一个函数，并在此函数中利用冒泡排序法来对这个整数数组中的元素值进行从小到大的排序。这个整数数组如下所示。

```
int num[] = { 213, 424, 56, 16,54, 612, 46, 5, 475, 151 };
```

**【上机实习范例：CH07_17.c】**

```
01   #include <stdio.h>
02   #include <stdlib.h>
03
04   void swap(int *i, int *j)/* 传址调用 */
05   {
06      int temp;
07
08      temp = *i;
09      *i = *j;
10      *j = temp;
11   }
12
13   /* 函数功能：冒泡排序法 */
14   /* 形参：arr 为数组地址 */
15   /*length 为数组长度 */
16   void BubbleSort(int  *arr, int length)
17   {
18      int i, j;
19      for ( i = 0; i < length; i++ )
20      {
21         for ( j = 0; j < length-1; j++ )
22         {
23            if ( arr[j] > arr[j+1] )
24               swap(&arr[j],&arr[j+1]);/* 传址调用 */
25         }
26      }
27   }
28
29   int main(void)
30   {
31      int num[] = { 213, 424, 56, 16,54, 612, 46, 5, 475, 151 };
32      int i;
33
34      puts( "排序前的数组：" );
35      for ( i = 0; i < 10; i++ )
```

```
36      printf( "%d ",num[i] );
37
38      BubbleSort(num,10); /* 冒泡排序法 */
39
40      puts( "\n 排序后的数组: " );
41      for ( i = 0; i < 10; i++ )
42        printf( "%d ",num[i] );
43      printf("\n");
44
45      return 0;
46    }
```

执行结果如图 7.30 所示。

```
排序前的数组:
213 424 56 16 54 612 46 5 475 151
排序后的数组:
5 16 46 54 56 151 213 424 475 612

Process returned 0 (0x0)    execution time : 0.051 s
Press any key to continue.
```

图7.30

第 4~11 行声明 swap() 函数主体。第 8~10 行交换 i 与 j 两数的值。第 16~27 行是用两层 for 循环来执行冒泡排序法的过程。第 38 行调用 BubbleSort() 函数将数组 num 整个传递过去。第 41~42 行输出数组 num 的新元素值。

### · 7.2.3  函数与多维数组参数

多维数组函数参数传递的原理和一维数组大致相同，只是多维数组函数的参数定义必须多加几个方括号。例如二维数组只需参数加上两个方括号就可以。不过要注意，把多维数组传入函数时，数组名后的第一个方括号中可以不用填入元素个数，而其他维度的该方括号中必须填上该维的元素个数，否则编译时会出现错误。以下是二维数组参数传递的函数原型声明。

( 返回值类型 or void) 函数名称 ( 数据类型 数组名 [ ] [ 列数 ] ,…);

二维数组参数传递的函数调用方式如下所示。

函数名称 ( 数组名 ,…);

二维数组与函数的主体架构如下所示。

```
( 返回值类型 or void) 函数名称 ( 数据类型 数组名 [ ][ ] ,…)
{
    函数主体 ;
}
```

下面的程序将二维数组 **B** 以传址调用的方式传递给 Multiple2() 函数，在函数中将二维数组 brr 中的每个元素值都乘以 2，同时主程序中的数组 **B** 的元素值也将随之改变。

**【上机实习范例：CH07_18.c】**

```
01    #include <stdio.h>
02    #include <stdlib.h>
03
04    #define Array_row 2
05    #define Array_column 6
06
07    void Multiple2(int brr[][Array_column]);/* Multiple2() 函数的原型声明 */
08
09    int main(void)
10    {
11       int i,j,B[][Array_column]={{1,2,3,4,5,6},{7,8,9,10,11,12}};
12
13       printf(" 调用 Multiple2() 函数前, 数组的内容为 : ");
14       for(i=0;i<Array_row;i++)  /* 输出数组内容 */
15          for(j=0;j<Array_column;j++)
16             printf("%d ",B[i][j]);
17       printf("\n");
18
19       Multiple2(B);       /* 调用 Multiple2() 函数 */
20       printf(" 调用 Multiple2() 函数后, 数组的内容为 : ");
21
22       for(i=0;i<Array_row;i++)   /* 输出数组内容 */
23          for(j=0;j<Array_column;j++)
24             printf("%d ",B[i][j]);
25
26       printf("\n");
27
28       return 0;
29    }
30
31    void Multiple2(int brr[][Array_column])/* 第 2 维必须有元素个数 */
32    {
33       int i,j;
34       for(i=0;i<Array_row;i++) /* 输出数组内容 */
35          for(j=0;j<Array_column;j++)
36             brr[i][j]*=2;
37    }
```

执行结果如图 7.31 所示。

```
调用Multiple2()函数前, 数组的内容为: 1 2 3 4 5 6 7 8 9 10 11 12
调用Multiple2()函数后, 数组的内容为: 2 4 6 8 10 12 14 16 18 20 22 24

Process returned 0 (0x0)   execution time : 0.053 s
Press any key to continue.
```

图7.31

 **程序解说**

第 4~5 行声明 Array_row 与 Array_column 两个常数值。第 11 行数组声明中第 1 维的方括号里面可以不用声明元素个数, 其他维数都必须清楚声明元素个数。第 19 行以传址的方式调用 Multiple2() 函数, 其参数直接用数组名 **B** 来代替。第 31~37 行则声明 Multiple2() 函数的内容。在第 31 行处特别需要注意的是第 2 维方括号中必须有元素个数。

下面的程序将一个存储 10 位学生的学号与分数的二维数组传递到一个冒泡排序法的函数中，并将分数由大到小排列，再重新输出数组中的分数与学号。这个数组如下所示。

```
ino[10][2]={ 10001,87,10002,90,10003,78,10004,59,10005,80,10006,84,10007,72,10008,46,10009,
50,10010,63 };
```

**【上机实习范例：CH07_19.c】**

```
01   #include <stdio.h>
02   #include <stdlib.h>
03
04   void swap(int *i, int *j)
05   {
06       int temp;
07
08       temp = *i;
09       *i = *j;
10       *j = temp; /* 声明交换函数 */
11   }
12
13   /* 函数功能：冒泡排序法 */
14   /* 形参：arr 为数组地址 */
15   /*length 为数组长度 */
16   void BubbleSort(int arr[][2])
17   {
18       int i, j,temp;
19       for ( i = 0; i < 10; i++ )
20         for ( j = 0; j < 9; j++ )
21         {
22            if ( arr[j][1] < arr[j+1][1] )
23            {
24               swap(&arr[j][1],&arr[j+1][1]);/* 交换分数 */
25               swap(&arr[j][0],&arr[j+1][0]);/* 交换学号 */
26            }
27         }
28
29   }
30
31   int main(void)
32   {
33       int no[10][2]={ 10001,87,10002,90,10003,
   78,10004,59,10005,80,10006,84,10007,72,10008,46,10009,50,10010,63 };
34
35       int i;
36
37       puts( " 排序前：" );
38       for ( i = 0; i < 10; i++ )
39         printf( " 学号 :%d\t 分数 :%d\n",no[i][0],no[i][1]);
40
41       BubbleSort(no);/* 冒泡排序法 */
42       printf("------------------------------------\n");
43       puts( "\n 排序后：" );
44       for ( i = 0; i < 10; i++ )
45         printf( " 名次 :%d\t 学号 :%d\t 分数 :%d\n",i+1,no[i][0],no[i][1]);
```

```
46
47       return 0;
48   }
```

执行结果如图 7.32 所示。

```
学号:10001          分数:87
学号:10002          分数:90
学号:10003          分数:78
学号:10004          分数:59
学号:10005          分数:80
学号:10006          分数:84
学号:10007          分数:72
学号:10008          分数:46
学号:10009          分数:50
学号:10010          分数:63


排序后:
名次:1     学号:10002          分数:90
名次:2     学号:10001          分数:87
名次:3     学号:10006          分数:84
名次:4     学号:10005          分数:80
名次:5     学号:10003          分数:78
名次:6     学号:10007          分数:72
名次:7     学号:10010          分数:63
名次:8     学号:10004          分数:59
名次:9     学号:10009          分数:50
名次:10    学号:10008          分数:46
```

图7.32

程序解说

第 4~11 行声明 swap() 函数。第 8~10 行交换 $i$ 与 $j$ 两数的值。第 16~29 行声明 BubbleSort() 函数，其中用嵌套 for 循环对学号进行排序，并在第 24~25 行交换分数和学号。第 33 行声明与初始化二维数组 no。第 41 行调用 BubbleSort() 函数将二维数组 no 整个传递过去。第 44~45 行输出数组 num 的新元素值。

# 7.3 字符与字符串处理

与其他的程序语言相比（例如 Visual BASIC），C 语言在字符串处理方面就显得相当复杂。因为在 C 语言中用户必须自行处理有关字符串长度、字符数组等问题，甚至进行一些基本的字符串复制等操作都必须注意相关的事项。虽然有以上种种情况，但是一旦用户熟悉 C 语言后，就可以更弹性地操作字符串。

### 7.3.1 字符数组与字符串

在 C 语言中，基本数据类型并没有字符串，所以如果要在 C 程序中存储字符串，就必须使用字符数组来表示。不过字符串不等于字符数组，因为它多了一个 '\0' 字符。简单来说，'a' 是一个字符常数，用单引号"'"引起来，而 "a" 则是一个字符串常数，用双引号" " "引起来。两者的差别在于字符串的结束处会多安排 1 字节的内存空间来存放 '\0' 字符（Null 字符，ASCII 为 0），并将其作为字符串结束符。在 C 语言中，字符串的声明方式有以下两种。

方式 1：char 字符串变量 [ 字符串长度 ]=" 初始字符串 "；
方式 2：char 字符串变量 [ 字符串长度 ]={' 字符 1', ' 字符 2', …,' 字符 n', '\0'}；

4 种声明方式如下所示。

```
char Str_1[6]="Hello";
char Str_2[6]={ 'H', 'e', 'l', 'l', 'o' , '\0'};
char Str_3[ ]="Hello";
char Str_4[ ]={ 'H', 'e', 'l', 'l', 'o', '!' };
```

第 1、2、3 种方式都是合法的字符串声明，虽然 Hello 只有 5 个字符，但因为还必须加上 '\0' 字符，所以数组长度需声明为 6。如果声明的数组长度不足，则可能会造成程序编译上的错误。

当然也可以选择不填入数组长度，让编译器自动安排内存空间，如第 3 种方式。但 Str_4 并不是字符串常数，因为最后的字符并不是 '\0' 字符，所以输出时会出现奇怪的符号。

下面的程序仅实现了声明字符串，读者可以针对执行结果来加以比较。字符串最大的特性就是需要安排 1 字节的内存空间来存放 '\0' 字符。

### 【上机实习范例：CH07_20.c】

```
01   #include <stdio.h>
02   #include <stdlib.h>
03
04   int main(void)
05   {
06       char Str1[6]="Hello";
07       char Str2[6]={ 'H', 'e', 'l', 'l', 'o','\0'};
08       char Str3[ ]="Hello";
09       /* 以上都可视为字符串的声明 */
10       char Str4[ ]={ 'H', 'e', 'l', 'l', 'o'};
11       /*Str4 只是字符数组 */
12
13       printf("Str1 占用空间 :%d 位 字符串 Str_1 的内容 :%s\n", sizeof(Str1),Str1);
14       printf("Str2 占用空间 :%d 位 字符串 Str_2 的内容 :%s\n", sizeof(Str2),Str2);
15       printf("Str3 占用空间 :%d 位 字符串 Str_3 的内容 :%s\n", sizeof(Str3),Str3);
16       printf("Str4 占用空间 :%d 位 字符串 Str_4 的内容 :%s\n", sizeof(Str4),Str4);
17       /* 输出字符串与字符数组的大小与内容 */
18
19       return 0;
20   }
```

执行结果如图 7.33 所示。

```
Str1 占用空间:6 位 字符串Str_1的内容:Hello
Str2 占用空间:6 位 字符串Str_2的内容:Hello
Str3 占用空间:6 位 字符串Str_3的内容:Hello
Str4 占用空间:5 位 字符串Str_4的内容:HelloHello

Process returned 0 (0x0)   execution time : 0.095 s
Press any key to continue.
```

图7.33

**程序解说**

第 6~8 行分别用不同方式声明字符串。第 10 行 Str4 只是一种字符数组，因为其没有 '\0' 字符。在第 13~15 行中输出占用的空间为 6 位，因为多了 '\0' 字符。而在第 16 行中输出了 Str4 字符数组，由于没有以 '\0' 字符结尾，因此输出时会出现奇怪的符号。

由于字符串不是 C 语言的基本数据类型，因此无法利用数组名将字符串直接复制给另一个字符串。如果需要复制字符串，必须从字符数组中一个一个取出元素内容进行复制。以下为不合法的复制方式。

```
char Str_1[]="changeable";
char Str_2[20];
    ......
Str_2=Str_1; /* 不合法的语法 */
```

下面的程序说明了如何自行设计一个字符串复制函数，该函数能将某一字符串中的字符逐一复制到另一字符串中。

**【上机实习范例：CH07_21.c】**

```
01  #include <stdio.h>
02  #include <stdlib.h>
03  #define length 40
04
05  void string_copy(char arr1[],char arr2[]);/* 复制函数原型声明 */
06
07  int main(void)
08  {
09     char Str1[length]; /* 声明字符数组 Str1[40] */
10     char Str2[length];   /* 声明字符数组 Str2[40] */
11
12     printf(" 请输入准备复制的字符串 :");
13     scanf("%s",Str1);/* 输入字符串 */
14     string_copy(Str1,Str2);/* 调用函数 */
15     printf(" 复制后的字符串 :%s\n",Str2);
16
17     return 0;
18  }
19
20  void string_copy(char arr1[],char arr2[])
21  {
22     int i;
23     for(i=0;i<length;i++)
24        arr2[i]=arr1[i];/* 逐一复制字符 */
25
26  }
```

执行结果如图 7.34 所示。

```
请输入准备复制的字符串 :happy
复制后的字符串 :happy

Process returned 0 (0x0)   execution time : 2.068 s
Press any key to continue.
```

图7.34

第 5 行声明数组调用函数原型。第 9~10 行声明两个字符数组。第 14 行调用 string_copy() 函数，并且传递两个字符数组。第 23~24 行执行逐一复制数组中字符的操作。

在字符串的处理中，常会需要知道字符串的长度。下面的程序利用 scanf() 函数与 while 循环来逐一读取字符，并计算此字符串的长度。请注意这个字符串中不可以包含空格。

■ 【上机实习范例：CH07_22.c】

```
01   #include<stdio.h>
02   #include<stdlib.h>
03
04   int main(void)
05   {
06       int length;/* 用来计算字符串的长度 */
07       char str[30];
08
09       printf(" 请输入字符串 :");
10       /* 输入字符串 */
11       scanf("%s",str);
12       printf(" 输入的字符串为 :%s\n",str);
13       length=0;
14       while (str[length]!='\0')
15           length++;
16       printf(" 此字符串有 %d 个字符 \n",length);
17
18       return 0;
19   }
```

执行结果如图 7.35 所示。

```
请输入字符串 :happy
输入的字符串为 :happy
此字符串有5个字符

Process returned 0 (0x0)    execution time : 1.890 s
Press any key to continue.
```

图7.35

程序解说

第 7 行声明可容纳 30 个字符的字符数组 str。第 11 行输入字符串，在此不需要加上取址运算符 "&"，只需使用数组名 str 即可。第 14~15 行利用 while 循环来判断如果 str[length] 不等于 '\0'，则 length 加 1。第 16 行输出 length。

这里还要补充一点，对使用英语的国家而言，由于其采用的是英文字母与常用符号，使用 ASCII 表就可以全部定义，因此只需 1 字节就可以表示所有的字集。

相较于英语，中文由于字数繁多，1 字节无法定义全部的中文字，因此必须使用 2 字节来定义。那么，汉字字符在 C 语言中到底是字符还是字符串？C 语言的字符数据类型使用 1 字节来存储字符。若使用字符数据类型定义一个中文字字符，语法如下所示。

```
char Me=' 我 ';
```

在编译时系统将会发出警告。因为中文字需要使用 2 字节来定义,使用以上方式定义时,已经超出 C 语言的字符数据类型所能存储的范围。所以在 C 语言中,汉字字符是由 2 字节来定义的,并以字符串的方式来处理。就上面汉字字符的定义而言,应该改成如下形式。

```
char Me[ ]=" 我 ";
```

## · 7.3.2 字符串输入与输出函数

在前面的章节中,程序中都会包含 stdio.h 函数库,因为它主要提供了 printf()、scanf() 函数的原型定义及处理有关资料的输入与输出函数。下面我们特别介绍 stdio.h 中的另外两个常用的 gets()、puts() 字符串输入与输出函数。

■ gets() 函数。

在使用 scanf() 函数时,当输入的字符串中包括空格符(space character)或 tab 字符时,例如 "This is a book." 这个字符串,则 scanf() 函数只会读取 "This" 字符串,而无法如预期般读取整个字符串。如果想要读取一个包括空格符的字符串,可以使用 gets() 函数。其原型声明如下所示。

```
gets ( 字符数组名 );
```

当输入字符串时,只有按下 Enter 键,才会读取缓冲区内的所有字符并存放到指定字符数组中,并且在结尾处还会加上 '\0' 字符。而 gets() 函数不用加上取址运算符"&",这点和 scanf() 函数不同,因为字符数组名本身就可以代表数组地址。

■ puts() 函数。

puts() 函数可用来输出字符串,只需把字符串的地址(字符数组名称)传入,就可以输出字符串到屏幕上,直到遇到 '\0' 字符为止,而且输出字符串之后还会自动换行。其原型声明如下所示。

```
puts ( 字符数组名 );
```

下面的程序练习 gets() 函数和 puts() 函数的定义与应用,假设输入的字符串为 "This is a book.",比较使用 gets() 函数与 scanf() 函数的不同,关键就在于空格符。

### ■ 【上机实习范例: CH07_23.c 】

```
01   #include <stdio.h>
02   #include <stdlib.h>
03
04   int main(void)
05   {
06       char Str_1[40]; /* 声明字符数组 Str_1[40] */
07       char Str_2[40];   /* 声明字符数组 Str_2[40] */
08
09       printf("This is a book.\n");
10       printf("\n"); /* 换行 */
```

```
11      printf(" 请输入上面的句子 \n");
12      printf(" 使用 gets() 函数输入 :");
13      gets(Str_1); /* 使用 gets() 函数输入 */
14      printf(" 使用 scanf() 函数输入 :");
15      scanf("%s", Str_2);     /* 使用 scanf() 函数输入 */
16      printf("\n");          /* 换行 */
17      printf(" 使用 gets() 函数输入的字符串 :");
18      puts(Str_1);          /* 使用 puts() 函数输出 */
19      printf(" 使用 scanf() 函数输入的字符串 :%s", Str_2);
20      /* 使用 printf() 函数输出 */
21      printf("\n");          /* 换行 */
22
23      return 0;
24   }
```

执行结果如图 7.36 所示。

```
This is a book.

请输入上面的句子
使用 gets()函数输入:This is a book.
使用 scanf()函数输入:This is a book.

使用 gets()函数输入的字符串:This is a book.
使用 scanf()函数输入的字符串:This

Process returned 0 (0x0)    execution time : 1.729 s
Press any key to continue.
```

图7.36

程序解说

第 6~7 行声明两个字符数组，并在第 13 行中使用 gets() 函数来输入 "This is a book." 字符串，这时不论中间是否有空格符，整个字符串都会被读取。第 15 行则使用 scanf() 函数来输入 "This is a book." 字符串，不过这时只要遇到空格符就会停止读取，因此只能读取到 "This"。而第 18 行利用 puts() 函数输出，结果会自动换行。

单一的字符串是以一维的字符数组来存储的，如果有多个关系相近的字符串集合，就称之为字符串数组，这时可以使用二维字符数组来表达。字符串数组使用时也必须事先声明，声明方式如下。

> char 字符串数组名 [ 字符串数 ][ 字符数 ];

上述表达式中的字符串数表示字符串的个数，而字符数表示每个字符串的最大可存放的字符数，可以在声明时就设置初始值，不过要记得每个字符串元素都必须包含于双引号之内，如下所示。

> char 字符串数组名 [ 字符串数 ][ 字符数 ]={ " 字符串常数 1", " 字符串常数 2",
> " 字符串常数 3", …};

例如以下定义 Name 字符串数组，且数组中包含 5 个字符串，每个字符串都包括 '\0' 字符，长度共为 10 字节。

> char Name[5][10]={ "John", "Mary", "Wilson", "Candy", "Allen" };

当要输出此 Name 数组中的字符串时，可以直接用 printf（Name[i]）这样看似一维输出的语句输出即可，每个字符串都为一串字符，这是较为特别之处。下面的程序简单说明了字符串数组的声明与输出方式。

■ **【上机实习范例：CH07_24.c】**

```
01    #include <stdio.h>
02    #include <stdlib.h>
03
04    int main(void)
05    {
06       char Name[5][10]={"John", "Mary", "Wilson", "Candy", "Allen"};/* 字符串数组的声明 */
07       int i;
08
09       for(i=0;i<5;i++)
10          printf("Name[%d]=%s\n",i,Name[i]);  /* 输出字串符数组的内容 */
11       printf("\n");
12
13       return 0;
14    }
```

执行结果如图 7.37 所示。

```
Name[0]=John
Name[1]=Mary
Name[2]=Wilson
Name[3]=Candy
Name[4]=Allen


Process returned 0 (0x0)   execution time : 0.053 s
Press any key to continue.
```

图7.37

程序解说

第 6 行声明了一个字符串数组 Name，而第 10 行用格式化字符"%s"直接将数组 Name 以一维方式输出。不过如果要输出第 i 个字符串的第 j 个字符，则必须使用二维方式，如 printf（Name[i-1][j-1]）。

还有一点要补充，通常使用字符串数组来存储的坏处就是每个字符串的长度不会完全相同，而数组又属于静态内存，必须事先定义字符串的最大长度，但这样会造成内存的浪费。下面的程序将计算出字符串数组中每个字符串的实际长度，读者可以此来体会浪费的原因。

■ **【上机实习范例：CH07_25.c】**

```
01    #include <stdio.h>
02    #include <stdlib.h>
03
04    int main(void)
05    {
06       char Name[5][10]={"John", "Tom", "Androliea", "Candy", "Allen"};
07    /* 字符串数组的声明 */
08       int i,j;
09
10       for(i=0;i<5;i++)
11       {
12          j=0;
13          while (Name[i][j]!='\0')
14             j++;
```

```
15    printf("Name[%d]=%s 实际长度 :%d 位 \n",i,Name[i],j);
16    /* 输出字符串数组的内容 */
17    }
18
19    printf("\n");
20
21    return 0;
22  }
```

执行结果如图 7.38 所示。

```
Name[0]=John 实际长度:4 位
Name[1]=Tom 实际长度:3 位
Name[2]=Androliea 实际长度:9 位
Name[3]=Candy 实际长度:5 位
Name[4]=Allen 实际长度:5 位


Process returned 0 (0x0)    execution time : 0.046 s
Press any key to continue.
```

图7.38

**程序解说**

第 13~14 行以 while 循环来计算该字符串的长度，并以二维方式逐一输出字符，若字符为 '\0' 则跳出循环，不然就执行 j++ 来计算长度。第 15 行输出字符串及其长度。

# 7.4 字符串处理函数

事实上，C 语言的函数库中已经提供了相当多的字符与字符串处理函数，只要包含头文件 string.h 即可充分运用各种字符串函数的功能。本节中仅列举一些常用的字符串处理函数。

## 7.4.1 strlen() 函数

strlen() 函数的原型如下。

size_t strlen(char *str)

strlen() 函数的功能是输出字符串 str 的长度，使用方式如下。

strlen(str);

下面的程序利用 gets() 函数与 strlen() 函数将所输入的字符串反向输出，并使用字符数组的方式处理。

### 【上机实习范例：CH07_26.c】

```
01    #include <stdio.h>
02    #include <stdlib.h>
03    #include <string.h> /* 包含头文件 string.h */
04
05    int main(void)
```

```
06  {
07      char Word[40];
08      int i=0;
09
10      printf(" 请输入字符串: ");
11      gets(Word);
12      printf(" 反向输出字符串: ");
13
14      for(i=strlen(Word)-1;i>=0;i--)
15          printf("%c",Word[i]);/* 反向输出字符串 */
16
17      printf("\n");
18
19      return 0;
20  }
```

执行结果如图 7.39 所示。

```
请输入字符串: happy
反向输出字符串: yppah

Process returned 0 (0x0)    execution time : 0.866 s
Press any key to continue.
```

图7.39

**程序解说**

第 7 行声明输入字符串变量。第 11 行使用 gets() 函数，允许所输入的字符串中含有空格符。第 14~15 行中使用 strlen() 函数来逐一反向输出字符。

## 7.4.2 strstr() 函数与 strncpy() 函数

strstr() 函数与 strncpy() 函数的原型如下。

```
char *strstr(char *str1, char *str2)
char *strncpy(char *str1, char *str2, int n)
```

strstr() 函数的功能是搜索 str2 字符串在 str1 字符串中第一次出现的位置，如果找到了则返回该位置的地址，没有找到则返回 NULL。而 strncpy() 函数则是复制 str2 字符串的前 n 个字符到 str1 字符串中。

下面的程序利用了这两个函数，也就是先使用 strstr() 函数在字符串 Work_Str 中搜索字符串 "Tom"，如果搜索到了则利用 strncpy() 函数将字符串 "Tom" 替换成 "Joe"。

**【上机实习范例：CH07_27.c】**

```
01  #include <stdio.h>
02  #include <stdlib.h>
03  #include <string.h>/* 包含头文件 string.h */
04
05  int main(void)
06  {
07      /* 声明字符数组 Work_Str[80] */
```

```
08      char Work_Str[80]="Tom is a good student,and his uncle will bring Tom to downtown.";
09      printf(" 原始字符串内容 :");
10      printf("%s\n",Work_Str);
11      puts(" 字符串中的 Tom 都替换成 Joe \n");
12
13      while ( strstr(Work_Str, "Tom") ) /* 使用 strstr() 函数搜索字符串 */
14         strncpy( strstr(Work_Str, "Tom"), "Joe", 3 );    /* 使用 strncpy() 函数替换字符串 */
15      printf(" 字符串替换之后 :");
16      printf("%s\n",Work_Str);/* 显示结果 */
17      printf("\n");        /* 换行 */
18
19      return 0;
20   }
```

执行结果如图 7.40 所示。

```
原始字符串内容:Tom is a good student,and his uncle will bring Tom to downtown.
字符串中的Tom都替换成Joe

字符串替换之后:Joe is a good student,and his uncle will bring Joe to downtown.


Process returned 0 (0x0)    execution time : 0.066 s
Press any key to continue.
```

图7.40

程序解说

第 8 行声明并设置一个长字符串，第 13~14 行利用 while 循环，若使用 strstr() 函数搜索到字符串 "Tom"，则使用 strncpy() 函数将其替换成字符串 "Joe"。

### 7.4.3  strlwr() 函数与 strcat() 函数

strlwr() 函数与 strcat() 函数的原型如下。

```
char *strlwr(char *str)
char *strcat(char *str1, char *str2)
```

strlwr() 函数可将字符串中的大写字母全部转换成小写字母，而 strcat() 函数则将字符串 str2 连接到字符串 str1，使用方式如下。

```
strlwr(str);
strcat(str1,str2);
```

下面的程序利用 strcat() 函数将输入的两个字符串连接成一个字符串，并利用 strlwr() 函数将新字符串中的大写字母转换为小写字母。

■ 【上机实习范例：CH07_28.c】

```
01   #include <stdio.h>
02   #include <stdlib.h>
03   #include <string.h>/* 包含头文件 string.h */
04
```

```
05   int main(void)
06   {
07
08       char str1[40];
09       char str2[40];
10
11       printf(" 请输入第一个字符串 :");
12       gets(str1);
13       printf(" 请输入第二个字符串 :");
14       gets(str2);
15
16       strcat(str1,str2);/* 将两个字符串连接起来 */
17       printf("%s\n",strlwr(str1));/* 将字符串内的大写字母转换为小写字母 */
18
19       return 0;
20   }
```

执行结果如图 7.41 所示。

```
请输入第一个字符串:TeLevision
请输入第二个字符串:Renew
televisionrenew

Process returned 0 (0x0)    execution time : 3.851 s
Press any key to continue.
```

图7.41

程序解说

第 12、14 行用 gets() 函数输入可含空格符的字符串。第 16 行利用函数库中的 strcat（str1,str2）函数将两个字符串连接起来。第 17 行则使用 strlwr() 函数将字符串中的大写字母都转换为小写字母。

# 7.5 上机实习课程

本章主要介绍 C 语言的数组与字符串，其中包含一维数组、二维数组和多维数组的声明与使用原理，以及字符串的声明与字符串长度、复制、搜索和连接等相关内容。本节的课程将利用上述的学习内容来进行一连串相关 C 语言程序的上机实习。

## 【上机实习范例：CH07_29.c】

请设计一个 C 语言程序，假设 10 位学生的成绩存储于 score 数组中，并使用一个长度为 10 字节的数组 degree 来存储位于同一分数区间的学生人数，再加入学生成绩的分布图，并用"*"符号来代表该区间的人数。例如 degree[0] 存储分数为 0 ~ 9 的人数，degree[3] 存储分数为 30 ~ 40 的人数，degree[9] 存储分数为 90 ~ 100 的人数。

```
01   #include <stdio.h>
02   #include <stdlib.h>
03
```

```
04   int main(void)
05   {
06     int score[20]={64,84,21,100,58,71,36,43,67,84};  /* 声明并初始化数组 */
07     int degree[10]={0};                 /* 声明并初始化数组 */
08     int i,j,sum=0;
09     double avg=0.0;
10
11     /* 利用循环计算总分，并递增对应的分数区间的人数 */
12     for (i=0; i<10; i++)
13     {
14       sum += score[i];        /* 计算总分 */
15       if (score[i]/10 == 10)
16         degree[9]++; /* 成绩为 100，将下标值为 9 的元素加 1*/
17       else
18         degree[score[i]/10]++; /* 递增对应的分数区间的人数 */
19     }
20     avg = (double)sum /(double)10;/* 计算平均分 */
21
22     printf(" 总分 =%d , 平均分 =%f\n",sum,avg);
23     printf(" 人数分布图如下: \n");
24     printf(" 分数区间 \t 人数 \n");
25
26     for (i=0; i<10; i++)
27     {
28       printf("%d ~ %d \t",i*10,i*10+9 ); /* 设置分数区间的输出内容 */
29       for (j=0;j<degree[i];j++)
30         printf("*");            /* 用 "*" 号来代表该区间的人数 */
31       printf("\n");
32     }
33
34     return 0;
35   }
```

执行结果如图 7.42 所示。

```
总分=628 , 平均分=62.800000
人数分布图如下：
分数区间          人数
0 ~ 9
10 ~ 19
20 ~ 29          *
30 ~ 39          *
40 ~ 49          *
50 ~ 59          *
60 ~ 69          **
70 ~ 79          *
80 ~ 89          **
90 ~ 100         *

Process returned 0 (0x0)    execution time : 0.053 s
Press any key to continue.
```

图7.42

### ■【上机实习范例：CH07_30.c】

从数学的角度来看，$m \times n$ 形式的矩阵（matrix）可以描述计算机中的 A（$m,n$）二维数组。例如矩阵相加的程序，相加的两者的列数与行数必须都相同，并且相加后矩阵的列数与行数也相同。请设计一个 C 语言程序，定义 3 个二维数组来实现矩阵的相加，并显示两个矩阵相加后的结果。这两个矩阵的二维数组表示如下所示。

int A[3][3] = {{1,3,5},{7,9,11},{13,15,17}};

int B[3][3] = {{9,8,7},{6,5,4},{3,2,1}};

```
01    #include <stdio.h>
02    #include <stdlib.h>
03
04    int main(void)
05    {
06        int i,j;
07        int A[3][3] = {{1,3,5},{7,9,11},{13,15,17}};
08        /* 二维数组的声明 */
09        int B[3][3] = {{9,8,7},{6,5,4},{3,2,1}};
10        /* 二维数组的声明 */
11        int C[3][3] = {0};
12
13        for(i=0;i<3;i++)
14          for(j=0;j<3;j++)
15            C[i][j]=A[i][j]+B[i][j];/* 矩阵 C= 矩阵 A+ 矩阵 B */
16        printf("[ 矩阵 A 的结果 ]\n");
17        for(i=0;i<3;i++)
18        {
19          for(j=0;j<3;j++)
20            printf("%d\t",A[i][j]);
21          printf("\n");
22        }
23        printf("[ 矩阵 B 的结果 ]\n");
24        for(i=0;i<3;i++)
25        {
26          for(j=0;j<3;j++)
27            printf("%d\t",B[i][j]);
28          printf("\n");
29        }
30
31        printf("[ 矩阵 A 和矩阵 B 相加的结果 ]\n"); /* 输出矩阵 A+B 的内容 */
32        for(i=0;i<3;i++)
33        {
34          for(j=0;j<3;j++)
35            printf("%d\t",C[i][j]);
36          printf("\n");
37        }
38
39        return 0;
40    }
```

执行结果如图 7.43 所示。

```
[矩阵A的结果]
1          3          5
7          9          11
13         15         17
[矩阵B的结果]
9          8          7
6          5          4
3          2          1
[矩阵A和矩阵B相加的结果]
10         11         12
13         14         15
16         17         18

Process returned 0 (0x0)    execution time : 0.043 s
Press any key to continue.
```

图7.43

### 【上机实习范例：CH07_31.c】

请设计一个 C 语言程序，让程序可以从命令行读取简单的表达式，并利用 switch 语句来判断四则运算符号及计算出相对应的运算结果，其中还要使用 atof() 函数来将字符串转换为浮点数数据类型。

```
01  #include <stdio.h>
02  #include <stdlib.h>
03
04  int main(int argc, char *argv[])
05  {
06     float answer;
07     char *op;
08     if( argc < 4 )
09        printf( " 参数指定有误！（例如 2 + 9)" );
10     else
11     {
12        op = argv[2];   /* 取出字符串 */
13        switch (op[0]) /* 取出字符串中的操作数 */
14        {
15          case '+': /*  判断加减乘除符号 */
16             answer = atof(argv[1]) + atof(argv[3]);
17             printf(" 答案是 : %.2f\n", answer );
18             printf("---------------------------------\n");
19             break;
20          case '-':
21             answer = atof(argv[1]) – atof(argv[3]);
22             printf(" 答案是 : %.2f\n", answer );
23             printf("---------------------------------\n");
24             break;
25          case '*':
26             answer = atof(argv[1]) * atof(argv[3]);
27             printf(" 答案是 : %.2f\n", answer );
28             printf("---------------------------------\n");
29             break;
30          case '/':
31             answer = atof(argv[1]) / atof(argv[3]);
32             printf(" 答案是 : %.2f\n", answer );
33             printf("---------------------------------\n");
34             break;
35          default:
```

```
36              puts( "表达式有误! ");
37          }
38      }
39
40      return 0;
41  }
```

执行结果如图 7.44（a）所示。

指定参数时，可以执行"执行→参数"命令，会弹出图 7.44（b）所示的对话框，再输入参数即可。

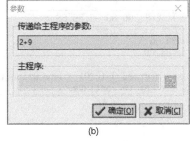

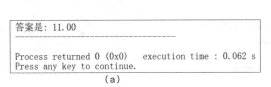

```
答案是: 11.00
------------------------------------
Process returned 0 (0x0)   execution time : 0.062 s
Press any key to continue.
```
　　　　　　　　　（a）　　　　　　　　　　　　　　　　　　（b）

图7.44

### ■ 【上机实习范例：CH07_32.c】

请设计一个 C 语言程序，让程序可以从命令行读取学生的成绩，并计算出总分与平均分，其中还要使用 atoi() 函数来将字符串转换为整数数据类型。

```
01  #include<stdio.h>
02  #include<stdlib.h>
03  /* 在 main() 函数中加入参数 */
04  int main(int argc, char *argv[])
05  {
06      int i;/* 用来存储不符合格式的成绩个数 */
07      double sum=0;
08      /* 当执行语句时发现没有输入字符串 */
09      if(argc==1)
10      {
11          printf(" 请在语句后方输入成绩 !\n");
12      }
13      else
14      {
15          printf(" 输出各科成绩 : ");
16          for(i=1; i<argc; i++)
17          {
18              /* 输出每一个成绩字符串 */
19              printf("%s ",argv[i]);
20              /* 将成绩字符串转换成整数数据类型 */
21              sum+=atoi(argv[i]);
22          }
23          printf("\n-------------------------------------------\n");
24          /* 输出总分和平均分 */
25          printf(" 总分 =%.2f\n",sum);
26          printf(" 平均分 =%.2f\n",sum/(argc-1));/* argc-1 必须减去程序本身名称 */
27      }
```

```
28
29      return 0;
30   }
```

执行结果如图 7.45（a）所示。

指定参数时，可以执行"执行→参数"命令，会弹出图 7.45（b）所示的对话框，再输入参数即可。

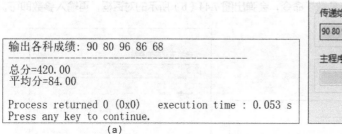

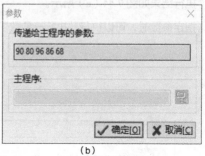

```
输出各科成绩：90 80 96 86 68
——————————————————————
总分=420.00
平均分=84.00

Process returned 0 (0x0)    execution time : 0.053 s
Press any key to continue.
```

（a）　　　　　　　　　　　　　　　　　　（b）

图7.45

### 【上机实习范例：CH07_33.c】

请设计一个 C 语言程序，计算出原有三维数组中每个元素值的总和，并将值为负数的元素值都转换为正数，再输出新数组的所有内容。这个三维数组如下所示。

A[4][3][3]={{{1,-2,3},{4,5,-6},{8,9,2}},

{{7,-8,9},{10,11,12},{0.8,3,2}},

{{-13,14,15},{16,17,18},{3,6,7}},

{{19,20,21},{-22,23,24},{6-,9,12}}};

```
01   #include <stdio.h>
02   #include <stdlib.h>
03
04   int main(void)
05   {
06      int i,j,k,sum=0;
07
08      int arr[4][3][3]={{{1,-2,3},{4,5,-6},{8,9,2}},
09          {{7,-8,9},{10,11,12},{0.8,3,2}},
10          {{-13,14,15},{16,17,18},{3,6,7}},
11          {{19,20,21},{-22,23,24},{-6,9,12}}};/* 声明并设置数组元素值 */
12
13      for(i=0;i<4;i++)
14      {
15         for(j=0;j<3;j++)
16         {
17            for(k=0;k<3;k++)
18            {
19               sum+=arr[i][j][k];
20               if (arr[i][j][k]<0)
21                  arr[i][j][k]=-1*arr[i][j][k];
22                  /* 若元素值为负数，则转换为正数 */
```

```
23          printf("%d\t",arr[i][j][k]);
24        }
25      printf("\n");
26    }
27    printf("\n");
28  }
29  printf("---------------------------\n");
30  printf(" 原数组所有元素值的总和 =%d\n",sum);
31  printf("---------------------------\n");
32
33  return 0;
34 }
```

执行结果如图 7.46 所示。

```
1       2       3
4       5       6
8       9       2

7       8       9
10      11      12
0       3       2

13      14      15
16      17      18
3       6       7

19      20      21
22      23      24
6       9       12

-------------------------------
原数组所有元素值的总和=253
-------------------------------

Process returned 0 (0x0)   execution time : 0.089 s
Press any key to continue.
```

图7.46

■ 【上机实习范例：CH07_34.c】

请设计一个字符数组应用的 C 语言程序，用来存储由使用者输入的 3 位学生的姓名及每位学生的 3 科成绩，并按行输出每位学生的姓名、3 科成绩及总分。

```
01  #include <stdio.h>
02  #include <stdlib.h>
03
04  int main(void)
05  {
06    char name[3][10];
07    int score[3][3];/* 声明存储姓名与成绩的数组 */
08    int i,total;
09
10    for(i=0;i<3;i++)
11    {
12      printf(" 请输入学生姓名 :");
13      scanf("%s",&name[i]);/* 输入每一个姓名 */
14      printf(" 请输入 3 科成绩 :");
15      scanf("%d %d %d",&score[i][0],&score[i][1],&score[i][2]);/* 输入 3 科成绩 */
16    }
17    printf("--------------------------------\n");
18
19    for(i=0;i<3;i++)
```

```
20      {
21          printf("%s\t%d\t%d\t%d",name[i],score[i][0],score[i][1],score[i][2]);
22          total=score[i][0]+score[i][1]+score[i][2];/* 计算 3 科总分 */
23          printf("\t%d\n",total);
24      }
25      printf("-------------------------------------\n");
26
27      return 0;
28  }
```

执行结果如图 7.47 所示。

```
请输入学生姓名:Andy
请输入 3 科成绩:90 98 96
请输入学生姓名:Joe
请输入 3 科成绩:89 99 94
请输入学生姓名:Mary
请输入 3 科成绩:89 86 84
-------------------------------------
Andy    90      98      96      284
Joe     89      99      94      282
Mary    89      86      84      259
-------------------------------------

Process returned 0 (0x0)   execution time : 32.379 s
Press any key to continue.
```

图7.47

### 【上机实习范例：CH07_35.c】

有一个三维数组如下所示。

```
int num[2][3][3]={{{43,45,67},

                {73,71,56},

                {55,38,66}},

                {{21,39,25 },

                {38,89,18},

                {90,101,89}}};
```

请设计一个 C 语言程序，包含 min() 函数与 max() 函数，可以传递三维数组，并且找出此三维数组元素中的最小值与最大值。

```
01  #include <stdio.h>
02  #include <stdlib.h>
03
04  int min(int arr[][3][3]);
05  int max(int arr[][3][3]);
06
07  int main(void)
08  {
09      int num[2][3][3]={{{43,45,67},
10              {73,71,56},
11              {55,38,66}},
12              {{21,39,25 },
13              {38,89,18},
14              {90,101,89}}};/* 声明三维数组 */
```

```
15
16    printf(" 最小值 = %d\n", min(num));
17    printf(" 最大值 = %d\n", max(num));
18
19    return 0;
20  }
21
22  int min(int arr[][3][3])/* 定义 min() 函数 */
23  {
24    int i,j,k,min_value=arr[0][0][0];/* 设置 min 为数组 num 的第 1 个元素 */
25
26    for(i=0;i<2;i++)
27      for(j=0;j<3;j++)
28        for(k=0;k<3;k++)
29          if(min_value>=arr[i][j][k])
30            min_value=arr[i][j][k]; /* 利用 3 层循环找出最小值 */
31
32    return min_value;
33  }
34
35  int max(int arr[][3][3])/* 定义 max() 函数 */
36  {
37    int i,j,k,max_value=arr[0][0][0];/* 设置 max 为数组 num 的第 1 个元素 */
38
39    for(i=0;i<2;i++)
40      for(j=0;j<3;j++)
41        for(k=0;k<3;k++)
42          if(max_value<=arr[i][j][k])
43            max_value=arr[i][j][k]; /* 利用 3 层循环找出最大值 */
44
45    return max_value;
46  }
```

执行结果如图 7.48 所示。

```
最小值= 18
最大值= 101

Process returned 0 (0x0)    execution time : 0.089 s
Press any key to continue.
```

图7.48

## 【上机实习范例：CH07_36.c】

请设计一个 C 语言程序，将用户输入的原始字符串反向输出。

```
01  #include <stdio.h>
02  #include <stdlib.h>
03
04  int main(void)
05  {
06    char arr2[50];
07    int i,sum;
08    printf(" 请输入字符串: ");
09    scanf("%s",arr2);  /* 取得用户输入的字符串 */
```

```
10      for (i=0;i<50;i++)
11      {
12        if (arr2[i]=='\0')
13          break; /* 如果是用户输入字符串的结尾就中断循环 */
14        sum=i;/* 记录空字符前一个字符的下标 */
15      }
16      for (i=sum;i>=0;i--)    /* 将用户输入的字符串反向输出 */
17        printf("%c",arr2[i]);
18      printf("\n");
19
20      return 0;
21    }
```

执行结果如图 7.49 所示。

```
请输入字符串: basketball
llabteksab

Process returned 0 (0x0)    execution time : 3.601 s
Press any key to continue.
```

图7.49

### 【上机实习范例：CH07_37.c】

请设计一个 C 语言程序，用来说明字符串数组的声明与输出，让用户可以输入号码来选择订购的书籍，并输出该书籍名称。

```
01    #include<stdio.h>
02    #include<stdlib.h>
03
04    int main(void)
05    {
06      int i;
07      char choice;
08      /* 声明字符串数组并初始化 */
09      char newspaper[5][20]={{"《计算机导论》"},
10      {"《轻松学 C 语言》"},
11        {"《计算机组成原理》"},
12          {"《Java 程序设计基础》"},
13            {"《多媒体概论》"}};
14      /* 字符数组的输出 */
15      for(i=0; i<5; i++)
16      {
17        printf("%d.%s\n",i+1,newspaper[i]);
18      }
19      printf("--------------------------------\n");
20      printf(" 请输入要购买的号码 :");
21      choice=getchar();
22      choice=choice-'0';
23      printf("\n");
24      /* 输入的判断 */
25      printf("--------------------------------\n");
26      if(choice>=0 && choice<=5)
27      {
28        printf("%s\n",newspaper[choice-1]);
```

```
29        printf("--------------------------------\n");
30        printf("\n 谢谢您的订购 !\n");
31    }
32
33    return 0;
34  }
```

执行结果如图 7.50 所示。

```
1.《计算机导论》
2.《轻松学C语言》
3.《计算机组成原理》
4.《Java程序设计基础》
5.《多媒体概论》
--------------------------------
请输入要购买的号码:2
--------------------------------
《轻松学C语言》
--------------------------------
谢谢您的订购!

Process returned 0 (0x0)   execution time : 1.826 s
Press any key to continue.
```

图7.50

## 本章课后习题

1. 请问下面的多维数组的声明是否正确?

```
int  A[3][ ]={{1,2,3},{2,3,4},{4,5,6}};
```

解答:不正确,因为对于多维数组的各个维数长度的设置,C 语言只允许第 1 维的长度可以不用声明,但其他维的长度都必须清楚声明。

2. 两个矩阵 $A$ 与 $B$ 相乘,必须符合 $A$ 为一个 $m \times n$ 的矩阵,$B$ 为一个 $n \times p$ 的矩阵,$A \times B$ 的结果为一个 $m \times p$ 的矩阵 $C$。

$$\begin{bmatrix} a_{11} & \cdots & a_{1n} \\ \vdots & \vdots & \vdots \\ a_{m1} & \cdots & a_{mn} \end{bmatrix}_{m \times n} \times \begin{bmatrix} b_{11} & \cdots & b_{1p} \\ \vdots & \vdots & \vdots \\ b_{m1} & \cdots & b_{np} \end{bmatrix}_{n \times p} = \begin{bmatrix} c_{11} & \cdots & c_{1p} \\ \vdots & \vdots & \vdots \\ c_{m1} & \cdots & c_{mp} \end{bmatrix}_{m \times p}$$

下面是一个计算矩阵相乘程序,请找出程序代码中的错误。

```
01  void MatrixMultiply(int* arrA,int* arrB,int* arrC,int M,int N,int P)
02  {
03    int i,j,k,Temp;
04    if(M<=0||N<=0||P<=0)
05    {
06      printf("[ 错误 : 维数 M、N、P 必须大于 0]\n");
07      return;
08    }
09    for(i=0;i<M;i++)
10      for(j=0;j<P;j++)
11      {
```

```
12        Temp = 0;
13        for(k=0;k<N;k++)
14          Temp = Temp + arrA[i*P+k]*arrB[k*N+j];
15          arrC[i*P+j] = Temp;
16      }
17  }
```

解答：第 14 行应改为"Temp = Temp + arrA[i*N+k]*arrB[k*P+j]";。

3. 如果我们声明一个有 50 个元素的字符数组，如下所示。

```
char address[50];
```

假设这个数组的开始位置为 1200，试求出 address[23] 的内存开始位置。

解答：1222。

4. 请问下面的程序代码中哪里有错误？应该如何修改？请写出两种修改方式。

```
01  int Num[2];
02  printf(" 请输入 2 个数值 :");
03  scanf("%d %d", Num[0], Num[1]);
04  printf("Var_Num 的值 : %d\n", Var_Num);
05  printf("Num[0] 的值 : %d\n", Num[0]);
06  printf("Num[1] 的值 : %d\n", Num[1]);
```

解答：本题的目的在于强调使用 scanf() 函数时，必须传入变量的地址作为参数，因此第 3 行必须改为如下所示的代码。

```
scanf("%d %d", &Num[0], &Num[1]);
```

或：

```
scanf("%d %d", Num+0, &Num+1);
```

5. 以下的数组声明哪一个有错？为什么？

```
01  int brr[ ]={1,2,3,4,5};
02  int brr[5]={ 1,2,3,4,5 };
03  int arr[ ][3]={{1,2,3},{2,3,4}};
04  int arr[2][ ]={{1,2,3},{2,3,4}};
```

解答：第 4 个，因为对于多维数组的各个维数长度的设置，C 语言只允许第 1 维的长度可以不用声明，其他维的长度都必须清楚声明。

6. 声明数组后，请举例说明有哪两种方法可以设置元素的数值。

解答：（1）声明数组时即赋初始值；（2）利用下标值为个别数组元素赋值。

7. 以下 3 种声明方式中有哪些是不合法的声明，请说明原因。

```
int A1[2][3]={{1,2,3},{2,3,4}};
int A2[ ][3]={{1,2,3},{2,3,4}};
int A3[2][ ]={{1,2,3},{2,3,4}};
```

解答：数组 A3 的声明不合法，因为对于多维数组的各个维数长度的设置，C 语言只允许第一维的长度可以不用声明，其他维的长度都必须清楚声明。

8. 现在有一维数组如下：

```
arr[ ]={ 43,35,12,9,3,99 };
```

假设此数组经由冒泡排序法由小到大排序，请写出第 1 次到第 3 次的交换结果。

解答：

第 1 次交换的结果为（35,43,12,9,3,99）。

第 2 次交换的结果为（35,12,43,9,3,99）。

第 3 次交换的结果为（35,12,9,43,3,99）。

9. 何谓命令行参数？

解答：所谓命令行参数，就是在程序执行时直接指定参数。简单来说，就是 main() 函数也能直接从操作系统中接收参数，只需在执行程序时，在程序名称后面加上参数即可。基本上，在 C 语言中要使用这种命令行参数，可以在 main() 函数中使用 argc 与 argv 这两个参数。第一个参数 argc 是整数参数，表示命令行参数的个数；第二个参数 argv 是指向字符的指针数组，用来存储命令行参数的字符串值。

10. 某位学生在进行命令行参数的练习应用，但是程序在编译时出了问题，请帮忙找出问题所在。

```
01   #include <stdio.h>
02   int main(int argc, char* argv[])
03   {
04     int sum;
05     if (argc == 3)
06       sum = argv[1] + argv[2];
07     printf("%d + %d = %d\n", argv[1], argv[2], sum);
08     return 0;
09   }
```

解答：由命令行参数所读入的值为字符串值，不能直接用来进行加法运算，必须使用 atoi() 函数将其转换为整数值，程序代码的修改如下。

```
01   #include <stdio.h>
02   int main(int argc, char* argv[])
03   {
04     int sum;
05     if (argc == 3)
06       sum = atoi(argv[1]) + atoi(argv[2]);
07     printf("%s + %s = %d\n", argv[1], argv[2], sum);
08     return 0;
09   }
```

11. 请问以下 str1 与 str2 字符串分别占了多少字节？

```
char str1[ ]= "You are a good boy";
char str2[ ]= "This is a bad book  ";
```

解答：

str1 字符串有 19 字节。

str2 字符串有 21 字节。

12. 下面这个程序预期要显示的字符串的内容，但是结果不同于预期，应该如何修改？

```
01    #include <stdio.h>
02    int main(void)
03    {
04        int sum;
05        char str[]={'J','u','s','t'}
06        printf("%s",str);
07        return 0;
08    }
```

解答：将第 5 行改为以下代码。

```
05        char str[]={'J','u','s','t','\0'};
```

13. 下面这个程序代码哪里有错误？

```
01    char str[80];
02    printf(" 请输入字符串：");
03    scanf("%c", &str);
04    printf(" 您输入的字符串为：%s", str);
```

解答：第3行不需要使用运算符"&"，因为str名称本身就表示内存地址。第3行正确的为"scanf("%s", str);"。

14. 以下语句哪里有错误？

```
char Str_1[]="changeable";
char Str_2[20];
Str_2=Str_1;
```

解答："Str_2=Str_1;"，由于字符串不是 C 语言的基本数据类型，因此无法利用数组名将字符串直接复制给另一个字符串，如果需要复制字符串，必须从字符数组中一个一个取出元素内容进行复制。

15. 请简述 gets() 函数与 scanf() 函数的差异。

解答：在使用 scanf() 函数时，若输入的字符串包括空格符或 tab 字符，例如 "This is a book." 这个字符串，则 scanf() 函数只会读取 "This" 字符串，而无法读取整个完整的字符串。如果想要读取一个包括空格符的字符串，可以使用 gets() 函数。

16. 如何使用 C 语言的字符串处理函数？

解答：C 语言的函数库已经提供了相当多的字符与字符串处理函数，只需包含头文件 string.h 即可充分使用各种字符串函数的功能。

17. 试说明 strlen() 函数的功能与使用方式。

解答：strlen() 函数的功能是可以输出字符串 str 的长度，使用方式如下。

```
strlen(str);
```

# 指 针

指针在 C 语言的语法学习中是初学者较难掌握的部分，因为它使用了"间接引用"的观念，使得初学者往往无法将内存地址与变量值串联在一起。间接引用是什么呢？我们都知道数据在计算机中会先加载到内存中再进行运算，而计算机为了能正确地访问内存中的数据，赋予了内存中每个空间各自的地址。

当需要访问某个数据时，需要指出访问哪一个地址的内存空间，而指针的工作就是记录这个地址，并可以根据指针变量来间接访问该变量的内容。指针就好比房间门口的指示牌，只要跟着指针就能找到想要的数据。

**认识指针**

之前的章节中我们曾经说明，在 C 语言中可以用变量来存储数值，而指针就可以看成是一种变量，不同的是指针并不存储数值，而是存储内存的地址。也就是说，指针与内存有着相当密切的关系。

现在请思考一个问题，变量是用来存储数值的，而这个数值到底存储在内存的哪个地址上呢？相当简单，只需通过取址运算符"&"就能求出变量所在的内存地址。其语法格式如下。

```
& 变量名称;
```

在一般情况下，我们并不会直接解决内存地址的问题，因为变量就已经包括了内存地址的信息，它会直接告诉程序应该到内存中的何处去取出数值。

下面的程序简单声明了 3 个不同类型的变量，并且利用 sizeof 关键字与取址运算符"&"来求这 3 个变量所分配的内存大小及地址，可从地址与变量所占的内存空间来观察其变化。

■ **【上机实习范例：CH08_01.c】**

```
01   #include <stdio.h>
02   #include <stdlib.h>
03
04   int main(void)
05   {
06       int a=100; /* 声明整数变量 a */
07       double b=113.14; /* 声明浮点数变量 b */
08       char c='!';  /* 声明字符变量 c */
09
10       printf("a=%-8d \tsizeof(a)=%d \t 地址为 %p\n",a,sizeof(a),&a);
11       printf("b=%-8f \tsizeof(b)=%d \t 地址为 %p\n",b,sizeof(b),&b);
12       printf("c=%-8c \tsizeof(c)=%d \t 地址为 %p\n",c,sizeof(c),&c);
13       /* 使用取址运算符"&"输出变量地址 */
14
15       return 0;
16   }
```

执行结果如图 8.1 所示。

```
a=100           sizeof(a)=4      地址为0060FF0C
b=113.140000    sizeof(b)=8      地址为0060FF00
c=!             sizeof(c)=1      地址为0060FEFF

Process returned 0 (0x0)   execution time : 0.056 s
Press any key to continue.
```

图8.1

**程序解说**

第 6~8 行分别声明 3 种不同类型的变量。第 10~12 行以"%p"格式来表示十六进制的地址，如果要取出变量的地址，只需在变量前加上取址运算符"&"即可。

## · 8.1.1 指针变量的定义

要在 C 语言中存储与操作内存的地址，最直接的方法就是使用指针变量。指针变量的作用类似于变量，但功能比一般变量更为强大，指针专门用来存储内存地址、进行与地址相关的运算、赋值给另一个变量等。由于指针也是一种变量，因此其命名规则与其他常用的变量相同。

声明指针时，首先必须声明指针的数据类型，并在数据类型后加上字符"*"（称为取值运算符或间接引用运算符），再加上指针名称，即可声明一个指针变量。"*"的作用是取得指针所指向变量的内容。声明指针变量的方式如下。

数据类型 * 指针名称；

以下是几个指针变量的声明示例。

```
int* x;
int *x, *y;
```

在声明指针变量时，我们可以将"*"放在类型关键字旁，或是放在变量名旁边。通常若要声明两个以上的变量，会将"*"放在变量名旁边，以增加程序的可读性。当然指针变量声明时也可设定其初始值为 0 或是 NULL 来增加程序的可读性。

```
int *x=0;
int *y=NULL;
```

不能使用以下的方式声明指针变量，因为以下方式不能声明两个指针变量，而是 $x$ 为一个指针变量，但 $y$ 只是一个整数变量。

int* x, y;

在声明指针变量之后，如果没有给其赋初始值，则指针所指向的内存地址将是未知的，因此不能对未初始化的指针进行访问，它可能会指向一个正在使用的内存地址。可以使用取址运算符"&"将变量所指向的内存地址赋给指针，如下所示。

数据类型 * 指针变量；
指针变量 =& 变量名称；/* 变量名称已声明 */

例如：

```
int num1 = 10;
int *address1;
address1 = &num1;
```

此外，也不能直接将指针变量的初始值设定为数值，因为会使指针变量指向不合法的地址，如下所示。

int* piVal=10; /* 不合法语句 */

下面的程序是一个很经典的指针实例，主要说明指针变量 $address1$ 的存储内容是 $num1$ 的地址，$*address1$ 是 $address1$ 所指向的变量值（也就是 $num1$ 的数值），而 $&address1$ 则是指针变量本身的地址。图 8.2 表示了数值、变量、内存与指针之间的关系。

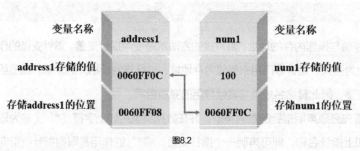

图8.2

## ■【上机实习范例：CH08_02.c】

```
01   #include <stdio.h>
02   #include <stdlib.h>
03
04   int main(void)
05   {
06       int num1 = 100;
07       int *address1;
08
09       address1 = &num1;
10       printf( "num1 存储的值：%d\n", num1 );
11       printf( "num1 的内存地址：%p\n", &num1 );
12       /* 利用取址运算符"&"取出地址 */
13       printf( "address1 存储的值：%p\n", address1);
14       printf( "*address1 存储的值：%d\n", *address1);
15       printf( "address1 的内存地址：%p\n", &address1);
16       /* 输出指针变量的地址 */
17
18       return 0;
19   }
```

执行结果如图 8.3 所示。

```
num1存储的值：100
num1的内存地址：0060FF0C
address1存储的值：0060FF0C
*address1存储的值：100
address1的内存地址：0060FF08

Process returned 0 (0x0)    execution time : 0.199 s
Press any key to continue.
```

图8.3

第 9 行声明指针变量 *address*1 指向变量 *num*1 的地址。第 10 行输出 *num*1 的数值。第 11 行利用取址运算符"&"取出 *num*1 的地址。第 13 行输出指针变量 *address*1 的值。第 14 行输出 *address*1 存储的值，就是 *num*1 的数值。第 15 行输出 *address*1 的内存地址。

特别补充一点，在程序中一旦确定了指针所指向的数据类型，就不能再更改了。另外指针变量也不能指向不同数据类型的指针变量，但相同数据类型的指针变量可以重新设定所要指向的目标。

下面的程序将分别让指针变量 *ptr* 指向变量 *num*1 与 *num*2 的内存地址，并使用取值运算符"*"来取出内存中的值。

■ 【上机实习范例：CH08_03.c】

```
01    #include <stdio.h>
02    #include <stdlib.h>
03
04    int main(void)
05    {
06        int num1 = 10;
07        int num2 = 20;
08        int *ptr;
09
10        ptr = &num1;  /* ptr 指向 num1 的地址 */
11        printf("num1=%d\t*ptr=%d\tptr=%p\t&num1=%p\n",
12            num1,*ptr,ptr,&num1);
13        ptr = &num2;  /* ptr 指向 num2 的地址 */
14        printf("num2=%d\t*ptr=%d\tptr=%p\t&num2=%p\n",
15            num2,*ptr,ptr,&num2);
16
17        return 0;
18    }
```

执行结果如图 8.4 所示。

```
num1=10  *ptr=10  ptr=0060FF08      &num1=0060FF08
num2=20  *ptr=20  ptr=0060FF04      &num2=0060FF04

Process returned 0 (0x0)   execution time : 0.037 s
Press any key to continue.
```

图8.4

程序解说

第 6~7 行声明两个整数变量 num1 与 num2。第 8 行声明整数指针变量。第 10、12 行中 ptr 分别指向相同数据类型的不同变量，而在第 11、13 行中分别输出指针变量的值与当时指向变量的地址。

通过以上两个例子，相信读者对指针有了初步的了解。下面再补充一个程序，以帮助读者对取值运算符与取址运算符有更清楚的认识。请注意当重新改变指针变量的数据内容后，指向同一地址的变量内容也会随之改变。

■ 【上机实习范例：CH08_04.c】

```
01    #include <stdio.h>
02    #include <stdlib.h>
03
04    int main(void)
05    {
06        int input;
07        int *ptr;
08
09        ptr = &input;  /* 初始指针变量 */
10        printf( "请输入一个整数: " );
11        scanf( "%d", &input );
12        *ptr = *ptr * *ptr * *ptr;  /* 进行立方运算，并将结果返回 */
13        printf( "*ptr=%d input=%d\n",*ptr,input );
14
15        return 0;
16    }
```

执行结果如图 8.5 所示。

```
请输入一个整数: 5
*ptr=125 input=125

Process returned 0 (0x0)    execution time : 0.322 s
Press any key to continue.
```

图8.5

程序解说

第 9 行中我们特意使用了 input 变量来初始化指针的值，要再次提醒的是，绝对不能使用未经初始化的指针。在第 12 行，由于取址运算符与乘法运算符看起来相同，可以使用空格符来增加程序的可读性，并且取址运算符的优先级高于乘法运算符，因此不必加上括号。第 13 行中特别把求得立方值的 *ptr 内容输出，可以发现它指向的 input 整数变量值也同步改变了。

之前我们曾介绍过函数的参数传递方式，其中使用传址调用，在声明参数列的形式参数时，所使用的就是指针变量声明。传址调用的函数定义形式如下所示。

返回值类型 函数名称 ( 数据类型 * 形式参数 1, 数据类型 * 形式参数 2, …)
{
  函数主体;
}

或:

返回值类型 函数名称 ( 数据类型 *, 数据类型 *, …)
{
  函数主体;
}

传址调用的函数调用形式如下所示。

函数名称 (& 形式参数 1,& 形式参数 2, …);

### · 8.1.2 指针作为函数返回值

事实上指针变量除了能作为参数传递外，也可以从被调函数中返回一个指针值给主调函数。例如 return 语句就可以返回一个指针变量，也就是地址。指针作为函数返回值的语法定义如下。

返回值类型 * 函数名称 ( 数据类型 形式参数 1, 数据类型 形式参数 2, …)
{
  ……
  return 指针变量;
}

下面的程序实现了从函数中返回一个指针值，需要注意这个函数的原型声明及调用方式。

**【上机实习范例: CH08_05.c】**

```
01   #include <stdio.h>
02   #include <stdlib.h>
03
04   int* get_pointer_value(); /* 示范如何将指针作为函数返回值 */
05
```

```
06   int main(void)
07   {
08      int *ptr;
09      ptr = get_pointer_value ();
10      /* 指针作为函数返回值 */
11      printf( "*ptr=%d\n", *ptr );
12
13      return 0;
14   }
15
16   /* 功能：让使用者输入整数 */
17   /* 返回值：指针 */
18   int* get_pointer_value ()
19   {
20      int *x;
21      int input;
22      x = &input;
23      printf( "请输入一个整数：" );
24      scanf( "%d",&input );
25      printf( "*x=%d\n",*x );
26
27      return x;
28   }
```

执行结果如图 8.6 所示。

```
请输入一个整数：8
*x=8
*ptr=8

Process returned 0 (0x0)   execution time : 0.307 s
Press any key to continue.
```

图8.6

程序解说

第 4 行是返回值为指针的函数原型声明。第 9 行调用 get_pointer_value () 函数，并将地址传递给指针变量 *ptr*。第 11 行输出指针变量 *ptr* 的内容。第 18~28 行声明返回值为指针的函数。第 22 行指针变量 *x* 指向整数变量 *input*。第 24 行输入变量 *input* 的值。第 27 行的返回值为指针变量。

## · 8.1.3 指针的运算

使用指针存储变量的内存地址之后，就能针对指针进行运算。例如可以针对指针使用运算符 "+" 或运算符 "−"，然而当对指针使用这两个运算符时，并不是进行如数值般的加法或减法运算，而是向右或左移动一个单位的内存地址，移动的单位则视声明数据类型所占的字节来定。

指针的加法或减法运算只能针对常数值（如 +1 或 -1）进行，不可以直接对指针变量进行相互运算。因为指针变量的内容只是存放的地址，而地址间的运算并没有任何意义，并且容易让指针变量指向不合法的地址。

从下面程序的执行结果可以发现，对整数类型的指针来说，每进行一次加法运算，内存地址就会向右移动 4 字节，而对字符类型的指针而言，加法运算的结果则是每次向右移动 1 字节。在此程序中声明指针变量之后，并没有指定其初始值，因此不能对未初始化的指针进行操作，而仅能用其来输出此指针目前所指向的地址。

■ 【上机实习范例：CH08_06.c】

```
01   #include <stdio.h>
02   #include <stdlib.h>
03
04   int main(void)
05   {
06      int *int_ptr;   /* 声明整数类型指针 */
07      char *chr_ptr;  /* 声明字符类型指针 */
08      int i;
09
10      for ( i = 1; i <= 5; i++ )
11      {
12         int_ptr++; /* 整数指针运算 */
13         chr_ptr++; /* 字符指针运算 */
14         printf( "int_ptr = %p\tchr_ptr = %p\n", int_ptr, chr_ptr );
15      }
16
17      return 0;
18   }
```

执行结果如图 8.7 所示。

```
int_ptr = 00000064      chr_ptr = 00000011
int_ptr = 00000068      chr_ptr = 00000012
int_ptr = 0000006C      chr_ptr = 00000013
int_ptr = 00000070      chr_ptr = 00000014
int_ptr = 00000074      chr_ptr = 00000015

Process returned 0 (0x0)    execution time : 0.060 s
Press any key to continue.
```

图8.7

程序解说

第 6、7 行声明整数类型指针与字符类型指针。第 12 行整数指针变量加 1，内存地址就会向右移动 4 字节。第 13 行字符指针变量加 1，内存地址就会向右移动 1 字节。第 10~15 行利用 for 循环进行了 5 次整数与字符指针的加法运算。

## 8.1.4  多重指针

指针存储的是变量所指向的内存地址，通过这个地址就可访问该变量的内容。指针本身就是一个变量，其所占有的内存空间也拥有一个地址，我们可以用"指针的指针"来存储指针存储数据时所使用到的内存地址。下面为一个声明双重指针的例子。

```
int **ptr;
```

简单来说，双重指针变量所存放的就是某个指针变量在内存中的地址，即变量 *ptr* 就是一个指向指针的指针变量。相关声明如下所示。

```
int num=100,*ptr1,**ptr2;
ptr1=&num;
ptr2=&ptr1;
```

由以上声明可知，ptr1 是指向 num 的地址，则有"*ptr1=num=100;"而 ptr2 是指向 ptr1 的地址，所以"*ptr2=ptr1"经过两次取址运算后，可以得到"**ptr2=num=100"，下面的程序就说明与验证了这个结果。

**【上机实习范例：CH08_07.c】**

```
01   #include <stdio.h>
02   #include <stdlib.h>
03
04   int main(void)
05   {
06
07       int num=100,*ptr1,**ptr2;
08       ptr1=&num;/* ptr1 指向 num 的地址 */
09       ptr2=&ptr1;/* ptr2 指向 ptr1 的地址 */
10
11       printf("num=%d  &num=%p ptr1=%p  *ptr1=%d\n",
12              num,&num,ptr1,*ptr1);
13       printf("&ptr1=%p ptr2=%p  *ptr2=%p **ptr2=%d\n",
14              &ptr1,ptr2,*ptr2,**ptr2);
15       /* 输出双重指针 */
16
17       return 0;
18   }
```

执行结果如图 8.8 所示。

```
num=100  &num=6356744  ptr1=6356744  *ptr1=100
&ptr1=6356740  ptr2=6356740  *ptr2=6356744  **ptr2=100

Process returned 0 (0x0)   execution time : 0.061 s
Press any key to continue.
```

图8.8

第 11 行中 &num 的地址和 ptr1 的是一样的，而 *ptr1 的值也和 num 相同。第 12 行的输出结果中 &ptr1 和 ptr2 相同，ptr1 与 *ptr2 一样，*ptr1 与 **ptr2 相同。

以上程序清楚展示了双重指针的作用与原理。当然还可以更进一步声明双重以上的多重指针，例如三重指针是"指向双重指针"的指针，其他更多重的指针便可依此类推。以下则是一个四重指针。

```
int  a1= 10;
int *ptr1 = &a1;
int **ptr2 = &ptr1;
int ***ptr3 = &ptr2;
int ****ptr4 = &ptr3;
```

下面的程序给出了声明三重指针变量的方法，依据相同的方法，读者可以自行练习声明更多重的指针。

**【上机实习范例：CH08_08.c】**

```
01   #include <stdio.h>
```

```
02    #include<stdlib.h>
03
04    int main(void)
05    {
06        int a1=999;
07        int *ptr1,**ptr2;
08        int ***ptr3;
09
10        ptr1=&a1; /* ptr1 是指向 a1 的指针 */
11        ptr2=&ptr1;/* ptr2 是指向 ptr1 的指针 */
12        ptr3=&ptr2;/* ptr3 是指向 ptr2 的指针 */
13
14        printf(" 变量 a1 的地址 :%p，a1 的内容 :%d\n",&a1,a1);
15        printf(" 变量 ptr1 的地址 :%p，ptr1 的内容 :%p，*ptr1：%d\n",&ptr1,ptr1,*ptr1);
16        printf(" 变量 ptr2 的地址 :%p，ptr2 的内容 :%p，**ptr2：%d\n",
               &ptr2,ptr2,**ptr2);
17        printf(" 变量 ptr3 的地址 :%p，ptr3 的内容 :%p，***ptr3：%d\n",&ptr3,ptr3,***ptr3);
18
19        return 0;
20    }
```

执行结果如图 8.9 所示。

```
变量 a1 的地址:0060FF0C，a1 的内容:999
变量 ptr1 的地址:0060FF08，ptr1的内容:0060FF0C，*ptr1：999
变量 ptr2 的地址:0060FF04，ptr2的内容:0060FF08，**ptr2：999
变量 ptr3 的地址:0060FF00，ptr3的内容:0060FF04，***ptr3：999

Process returned 0 (0x0)    execution time : 0.062 s
Press any key to continue.
```

图8.9

 程序解说

第 10 行的 ptr1 是指向 a1 的指针。第 11 行的 ptr2 是指向 ptr1 整数类型的双重指针。第 12 行的 ptr3 是指向 ptr2 整数类型的三重指针。第 16 行的 ptr2 所存储的内容为 ptr1 的地址（&ptr1），而 *ptr2 即为 ptr1 所存储的内容。**ptr2 可以看成 *（*ptr2），也就是 *（ptr1），因此 **ptr2=*ptr1=999。第 17 行的 ptr3 所存储的内容为 ptr2 的地址（&ptr2），而 *ptr3 即为 ptr2 所存储的内容，另外 **ptr3 即为 *ptr2 所存储的内容，***ptr3 可看成 *（**ptr3），因此 ***ptr3=**ptr2=999。

# 8.2 指针与数组的应用

我们从前面的内容中知道数组是由系统分配的一段连续内存空间，且数组名可以代表该数组在内存中的起始地址。因此可以将指针的概念应用在数组上，并配合下标值来引用数组内的元素。

## · 8.2.1 指针与一维数组

在编写 C 语言程序代码时，不仅可以把数组名直接当成一种指针常量来操作，还可以将指针变量指向数组的起始地址，间接根据指针变量来引用数组中的元素值。我们先来看下面的数组声明。

```
int arr[6]={312,16,35,65,52,111};
```

这时数组名 arr 就是一个指针常量，也是这个数组的起始地址。例如只要在数组名上加 1，或通过取址运算符 "&" 来取得该数组元素的地址，就可表示移动一个数组元素内存的偏移量。既然数组元素是个指针常量，便可以利用指针方式与取值运算符 "*" 来直接引用数组内的元素值。引用语法如下。

数组名 [ 下标值 ]=> * 数组名 (+ 下标值 )

或:

数组名 [ 下标值 ]= >*(& 数组名 [ 下标值 ])

下面的程序将说明本小节中谈到的数组与指针常量之间的替代运算，并实现用两种指针方式来引用数组内的元素值。

■ 【上机实习范例：CH08_09.c】

```
01    #include <stdio.h>
02    #include <stdlib.h>
03
04    int main(void)
05    {
06        int i,arr[6]={312,16,35,65,52,111};
07        printf("arr=%p  &arr=%p\n",arr,&arr);
08        /* 输出指针常量 arr 的值与地址 */
09
10        for(i=0;i<6;i++)
11          printf("&arr[%d]=%p  arr(+%d)=%p\n",i,&arr[i],i,arr+i);
12          /* 输出数组 a 中的每一个元素的地址 */
13        printf("-----------------------------------\n");
14        for(i=0;i<6;i++)
15          printf("*(&arr[%d])=%d \t *arr(+%d)=%d\n",i,*(&arr[i]),i,*(arr+i));
16          /* 输出数组 a 中的每一个元素的值 */
17
18        return 0;
19    }
```

执行结果如图 8.10 所示。

```
arr=0060FEF4  &arr=0060FEF4
&arr[0]=0060FEF4   arr(+0)=0060FEF4
&arr[1]=0060FEF8   arr(+1)=0060FEF8
&arr[2]=0060FEFC   arr(+2)=0060FEFC
&arr[3]=0060FF00   arr(+3)=0060FF00
&arr[4]=0060FF04   arr(+4)=0060FF04
&arr[5]=0060FF08   arr(+5)=0060FF08
-----------------------------------
*(&arr[0])=312    *arr(+0)=312
*(&arr[1])=16     *arr(+1)=16
*(&arr[2])=35     *arr(+2)=35
*(&arr[3])=65     *arr(+3)=65
*(&arr[4])=52     *arr(+4)=52
*(&arr[5])=111    *arr(+5)=111

Process returned 0 (0x0)   execution time : 0.055 s
Press any key to continue.
```

图8.10

 程序解说

第 7 行输出的指针常量 arr 的值与地址相同。第 11 行输出数组与两种指针的替代运算，从执行结果中可以看到，对 int（整数）数据类型来说，每加 1 则地址移动 4 字节。第 15 行用两种指针常量方式来引用数组内的元素值。

从以上程序的结果应该可以理解为什么 C 语言的数组下标值总是从 0 开始，因为直接使用数组名 arr 来进行指针的加法运算时，在数组名上加 1 就表示移动一个内存的偏移量。当然我们也可以将数组的内存地址赋给一个指针变量，并使用此指针变量来间接显示数组元素内容。指针变量取得一维数组地址的方式如下。

> 数据类型 * 指针变量 = 数组名；

或：

> 数据类型 * 指针变量 =& 数组名 [0];

下面的程序说明了将指针变量指向一维数组后，为什么指针运算后的地址跟数组的地址移动相同。

### ■ 【上机实习范例：CH08_10.c】

```
01    #include <stdio.h>
02    #include <stdlib.h>
03
04    int main(void)
05    {
06
07        int i,arr[6]={12,16,35,65,52,99};
08        int *ptr;
09
10        ptr = arr;/* 使用指针变量指向数组 */
11
12        for ( i = 0; i < 6; i++ )
13        {
14            printf( "arr[%d]=%d\t", i,arr[i]);
15            printf( "arr+%d=%p\t", i,arr+i);/* 输出 arr+i 的值 */
16            printf( "*(ptr+%d)=%d\t", i,*(ptr+i));
17            printf( "ptr+%d=%p\n", i,ptr+i);/* 输出 ptr+i 的值 */
18        } /* 输出数组元素的值与地址 */
19
20        return 0;
21    }
```

执行结果如图 8.11 所示。

```
arr[0]=12        arr+0=0060FEF0     *(ptr+0)=12      ptr+0=0060FEF0
arr[1]=16        arr+1=0060FEF4     *(ptr+1)=16      ptr+1=0060FEF4
arr[2]=35        arr+2=0060FEF8     *(ptr+2)=35      ptr+2=0060FEF8
arr[3]=65        arr+3=0060FEFC     *(ptr+3)=65      ptr+3=0060FEFC
arr[4]=52        arr+4=0060FF00     *(ptr+4)=52      ptr+4=0060FF00
arr[5]=99        arr+5=0060FF04     *(ptr+5)=99      ptr+5=0060FF04

Process returned 0 (0x0)   execution time : 0.050 s
Press any key to continue.
```

图8.11

 程序解说

第 7 行声明整数数组 arr。第 10 行使用指针变量 ptr 指向数组 arr。第 15、17 行分别输出 arr+i 的值与 ptr+i 的值，两者显示的地址是相同的。第 14、16 行分别输出的 arr[i] 的值与 *（ptr+i）的值是一样的。

## · 8.2.2 指针与二维数组

以上介绍的都是一维数组，下面介绍多维数组与指针的关系。例如二维数组其实就使用到了双重指针，由于内存的构造是线性的，因此即使是多维数组，其在内存中也是以线性方式分配数组的可用空间的，当然二维数组的名称同样也代表了数组中第一个元素的内存地址。

不过二维数组具有两个下标值，这意味着二维数组会有两个值来控制指定元素相对于第一个元素的偏移量，为了方便说明，我们以下面这个数组来举例。

```
int no[2][4];
```

在这个例子中，*（no+0）表示数组中维度 1 的第一个元素的内存地址，也就是 &no[0][0]；而 *（no+1）表示数组中维度 2 的第一个元素的内存地址，也就是 &no[1][0]；而 *（no+i）表示数组中维度 i+1 的第一个元素的内存地址，也就是 &no[i][0]。

例如要取得no[1][2]的内存地址，需使用*（no+1）+2，依此类推，也就是说要取得元素no[i][j]的内存地址，需使用 *（no+i）+j。

下面的程序分别实现了使用指针常量方式来表示二维数组元素地址与直接使用取址运算符"&"来获取二维数组元素地址。

### ■ 【上机实习范例：CH08_11.c】

```
01   #include <stdio.h>
02   #include <stdlib.h>
03
04   int main(void)
05   {
06
07     int i,j,no[2][4]={312,16,35,65,52,111,77,80};
08     for (i = 0; i < 2; i++ )
09        for ( j = 0; j < 4; j++ )
10          printf( "&no[%d][%d]=%p\t *(no+%d)+%d=%p\n",
                i,j,&no[i][j],i,j,*(no+i)+j);
11            /* 输出二维数组的元素地址与利用指针来表示数组元素地址 */
12
13     return 0;
14   }
```

执行结果如图 8.12 所示。

```
&no[0][0]=0060FEE8    *(no+0)+0=0060FEE8
&no[0][1]=0060FEEC    *(no+0)+1=0060FEEC
&no[0][2]=0060FEF0    *(no+0)+2=0060FEF0
&no[0][3]=0060FEF4    *(no+0)+3=0060FEF4
&no[1][0]=0060FEF8    *(no+1)+0=0060FEF8
&no[1][1]=0060FEFC    *(no+1)+1=0060FEFC
&no[1][2]=0060FF00    *(no+1)+2=0060FF00
&no[1][3]=0060FF04    *(no+1)+3=0060FF04

Process returned 0 (0x0)   execution time : 0.050 s
Press any key to continue.
```

图8.12

**程序解说**

第 10 行中输出使用取址运算符"&"获取的二维数组元素地址，用指针常量来表示二维数组元素地址。如果想获取元素 no[i][j] 的内存地址，就要使用 *（no+i）+j。

下面这个程序可以验证如果想取得二维数组中元素的值，则只需加上一个取值运算符"*"即可，也就是"*（*（no+i）+j）"。

■ **【上机实习范例：CH08_12.c】**

```
01    #include <stdio.h>
02    #include <stdlib.h>
03
04    int main(void)
05    {
06
07      int i,j,no[2][4]={312,16,35,65,52,111,77,80};
08
09      for (i = 0; i < 2; i++ )
10        for ( j = 0; j < 4; j++ )
11          printf( "no[%d][%d]=%d\t *(*(no+%d)+%d)=%d \n",
               i,j,no[i][j],i,j,*(*(no+i)+j));
12          /* 输出二维数组的元素值与利用指针表示数组元素值 */
13
14      return 0;
15    }
```

执行结果如图 8.13 所示。

```
no[0][0]=312      * *(*(no+0)+0)=312
no[0][1]=16       * *(*(no+0)+1)=16
no[0][2]=35       * *(*(no+0)+2)=35
no[0][3]=65       * *(*(no+0)+3)=65
no[1][0]=52       * *(*(no+1)+0)=52
no[1][1]=111      * *(*(no+1)+1)=111
no[1][2]=77       * *(*(no+1)+2)=77
no[1][3]=80       * *(*(no+1)+3)=80

Process returned 0 (0x0)   execution time : 0.050 s
Press any key to continue.
```

图8.13

**程序解说**

第 7 行声明二维数组 no。第 11 行使用 *（*（no+i）+j）与 no[i][j] 来输出二维数组的元素值。依照这个程序可以推论在三维数组中，引用元素值时的 3 个下标值的真正意义，其实就分别代表了 3 个内存偏移量的控制，而其中必须使用三重指针来计算，这部分的推论方式与以上的介绍类似。

此外，由于二维数组占用连续内存空间，因此也可根据指针变量指向二维数组的起始地址来获取数组的所有元素值，这样的做法更加灵活。声明方式如下。

数据类型 指针变量 =& 二维数组名 [0][0];

以下声明一个 int 数据类型的二维数组 int no[n][m]，并将其起始地址指定给指针变量 *ptr，这时如果要使用指针变量 *ptr 来访问二维数组中第 $i$ 行的第 $j$ 列元素，可以利用如下公式来取出该元素值。

```
*(ptr+i*m+j);
```

下面的程序使用指针变量 *ptr 来访问二维数组 arr[3][4] 中第 *i* 行的第 *j* 列元素,我们可以利用 *( ptr+i*4+j ) 公式来间接求取 arr[i][j] 的元素值。

**【上机实习范例: CH08_13.c】**

```
01   #include <stdio.h>
02   #include <stdlib.h>
03
04   int main(void)
05   {
06
07      int i,j,arr[3][4]={12,16,35,65,152,23,8,15,71,4,2,9};
08      int *ptr;
09
10      ptr = &arr[0][0];/* 使用指针变量指向数组的起始地址 */
11
12      for ( i = 0; i < 3; i++ )
13        for ( j= 0; j < 4; j++ )
14        {
15           printf("arr[%d][%d]=%d\n",i,j,*(ptr+i*4+j));
16           /* 以指针变量来间接求取数组元素值 */
17        }
18
19      return 0;
20   }
```

执行结果如图 8.14 所示。

```
arr[0][0]=12
arr[0][1]=16
arr[0][2]=35
arr[0][3]=65
arr[1][0]=152
arr[1][1]=23
arr[1][2]=8
arr[1][3]=15
arr[2][0]=71
arr[2][1]=4
arr[2][2]=2
arr[2][3]=9

Process returned 0 (0x0)   execution time : 0.039 s
Press any key to continue.
```

图8.14

**程序解说**

第 7 行声明并设定二维数组 arr。第 12~17 行利用 for 循环及 *( ptr+i*4+j ) 公式来输出 arr[i][j] 的值。

**8.2.3 指针与字符串**

在 C 语言中,字符串是用字符串数组来表现的;指针既可以运用于数组的表示,也可以运用于字符串;例如以下都是字符串声明的合法方式。

```
char name[] = { 'J', 'u', 's', 't', '\0'};
char name1[] = "Just";
char *ptr = "Just";
```

根据之前的内容可以知道，字符串与字符串数组唯一的不同在于字符串最后一定要连接一个空字符 '\0'，以表示字符串结束。上例中的第 3 个字符串声明方式为指针，因为使用 "" 引起来后，它会自动加上一个空字符 '\0'。使用指针来处理字符串会比使用数组方便许多，其声明格式如下。

```
char * 指针变量 =" 字符串内容 ";
```

以字符串数组或指针来声明字符串，如上述 3 个声明，其中 name、name1 都可以看成是一种指针常量，都是指向字符串中第 1 个字符的地址，不可改变它们的值。而 ptr 是指针变量，其值可以改变且可以参与运算，相较起来灵活许多。

### ■ 【上机实习范例：CH08_14.c】

```
01   #include <stdio.h>
02   #include <stdlib.h>
03
04   int main(void)
05   {
06       int i;
07       char *ptr= "cherry";/* 以指针来声明字符串 */
08       char name[] = { 'c', 'h', 'e', 'r', 'r','y','\0'};
09       /* 以字符数组声明字符串方式 */
10
11       printf("ptr=%s 所占空间大小 :%d 位  name=%s 所占空间大小 :%d
         位 \n",ptr,sizeof(ptr),name,sizeof(name));
12       printf("------------------------------------\n");
13
14       for(i=0;i<6;i++)
15         printf("ptr+%d=%s \t name+%d=%s \n",i,ptr+i,i,name+i);
16         /* 分别以指针变量及指针常量输出字符串 */
17       printf("------------------------------------\n");
18
19       for(i=0;i<6;i++)
20         printf("ptr[%d]=%c \t name[%d]=%c \t *(ptr+%d)=%c\n",
         i,ptr[i],i,name[i],i,*(ptr+i));
21         /* 以数组方式输出字符 */
22       printf("------------------------------------\n");
23       for(i=0;i<6;i++)
24       {
25         printf("%p\n",ptr);
26         ptr++; /* 将 ptr 加 1 */
27       }
28
29       return 0;
30   }
```

执行结果如图 8.15 所示。

```
ptr=cherry 所占空间大小:4位    name=cherry 所占空间大小:7位
────────────────────────────────
ptr+0=cherry        name+0=cherry
ptr+1=herry         name+1=herry
ptr+2=erry          name+2=erry
ptr+3=rry           name+3=rry
ptr+4=ry            name+4=ry
ptr+5=y             name+5=y
────────────────────────────────
ptr[0]=c            name[0]=c        *(ptr+0)=c
ptr[1]=h            name[1]=h        *(ptr+1)=h
ptr[2]=e            name[2]=e        *(ptr+2)=e
ptr[3]=r            name[3]=r        *(ptr+3)=r
ptr[4]=r            name[4]=r        *(ptr+4)=r
ptr[5]=y            name[5]=y        *(ptr+5)=y
────────────────────────────────
00403024
00403025
00403026
00403027
00403028
00403029

Process returned 0 (0x0)    execution time : 0.036 s
Press any key to continue.
```

图8.15

**程序解说**

第 7 行以指针变量来声明字符串。第 8 行以字符串数组来声明字符串。第 11 行输出的 ptr 所占空间大小之所以为 4 位，是因为 ptr 所存放的是整数地址；而 sizeof（name）则输出包含 '\0' 共 7 位。第 15 行以指针变量及指针常量的方式来输出字符串。第 20 行以数组及逐一读值的方式输出字符。第 25、26 行执行指针运算，并输出当时的地址。

事实上，使用指针变量来处理字符串会比使用字符串数组方便许多，例如在函数调用时传递字符串参数，在函数中利用指针变量来进行运算，这在处理字符串时尤其重要且频繁发生。下面的程序实现了基本的字符串传递，并将传递的英文字母字符串全部转换为大写或小写两种形式。

**【上机实习范例：CH08_15.c】**

```
01  #include <stdio.h>
02  #include <stdlib.h>
03
04  void toUpper(char*); /* 将字符串转换为大写 */
05  void toLower(char*); /* 将字符串转换为小写 */
06
07  int main(void)
08  {
09      char str[80];/* 以字符串数组来声明字符串 */
10
11      printf( " 请输入英文字符串: " );
12      scanf( "%s", str );
13      toUpper(str);
14      printf( " 字符串转换为大写:  %s\n", str );
15      toLower(str);
16      printf( " 字符串转换为小写:  %s\n", str );
17
18      return 0;
19  }
```

```
20
21    /* 形式参数：传递字符串   */
22    /* 功能：将小写字母转换为大写字母 */
23    void toUpper( char *str )/* 用指针变量接收参数字符串 */
24    {
25        int i = 0;
26        int length;
27        /* 计算数组长度 */
28        while ( str[i] != '\0' )
29            i++;
30        length = i;
31
32        for( i = 0; i < length; i++ )
33            if ( *(str+i) > 96 && *(str+i) < 123 )
34                *(str+i) = *(str+i) – 32;
35    }
36
37    /* 功能：将大写字母转换为小写字母 */
38    /* 形式参数：传递字符串 */
39    void toLower( char *str )
40    {
41        int i = 0;
42        int length;
43
44        /* 计算数组长度 */
45        while ( str[i] != '\0' )
46            i++;
47        length = i;
48
49        for( i = 0; i < length; i++ )
50            if ( *(str+i) > 64 && *(str+i) < 91 )
51                *(str+i) = *(str+i) + 32;
52    }
```

执行结果如图 8.16 所示。

```
请输入英文字符串：Happy
将字符串转换为大写：  HAPPY
将字符串转换为小写：  happy

Process returned 0 (0x0)    execution time : 0.691 s
Press any key to continue.
```

图8.16

第 9 行以字符串数组来声明字符串。第 23、39 行利用指针变量接收参数字符串。第 28、45 行将函数中的指针变量逐一累加来计算字符总数。第 33、50 行的主要技巧是利用指针变量逐一输出字符于 ASCII 中，英文小写字母的编码为 97～122，大写字母的编码为 65～90，对应字母的编码数值差 32，字符在内存中其实是以整数类型存储的，所以在 toUpper() 与 toLower() 函数中，只要对字符加 32 或减 32，就可以直接将其转换为对应的大小写。

在此还要补充一点，如果想要将指针作为返回值返回，则只需在函数定义时声明返回值为字符串指针就可以了，如下所示。

```
char* str()
```

```
{
    char *ptr;
    ......
    return ptr;
}
```

下面的程序使用指针来进行 Strcat() 字符串函数的连接操作，并将指针作为返回值。技巧就是首先必须找出被连接的字符串的尾端，然后将要连接的字符串中的字符一一复制到被连接的字符串后，连接后的字符串中的英文字母也都转换为大写字母。

### ■ 【上机实习范例：CH08_16.c】

```
01   #include <stdio.h>
02   #include <stdlib.h>
03
04   char* Strcat(char*, char*);   /* 字符串连接函数，返回值为字符串指针 */
05
06   int main(void)
07   {
08       char str1[60];
09       char str2[60];
10
11       printf("请输入英文字符串：");
12       gets(str1);
13       printf("请输入连接字符串：");
14       gets(str2);
15       Strcat(str1, str2);
16       printf("字符串连接：%s\n", str1 );
17
18       return 0;
19   }
20
21   /* 形式参数：str1 与 str2 连接 */
22   /* 返回值：返回连接结果 str1*/
23   char* Strcat(char* str1, char* str2)
24   {
25       int i =0,j= 0;
26
27       while ( *(str1+i) != '\0' )  /* 寻找 str1 的终止符 '\0' 所在的位置 */
28       {
29           if (*(str1+i)>=97 && *(str1+i)<=122)
30               *(str1+i)-=32;
31           i++;
32       }
33       while ( *(str2+j) != '\0' )
34       {
35           if (*(str2+j)>=97 && *(str2+j)<=122)
36               *(str1+i+j) = *(str2+j)-32;
37           else
38               *(str1+i+j) = *(str2+j);
39           j++;/* 逐一加上 str2 的字符 */
40       }
41       *(str1+i+j) = '\0';   /* 记得加上空字符 */
42
43       return str1;/* 指针作为返回值 */
44   }
```

执行结果如图 8.17 所示。

```
请输入英文字符串：go
请输入连接字符串：home
字符串连接：GOHOME

Process returned 0 (0x0)    execution time : 3.601 s
Press any key to continue.
```

图8.17

**程序解说**

第 4 行是返回值为指针的字符串连接函数。第 8、9 行声明两个有 60 个字符的字符串数组。第 27 行利用 while 循环来寻找 str1 的终止符 '\0' 所在的位置，并计算 i 的长度。第 30 行将小写字母转换为大写字母。第 33~40 行利用 while 循环来逐一加上 str2 的字符，并将小写字母转换为大写字母。第 41 行末尾加上空字符，代表字符串结束。

### · 8.2.4 指针数组

根据上面的内容，可以看出指针是相当简单实用的。例如指针可以像其他变量一样声明成数组方式，称为指针数组。每个指针数组中的元素都是一个指针变量，而元素值则为指针变量指向其他变量的地址值。下面是一维指针数组的声明格式。

数据类型 * 数组名 [ 元素名称 ];

再如，下面的第一个是声明一个名称为 p 的整数指针数组，每个元素（p[i]）皆可指向一个整数值；另外一个则是声明一个名称为 ptr 的浮点数指针数组。

```
int *p[3];
float *ptr[4];
```

一维指针数组在存储字符串方面相当实用。之前介绍过使用二维字符串数组来存储字符串数组，字符串数组的声明示例如下所示。

char name[4][11] = { "apple", "watermelon", "Banana", "orange" };

上面的语句将声明一个 4 × 11 的数组（包括每个维度的 '\0' 字符），但是使用这个方式声明字符串数组的缺点是所声明的数组一定是一个规则数组。也就是说无论如何，每个维度都必须拥有 11 个字符类型的内存空间，这是为了满足最长的字符串的长度，但是这对整个内存空间来说就是一种严重的浪费，花费了许多内存空间来存储空字符 '\0'。

下面的程序实现了二维字符串数组的声明与使用，读者通过此程序可观察数组 name 的详细数据分配方式，其中如果数组元素是空字符则输出 0。

■ 【上机实习范例：CH08_17.c】

```
01    #include <stdio.h>
02    #include <stdlib.h>
03
04    int main(void)
```

```
05  {
06      char name[4][11] = { "apple", "watermelon", "Banana", "orange" };
07      int i, j;
08
09      for ( i = 0; i < 4; i++ )
10      {
11          for ( j = 0; j < 10; j++ )
12          {
13              if( name[i][j] == '\0')
14                  printf("0");/* 若是空字符则输出 0 */
15              else
16                  printf( "%c", name[i][j] );
17          }
18          putchar('\n');/* 换行 */
19      }
20
21      return 0;
22  }
```

执行结果如图 8.18 所示。

```
apple00000
watermelon
Banana0000
orange0000

Process returned 0 (0x0)   execution time : 0.062 s
Press any key to continue.
```

图8.18

 程序解说

第 6 行声明一个二维字符串数组。第 9~19 行利用嵌套 for 循环来输出字符串中的每个字符，如果是空字符（'\0'）则输出 0。

很明显地，使用上述这种字符串数组方式来存储字符串的缺点就是浪费了许多内存空间。为了避免内存空间的浪费，此时就适合使用指针数组来存储字符串，我们可以将之前的声明更改为下面的方式。

```
char *name[4] = { "apple", "watermelon", "Banana", "orange" };
```

这种声明方式是将指针指向各字符串的起始地址，以此来建立字符串的数组。这时 name[0] 指向字符串 "apple"，name[1] 指向字符串 "watermelon"，name[2] 指向字符串 "Banana"，name[3] 指向字符串 "orange"。

这样每个数组元素 name[i] 都用来存储内存的地址，而它们各存储了所指定字符串的内存地址，且编译器会自动为其分配正好足够的内存空间来存储该字符串，不会浪费内存空间来存储无用的空字符。

下面的程序实现了将一维指针数组应用于字符串数组的存储上，并比较每个字符串的内容与实际占用的内存空间大小。

### 【上机实习范例：CH08_18.c】

```
01  #include <stdio.h>
02  #include <stdlib.h>
03
04  int main(void)
```

255

```
05   {
06       char *name[5] = { "apple", "watermelon", "Banana", "orange","" };
07       int i;
08
09       for ( i = 0; i < 4; i++ )
10       {
11           printf( "name[%d] = \"%s\"\t %p\t", i, name[i],name[i] );
12           printf( "所占空间: %d \n", name[i+1]-name[i] );   /
13         * 两个地址相减会得到偏移量 */
14       }
15
16       return 0;
17   }
```

执行结果如图 8.19 所示。

```
name[0] = "apple"          00403024          所占空间: 6
name[1] = "watermelon"     0040302A          所占空间: 11
name[2] = "Banana"         00403035          所占空间: 7
name[3] = "orange"         0040303C          所占空间: 7

Process returned 0 (0x0)   execution time : 0.060 s
Press any key to continue.
```

图8.19

程序解说

　　第 6 行声明数组时加入了一个空字符串，这是为了方便计算指针数组存储字符串时所占用的内存空间。第 11 行输出字符串内容及起始地址。第 12 行可从两个地址相减得到偏移量来判断字符串所占用的内存空间。

　　关于空间浪费，可以试想当所要存储的数据量超大时，例如处理全校学生的成绩排序，当使用冒泡排序法进行姓名字符串的移动时，直接使用一维指针数组处理就会比使用字符串数组处理更快速与方便。

　　下面的程序使用一维指针数组指向字符串数组，并对这个字符串数组按照字母顺序进行排序。在冒泡排序过程中，我们尝试使用指针数组作为排序后的数组。

■ 【上机实习范例：CH08_19.c】

```
01   #include <stdio.h>
02   #include <stdlib.h>
03   #include <string.h>
04
05   int main(void)
06   {
07       char name[10][10]={"Mary","John","Michael","Helen","Stephen",
               "Kelly","Deep","Bush","Cherry","Andy"};
08       /* 声明并设定字符串数组 */
09       char *name1[10],*temp;/* 声明一维指针数组及字符指针变量 */
10       int i,j;
11
12       puts( "排序前的数组: " );
13       for ( i = 0; i < 10; i++ )
14       {
15           printf( "%s ",name[i] );
16           name1[i]=name[i];/* 指针数组元素指向字符串数组的地址 */
17       }
```

```
18
19     for ( i = 0; i < 9; i++ )
20       for ( j = i+1; j < 10; j++ )
21         if(strcmp(name1[i],name1[j])>0)
22         {
23           temp=name1[j];
24           name1[j]=name1[i];
25           name1[i]=temp; /* 指针数组的冒泡排序交换过程 */
26         }
27
28     puts( "\n 排序后的数组: " );
29     for ( i = 0; i < 10; i++ )
30       printf( "%s ",name1[i] ); /* 输出一维指针数组的内容 */
31     printf("\n");
32
33     return 0;
34 }
```

执行结果如图 8.20 所示。

```
排序前的数组:
Mary John Michael Helen Stephen Kelly Deep Bush Cherry Andy
排序后的数组:
Andy Bush Cherry Deep Helen John Kelly Mary Michael Stephen

Process returned 0 (0x0)    execution time : 0.086 s
Press any key to continue.
```

图8.20

第 7 行声明并设定字符串数组的内容。第 9 行声明一维指针数组及字符指针变量。第 16 行将一维指针
数组中的每个元素指向字符串数组的每个地址。第 21 行使用 strcmp() 函数来比较两个字符串。第 30 行输出
排序后的一维指针数组的内容。

# 8.3 动态分配内存

对于编写程序而言，通常声明变量时都采用静态分配的方式，也就是所有变量的声明都必须于编译阶
段时完成，只要在程序执行期间，该变量就会占用一个固定大小的内存空间。如果程序执行皆以静态声明
方式来分配内存，就很容易造成程序无法执行的情况。

动态分配内存可以让内存运用更有弹性，即可在程序执行时，再依照使用者的设定与需求适当分配所
需要的内存空间。例如许多程序设计人员往往苦恼于该如何定义合适的数组大小，这时就可以使用动态分
配数组的方式来解决。

## 8.3.1 动态分配变量

在 C 语言中，可以分别使用 malloc() 与 free() 函数来在程序执行期间动态分配与释放内存空间，这两
个函数定义于头文件 stdlib.h 中。动态分配一般变量的方式如下，其中 *n* 表示变量。

数据类型 * 指针名称 =( 数据类型 *)malloc(sizeof( 数据类型 )*n);

当程序执行不需要动态分配的一般变量时，可以将其释放，释放动态分配的一般变量的方式如下。

free( 指针名称 );

例如以下语句：

piVal=(int*)malloc(sizeof(int));   /* 指针变量指向动态分配的内存空间 */
free(piVal);

下面的程序实现了简单的动态分配整数与浮点数变量，包括 malloc() 函数和 free() 函数的声明和使用，并输出两者所指向的内容及地址。

■ 【上机实习范例：CH08_20.c】

```
01   #include <stdio.h>
02   #include <stdlib.h>
03
04   int main(void)
05   {
06       float* piVal=(float*)malloc(sizeof(float));
     /* 将指针指向动态分配的内存空间 */
07       *piVal=3.14159;
08       int* piCal=(int*)malloc(sizeof(int));
09       *piCal=1000;
10       printf("piVal 所指向的地址为 %p\n",piVal);
11       printf("piVal 所指向的内容为 %f\n\n",*piVal);
12       printf("piCal 所指向的地址为 %p\n",piCal);
13       printf("piCal 所指向的内容为 %d\n\n",*piCal);
14       free(piVal);/* 释放 piVal 所指向的内存空间 */
15       free(piCal);/* 释放 piCal 所指向的内存空间 */
16       printf(" 释放空间后所指向的地址 \n");
17       printf("piVal 所指向的地址为 %p\n",piVal);
18       printf("piCal 所指向的地址为 %p\n",piCal);
19
20       return 0;
21   }
```

执行结果如图 8.21 所示。

```
piVal 所指向的地址为 00CB0CC8
piVal 所指向的内容为 3.141590

piCal 所指向的地址为 00CB0CD8
piCal 所指向的内容为 1000

释放空间后所指向的地址
piVal 所指向的地址为 00CB0CC8
piCal 所指向的地址为 00CB0CD8

Process returned 0 (0x0)   execution time : 0.066 s
Press any key to continue.
```

图8.21

 程序解说

第 6、8 行将浮点数与整数指针指向动态分配的内存空间。第 7、9 行分别设定浮点数与整数指针变量的初始值。第 14~15 行释放 piCal 与 piVal 的内存空间。第 17~18 行输出 free() 函数释放 piVal 与 piCal 指针所指向的内存空间。

下面的程序实现了动态分配一个字符串空间，并将另一个字符串内容复制到这个字符串空间中，最后将此空间释放出来。

**【上机实习范例：CH08_21.c】**

```
01  #include <stdio.h>
02  #include <stdlib.h>
03  #include <string.h>
04
05  int main(void)
06  {
07      char *str1="Hello World!";
08      char* str2=(char*)malloc(sizeof(char)*(strlen(str1)));
09      /* 动态分配与 str1 大小相同的内存空间 */
10
11      strcpy(str2,str1);/* 将 str1 字符串复制到 str2 字符串中 */
12      printf(" 字符串 str1 地址 =%p 字符串 str1 内容 =%s\n",str1,str1);
13      printf("----------------------------------------\n");
14      printf(" 字符串 str2 地址 =%p 字符串 str2 内容 =%s\n",str2,str2);
15      printf("----------------------------------------\n");
16      free(str2);/* 释放 str2 的内存空间 */
17      printf(" 释放字符串 str2 内存空间后，字符串 str2 地址 =%p 字符串 str2 内容 =%s\n",str2,str2);
18      printf("----------------------------------------\n");
19
20      return 0;
21  }
```

执行结果如图 8.22 所示。

```
字符串str1地址=00403024 字符串str1内容=Hello World!
----------------------------------------
字符串str2地址=006D2FD0 字符串str2内容=Hello World!
----------------------------------------
释放字符串str2内存空间后，字符串str2地址=006D2FD0 字符串str2内容=?m


Process returned 0 (0x0)   execution time : 0.086 s
Press any key to continue.
```

图8.22

**程序解说**

第 7 行声明一个字符串 str1。第 8 行动态分配与 str1 字符串大小相同的内存空间。第 11 行将 str1 字符串复制到 str2 字符串中。第 14 行输出 str2 的地址与所指向的内容。第 16 行释放 str2 字符串的内存空间。第 17 行输出释放后的 str2 地址与所指向的内容。

### 8.3.2  动态分配数组

一般将数据定义为数组时，必须在编译阶段确定数组长度，但这样会出现两种状况：第 1 种，数组长度大于程序所需长度，这样将造成内存的浪费；第 2 种，数组长度小于程序所需长度，这样程序无法利用数组处理数据。这时就可采用动态分配数组的方式。例如动态分配一维数组的方式如下，其中 *n* 表示数组长度。

数据类型 * 指针名称 =( 数据类型 *)malloc(n*sizeof( 数据类型 ));

当不需要动态分配的一维数组时，可以将其释放，释放动态分配的一维数组的方式如下。

free( 指针名称 );

例如按照整数数据类型动态分配一个长度为 4 的连续整数数组内存空间，格式如下所示。

int* piArrVal=(int*)malloc(4*sizeof(int)); /* 指针变量指向动态分配的内存空间 */
free(piArrVal);

下面的程序可输入产生动态一维数组的个数，并让用户自行输入元素值，最后输出动态分配后的数组的所有元素值。

### ■ 【上机实习范例：CH08_22.c】

```
01   #include <stdio.h>
02   #include <stdlib.h>
03
04   int main(void)
05   {
06     int max;
07     int i;
08
09     printf(" 请输入欲产生的动态一维数组的个数 :");
10     scanf("%d",&max);
11     int* Ai=(int*)malloc(max*sizeof(int));/* 将指针指向动态分配的内存空间 */
12
13     printf(" 请自行输入 %d 个元素值 \n",max);
14     for(i=0;i<max;i++)
15     {
16       scanf("%d",&Ai[i]);
17     }
18
19     for(i=0;i<max;i++)
20     {
21       printf("Ai[%d]=%d\t &Ai[%d]=%p\n",i,Ai[i],i,&Ai[i]);
22     }
23     printf("\n");
24
25     free(Ai); /* 释放指针指向的内存空间 */
26
27     return 0;
28   }
```

执行结果如图 8.23 所示。

```
请输入欲产生的动态一维数组的个数:5
请自行输入5个元素值
68 26 36 89 18
Ai[0]=68          &Ai[0]=00B60CC8
Ai[1]=26          &Ai[1]=00B60CCC
Ai[2]=36          &Ai[2]=00B60CD0
Ai[3]=89          &Ai[3]=00B60CD4
Ai[4]=18          &Ai[4]=00B60CD8


Process returned 0 (0x0)   execution time : 1.796 s
Press any key to continue.
```

图8.23

**程序解说**

第 10 行输入欲产生的动态一维数组个数。第 11 行将整数指针指向动态分配一维数组的内存空间。第 14~17 行输入 max 个数组元素值。第 19~22 行利用 for 循环来输出动态分配数组的内容及地址。第 25 行释放指针指向的内存空间。

下面的程序实现了声明数组名为 char * name 的字符指针，用以动态分配一维字符串数组，并要求用户自行输入字符串长度。

**■【上机实习范例：CH08_23.c】**

```
01  #include <stdio.h>
02  #include <stdlib.h>
03  #include <string.h>/* 使用 strlen() 函数 */
04
05  int main(void)
06  {
07      char *name;
08      int i;
09
10      printf(" 请输入英文字符串长度：");
11      scanf("%d",&i);
12      name = (char *)malloc((i+1)*sizeof(char));
13      /* i+1 是为了将字符串的结尾字符 '\0' 加到字符串最后 */
14      printf(" 请输入英文字符串：");
15      scanf("%s",name);
16      strcat(name,"\0");
17      printf("- %s -\n",name);
18      printf(" 字符串长度：%d\n",strlen(name));
19
20      return 0;
21  }
```

执行结果如图 8.24 所示。

```
请输入英文字符串长度：5
请输入英文字符串：happy
- happy -
字符串长度：5

Process returned 0 (0x0)    execution time : 2.887 s
Press any key to continue.
```

图8.24

 **程序解说**

第 3 行程序代码中使用到了 strlen() 函数，因此要包含头文件 string.h。第 12 行 i+1 个字符是为了将字符串的结尾字符 '\0' 加到字符串最后。第 18 行利用 strlen() 函数求出此动态字符串的长度。

# 8.4 函数指针

在 C 语言中，指针变量也可以声明为指向函数的起始地址，并根据该指针变量来调用函数。这种指向函数的指针变量称为"函数指针"。函数指针是 C 语言中一项相当有特色的功能。

假设有多个格式相类似的函数，也就是说函数的形式参数完全相同，返回值也相同。如果要调用不同的函数，通常需要用条件语句来完成，也就是使用同一个函数指针名称，在程序执行期间，动态决定所要调用的函数。

## 8.4.1　函数指针的定义

函数指针与一般指针一样，都是用来存储地址值的。当 C 语言程序执行时，系统会为函数分配内存空间，用来存储该函数的程序代码。当调用该函数时，编译器的程序流程即跳至此函数的起始地址，并从此地址开始往下执行函数。

此外，定义函数指针时，返回值数据类型和参数数据类型、个数必须与所指向的函数相符。将函数指针指向函数地址的方式有两种，如下所示。

返回值类型 (* 函数指针名称 )( 形式参数 1 数据类型 , 形式参数 2 数据类型 , …)= 函数名称;

或：

返回值类型 (* 函数指针名称 )( 形式参数 1 数据类型 , 形式参数 2 数据类型 , …);
函数指针名称 = 函数名称;

例如：

```
int iFunc(); /* 函数原型声明 */
int (*piFunc)()=iFunc; /* 直接声明函数指针，并指向函数地址 */
```

需要注意的是，当声明函数指针时，由于"()"的运算优先级大于运算符"*"，因此函数指针名外的小括号"()"绝对不可以省略，否则编译器会将其视为一般函数的原型声明。声明如下所示。

```
int *ptr(int);   /* ptr() 函数的原型声明，可返回整数指针，可接收整数形式的参数 */
char *ptr(char*); /* ptr() 函数的原型声明，可返回字符指针，可接收字符指针形式的参数 */
```

下面的程序将使用一个函数指针 ptr 来调用其所指向的两个简单输出字符函数，并输出结果。

### ■【上机实习范例：CH08_24.c】

```
01   #include <stdio.h>
02   #include <stdlib.h>
03
04   void print_word1(char*); /* 函数原型声明 */
05   void print_word2(char*); /* 函数原型声明 */
06
07   int main(void)
08   {
09     void (*ptr)(char*); /* 函数指针声明 */
10
11     ptr = print_word1; /* 将 print_word1 的内存地址指定给 ptr 函数指针 */
12     ptr("hello");   /* 使用 ptr() 函数执行 print_word1() 函数的功能 */
13     printf("--------------------------------------\n");
14     ptr = print_word2; /* 将 print_word2 的内存地址指定给 ptr 函数指针 */
```

```
15      ptr("Good bye!"); /* 使用 ptr() 函数执行 print_word2() 函数的功能 */
16
17      return 0;
18   }
19
20   void print_word1 (char* str)
21   {
22      puts(" 这是 print_word1() 函数 ");
23      puts(str);
24   }
25
26   void print_word2(char *str)
27   {
28      puts(" 这是 print_word2() 函数 ");
29      puts(str);
30   }
```

执行结果如图 8.25 所示。

```
这是print_word1()函数
hello
------------------------------------
这是print_word2()函数
Good bye!

Process returned 0 (0x0)    execution time : 0.040 s
Press any key to continue.
```

图8.25

**程序解说**

第 4~5 行是函数原型声明。第 9 行是函数指针声明。第 11 行将 print_word1 的内存地址指定给 ptr 函数指针。第 12 行使用 ptr() 函数执行 print_word1() 函数的功能。第 14 行将 print_word2 的内存地址指定给 ptr 函数指针。第 15 行使用 ptr() 函数执行 print_word2() 函数的功能。

## 8.4.2 参数型函数指针

在 C 语言程序中，也可以将函数指针作为另一个函数的参数。如果将函数指针作为参数，那么同一个函数可在不同的情形改变参数列中函数指针所指向的函数地址，也就是该函数将依照函数指针来决定调用的函数。

参数型函数指针与一般函数指针声明相同，只是声明位置不同。一般函数指针可以声明成全局或局部变量，而参数型函数指针则直接声明于函数的参数列中，如下所示。

返回值类型 函数名称 ( 形式参数 1 数据类型，形式参数 2 数据类型，…，返回值类型 (* 函数指针名称 )
( 形式参数 1 数据类型，形式参数 2 数据类型，…));

例如定义两个函数，两个参数列皆为 int 类型，返回值分别为两个参数相乘及相减的结果，如下所示。

```
int mul(int a,int b)
{
 return a*b;
}
```

263

```
int sub(int a,int b)
{
  return a-b;
}
```

现在定义一个 Math() 函数，在参数列中第 3 个参数即为参数函数指针，如下所示。

```
int Math(int a,int b,int (*pfunc)(int,int))
{
  return (*pfunc)(a,b);
}
```

这时由于函数指针可以分别指向 mul() 函数与 add() 函数，因此 Math() 函数将执行不同的函数调用来进行相关计算。

```
……
printf("%d\n ",Math(4,3,mul));
printf("%d\n ",Math(4,3,sub));
……
```

下面的程序实现了参数函数指针的函数原型声明及主体定义，而且对应不同的函数参数化过程，请特别注意 Math() 函数的原型声明及主体定义与一般函数有何不同。

### 【上机实习范例：CH08_25.c】

```
01  #include <stdio.h>
02  #include <stdlib.h>
03
04  int mul(int,int);
05  int sub(int,int);
06  int Math(int,int,int (*pfunc)(int,int));/* 参数函数指针的函数原型声明 */
07
08  int main(void)
09  {
10    int x,y;
11
12    printf("x=");
13    scanf("%d",&x);
14    printf("y=");
15    scanf("%d",&y);
16
17    printf("------------------------------------\n");
18    printf("%d+%d=%d\n",x,y,Math(x,y,mul));/* 调用 mul() 函数，并输出其值 */
19    printf("%d-%d=%d\n",x,y,Math(x,y,sub)); /* 调用 sub() 函数，并输出其值 */
20
21    return 0;
22  }
23  /* 参数函数指针的函数定义 */
24  int Math(int a,int b,int (*pfunc)(int,int))
25  {
26    return (*pfunc)(a,b);
27  }
28  int mul(int a,int b)
```

```
29  {
30      return a*b;
31  }
32  int sub(int a,int b)
33  {
34      return a-b;
35  }
```

执行结果如图 8.26 所示。

```
x=8
y=6
─────────────────────────────────
8+6=48
8-6=2

Process returned 0 (0x0)    execution time : 0.880 s
Press any key to continue.
```

图8.26

【程序解说】

第 6 行是参数函数指针的函数原型声明。第 18 行调用 mul() 函数，并输出其值。第 19 行调用 sub() 函数，并输出其值。第 24~27 行是参数函数指针的函数定义。

### 8.4.3 函数指针数组

函数也可以像其他整数一样放在数组的连续内存中，并通过下标值来进行访问，这就是 C 语言中的"函数指针数组"。

简单来说，函数指针也可以同一般变量一样声明成数组类型，主要作为相同类型函数地址的存储与应用。函数指针数组的原型声明如下。

数据类型 (* 函数指针名称 [])( 形式参数 1 数据类型，形式参数 2 数据类型，…)；

声明函数指针数组时也可同时为其赋初始值，赋值方式与一般数组相同，设定初始值时用大括号括住，如下所示。

```
int sub(int,int);
int add(int,int);
int mul(int,int);
……
int (*pfunc[])(int,int)={sub,add,mul};
```

下面的程序定义了 add()、sub()、mul()3 个函数，并存储于函数指针数组中，通过 for 循环执行函数指针所指向的函数地址来调用该函数与输出执行结果。

■ 【上机实习范例：CH08_26.c】

```
01  #include <stdio.h>
02  #include <stdlib.h>
03
04  int add(int,int);
05  int sub(int,int);
06  int mul(int,int);
```

```
07    int (*pfunc[])(int,int)={add,sub,mul};/* 声明函数指针数组时也可同时为其赋初始值 */
08
09    int main(void)
10    {
11       char c[]={'+','-','*'};
12       int x,y,i;
13       printf("x=");
14       scanf("%d",&x);
15       printf("y=");
16       scanf("%d",&y);
17       printf("---------------------------------------------\n");
18       for(i=0;i<3;i++)
19       {
20          printf("%d%c%d=%d\t",x,c[i],y,pfunc[i](x,y));
21          /* 通过函数指针数组来输出 */
22       }
23       printf("\n");
24       printf("---------------------------------------------\n");
25
26       return 0;
27    }
28    int add(int a,int b)
29    {
30       return a+b;
31    }
32    int sub(int a,int b)
33    {
34       return a-b;
35    }
36    int mul(int a,int b)
37    {
38       return a*b;
39    }
```

执行结果如图 8.27 所示。

```
x=8
y=6
---------------------------------------------
8+6=14   8-6=2    8*6=48
---------------------------------------------

Process returned 0 (0x0)   execution time : 0.786 s
Press any key to continue.
```

图8.27

第 4~6 行是函数原型声明。第 7 行中声明函数指针数组时也可同时为其赋初始值。第 18 行通过 for 循环执行函数指针数组所指向的函数地址。第 28~39 行是 3 个数组中函数的主体。

# 8.5 上机实习课程

指针使用了间接引用的观念，熟悉与活用指针是进入 C 语言设计领域相当重要的基本技能，不过使用指针时也要相当小心，否则容易产生内存访问的问题，进而造成不可预期的后果。本章内容包括指针与变量的关系、指针运算、指针与数组的应用、指针与函数的应用和动态分配内存等。本节的课程将利用上述的学习内容来进行一些相关 C 语言程序的上机实习。

### ■【上机实习范例：CH08_27.c】

请设计一个 C 语言程序，可由用户输出两个整数以传址调用给函数做判断，并利用返回值作为指针来返回两数中的最小值。

```
01  #include <stdio.h>
02  #include <stdlib.h>
03
04  int *min(int *,int *);/* 传址调用 min() 函数的原型声明 */
05
06  int main(void)
07  {
08      int a,b,*ptr;
09
10      printf(" 请输入两个整数 :");
11      scanf("%d %d",&a,&b);
12
13      ptr=min(&a,&b);/* 返回值作为指针的函数 */
14      printf(" 最小值 =%d\n",*ptr);
15
16      return 0;
17  }
18
19  int *min(int *a, int *b)
20  {
21      if(*a>*b)
22          return b;/* 返回指针 */
23      else
24          return a;/* 返回指针 */
25  }
```

执行结果如图 8.28 所示。

```
请输入两个整数:26 18
最小值=18

Process returned 0 (0x0)    execution time : 1.692 s
Press any key to continue.
```

图8.28

### ■【上机实习范例：CH08_28.c】

请设计一个 C 语言程序，分别以字符串数组与指针变量来设定字符串，用户可输入一个字符串，程序会将此字符串输出在屏幕上。

```
01  #include <stdio.h>
02  #include <stdlib.h>
03
04  int main(void)
05  {
```

```
06
07      char name[15];/* 以字符串数组来声明 */
08      char *number="Please input your name:";/* 以字符串指针来声明 */
09      printf("%s",number);
10      scanf("%s",name);/* 输入字符串 */
11      printf("Your name is:%s",name);
12      printf("\n");
13
14      return 0;
15  }
```

执行结果如图 8.29 所示。

```
Please input your name:Nick
Your name is:Nick

Process returned 0 (0x0)    execution time : 0.773 s
Press any key to continue.
```

图8.29

## 【上机实习范例：CH08_29.c】

请设计一个 C 语言程序，利用头文件 math.h 中的三角函数来说明函数指针的简单应用。

```
01  #include <stdio.h>
02  #include <stdlib.h>
03  #include <math.h>/* 使用三角函数，必须包含头文件 math.h */
04
05  #define PI 3.1415926
06
07  int main(void)
08  {
09      double (*pF)(double);/* 函数指针声明 */
10      pF=sin;/* 将 sin() 函数的地址指向 pF*/
11      printf("%f\n",pF(PI/2));/* 使用 pF() 执行 sin() 函数的功能 */
12      pF=cos;/* 将 cos() 函数的地址指向 pF*/
13      printf("%f\n",pF(PI));/* 使用 pF() 执行 cos() 函数的功能 */
14
15      return 0;
16  }
```

执行结果如图 8.30 所示。

```
1.000000
-1.000000

Process returned 0 (0x0)    execution time : 0.036 s
Press any key to continue.
```

图8.30

## 【上机实习范例：CH08_30.c】

请设计一个 C 语言程序，分别利用指针常量方式来表示三维数组元素地址的方法与直接使用取址运算符 "&" 来取得三维数组元素地址。arr 数组如下。

A[4][3][3]={{{1,-2,3},{4,5,-6},{8,9,2}},

{{7,-8,9},{10,11,12},{0.8,3,2}},

{{-13,14,15},{16,17,18},{3,6,7}},

{{19,20,21},{-22,23,24},{-6,9,12}}};

```
01  #include <stdio.h>
02  #include <stdlib.h>
03
04  int main(void)
05  {
06      int i,j,k;
07
08      int arr[4][3][3]={{{1,-2,3},{4,5,-6},{8,9,2}},
09          {{7,-8,9},{10,11,12},{0.8,3,2}},
10          {{-13,14,15},{16,17,18},{3,6,7}},
11          {{19,20,21},{-22,23,24},{-6,9,12}}};
12      printf("---------- 利用指针常量 *(*(arr+i)+j)+k 表示 ----------\n");
13      printf("\n");
14      for(i=0;i<4;i++)
15      {
16          for(j=0;j<3;j++)
17          {
18              for(k=0;k<3;k++)
19                  printf("%p\t",*(*(arr+i)+j)+k);
20          }
21          printf("\n");
22      }
23      printf("\n");
24
25      printf("---------- 利用取址运算符 &arr[i][j][k] 表示 ----------\n");
26      printf("\n");
27      for(i=0;i<4;i++)
28      {
29          for(j=0;j<3;j++)
30          {
31              for(k=0;k<3;k++)
32                  printf("%p\t",&arr[i][j][k]);
33          }
34          printf("\n");
35      }
36
37      return 0;
38  }
```

执行结果如图 8.31 所示。

```
-----------利用指针常量*(*(arr+i)+j)+k表示-----------
0060FE64    0060FE68    0060FE6C    0060FE70    0060FE74    0060FE78    0060FE7C    0060FE80    0060FE84
0060FE88    0060FE8C    0060FE90    0060FE94    0060FE98    0060FE9C    0060FEA0    0060FEA4    0060FEA8
0060FEAC    0060FEB0    0060FEB4    0060FEB8    0060FEBC    0060FEC0    0060FEC4    0060FEC8    0060FECC
0060FED0    0060FED4    0060FED8    0060FEDC    0060FEE0    0060FEE4    0060FEE8    0060FEEC    0060FEF0

-----------利用取址运算符&arr[i][j][k]表示-----------
0060FE64    0060FE68    0060FE6C    0060FE70    0060FE74    0060FE78    0060FE7C    0060FE80    0060FE84
0060FE88    0060FE8C    0060FE90    0060FE94    0060FE98    0060FE9C    0060FEA0    0060FEA4    0060FEA8
0060FEAC    0060FEB0    0060FEB4    0060FEB8    0060FEBC    0060FEC0    0060FEC4    0060FEC8    0060FECC
0060FED0    0060FED4    0060FED8    0060FEDC    0060FEE0    0060FEE4    0060FEE8    0060FEEC    0060FEF0

Process returned 0 (0x0)   execution time : 0.563 s
Press any key to continue.
```

图8.31

## 【上机实习范例：CH08_31.c】

延续上个范例，请设计一个C语言程序，利用指针常量来取得以下三维数组arr的元素值，并计算每个数组中的元素值总和。

```c
#include <stdio.h>
#include <stdlib.h>

int main(void)
{
    int i,j,k,sum=0;

    int arr[4][3][3]={{{1,-2,3},{4,5,-6},{8,9,2}},
        {{7,-8,9},{10,11,12},{0.8,3,2}},
        {{-13,14,15},{16,17,18},{3,6,7}},
        {{19,20,21},{-22,23,24},{-6,9,12}}};/* 声明并给数组元素赋值 */

    for(i=0;i<4;i++)
      for(j=0;j<3;j++)
        for(k=0;k<3;k++)
          sum+=*(*(*(arr+i)+j)+k);
      /* 用指针常量来表示三维数组的元素值 */

    printf("----------------------------\n");
    printf(" 原数组的所有元素值总和 =%d\n",sum);
    printf("----------------------------\n");

    return 0;
}
```

执行结果如图8.32所示。

```
----------------------------
原数组的所有元素值总和=253
----------------------------

Process returned 0 (0x0)   execution time : 0.033 s
Press any key to continue.
```

图8.32

## 【上机实习范例：CH08_32.c】

请设计一个C语言程序，利用指针变量指向数组arr，并将此指针变量传递给计算立方值的cubic()函数，再利用函数中的指针变量进行加法运算，计算每一个元素的立方值及所有新元素的总和，最后输出所有新元素及其总和。

```
01  #include <stdio.h>
02  #include <stdlib.h>
03
04  int cubic(int *p);
05
06  int main(void)
07  {
08      int i,sum=0,arr[]={1,2,3,4,5,6,7,8,9};
09      int *q;
10
11      printf(" 原数组 a 的元素内容 =");
12      for(i=0;i<9;i++)
13        printf("%d ",arr[i]);
14      printf("\n");
15      printf("=========================================\n");
16      q=arr;/* 指针变量指向数组 arr */
17      sum=cubic(q);
18      printf("\n 新数组 a 的元素内容 =");
19      for(i=0;i<9;i++)
20        printf("%d ",arr[i]);
21      printf("\n");
22      printf("=========================================\n");
23      printf(" 新数组所有元素的总和 =%d\n",sum);
24      printf("=========================================\n");
25
26      return 0;
27  }
28
29  int cubic(int *p)
30  {
31      int i,sum=0;
32      for(i=0;i<9;i++)
33      {
34        *p=(*p)*(*p)*(*p);
35        sum+=*p;
36        p++;
37      }
38      return sum;
39  }
```

执行结果如图 8.33 所示。

```
原数组a的元素内容=1 2 3 4 5 6 7 8 9
=====================================
新数组a的元素内容=1 8 27 64 125 216 343 512 729
=====================================
新数组所有元素的总和=2025
=====================================

Process returned 0 (0x0)    execution time : 0.037 s
Press any key to continue.
```

图8.33

## ■【上机实习范例：CH08_33.c】

我们知道指针也可声明成指针数组，指针数组中的每个元素都是指针变量，而元素值则为指向其他变量的地址值。现在有 3 个整数数组 num1、num2、num3，其中分别存放了 2 位数整数、3 位数整数与 4 位数整数，如下所示。

```
int num1[]={ 15,23,31 };
int num2[]={ 114,225,336 };
int num3[]={ 1237,3358,9271 };
```

请设计一个 C 语言程序，利用指针数组的 3 个元素值指向这 3 个数组，并通过这个指针数组来输出这 3 个整数数组的所有元素值。

```
01   #include <stdio.h>
02   #include <stdlib.h>
03
04   int main(void)
05   {
06      int *no[3];/* 声明指针数组，有 no[0]、no[1]、no[2] 的整数指针 */
07      int num1[]={ 15,23,31 };
08      int num2[]={ 114,225,336 };
09      int num3[]={ 1237,3358,9271 };
10      int i,j;
11
12      no[0]=num1; /* 指向数组 num1 */
13      no[1]=num2;/* 指向数组 num2 */
14      no[2]=num3;/* 指向数组 num3 */
15
16      for(i=0;i<3;i++)
17      {
18         printf("num%d 数组元素内容 =",i+1);
19         for(j=0;j<3;j++)
20         {
21            printf("%d\t",*(no[i]+j));/* 利用指针数组来输出 */
22         }
23         printf("\n");
24         printf("--------------------------------------\n");
25      }
26
27      return 0;
28   }
```

执行结果如图 8.34 所示。

```
num1数组元素内容=15      23      31
--------------------------------------
num2数组元素内容=114     225     336
--------------------------------------
num3数组元素内容=1237    3358    9271
--------------------------------------

Process returned 0 (0x0)   execution time : 0.066 s
Press any key to continue.
```

图8.34

### ■【上机实习范例: CH08_34.c】

请设计一个 C 语言程序, 用来说明函数名称本身也代表了一个内存地址, 当调用函数时, 其实就是在告诉程序执行该函数名称所指向的内存地址中的程序, 这与在函数后加括号的调用方式有所不同。

```
01   #include <stdio.h>
02   #include <stdlib.h>
03
04   int add(int,int);  /* 返回整数 */
05
06   int main(void)
07   {
08       printf( "add(5,3) = %d\n",add(5,3));
09       printf( "add = %p\n",add );/* 输出函数地址 */
10
11       return 0;
12   }
13
14   int add(int a, int b)
15   {
16       return a+b;
17   }
```

执行结果如图 8.35 所示。

```
add(5,3) = 8
add = 0040139D

Process returned 0 (0x0)    execution time : 0.106 s
Press any key to continue.
```

图8.35

### ■【上机实习范例: CH08_35.c】

请设计一个 C 语言程序, 其中声明一个函数指针, 并允许用户输入一个整数, 若整数为偶数则指向计算平方的 square() 函数, 若是奇数时则指向计算立方的 cubic() 函数, 并输出最后结果。

```
01   #include <stdio.h>
02   #include <stdlib.h>
03
04   int square(int);  /* 函数原型声明 */
05   int cubic(int);   /* 函数原型声明 */
06
07   int main(void)
08   {
09       int (*ptr)(int);  /* 函数指针声明 */
10       int x;
11
12       printf(" 请输入整数值（若为偶数则计算平方值，若为奇数则计算立方值）:");
13       scanf("%d",&x);
14
15       if(x%2==0)
16           ptr=square;/* 若为偶数则指向 square() 函数 */
17       else
```

```
18        ptr=cubic; /* 若为奇数则指向 cubic() 函数 */
19      printf("%d\n",ptr(x));
20
21      return 0;
22   }
23
24   int square(int a)
25   {
26      return a*a;
27   }
28
29   int cubic(int a)
30   {
31      return a*a*a;
32   }
```

执行结果如图 8.36 所示。

```
请输入整数值(若为偶数则计算平方值,若为奇数则计算立方值):4
16

Process returned 0 (0x0)   execution time : 0.762 s
Press any key to continue.
```

图8.36

### 【上机实习范例：CH08_36.c】

请设计一个 C 语言程序，将一个字符指针变量指向由用户输入的字符串，并利用指针运算输出字符串中的每一个字符。

```
01   #include <stdio.h>
02   #include <stdlib.h>
03
04   int main(void)
05   {
06      char str[50];
07      char *p;
08
09      printf(" 请输入一个字符串 :");
10      gets(str);
11      p=str;/* 将字符指针指向字符串  */
12
13      while(*p!='\0')
14      {
15         printf("%c",*p);
16         p++;
17      }
18      printf("\n");
19
20      return 0;
21   }
```

执行结果如图 8.37 所示。

```
请输入一个字符串:happy
happy

Process returned 0 (0x0)   execution time : 1.353 s
Press any key to continue.
```

图8.37

### 【上机实习范例：CH08_37.c】

请设计一个 C 语言程序，其中包含 replace() 函数，可在用户所输入的字符串中指定更换的位置及字符，函数将使用字符指针来处理运算及更换过程。

```
01  #include<stdio.h>
02  #include <stdlib.h>
03
04  void replace(char *,int,char);  /*replace() 函数的原型声明 */
05
06  int main(void)
07  {
08      char str[25];
09      char ch;
10      int i;
11
12      printf(" 请输入字符串 :");
13      gets(str);
14      printf(" 请输入打算更换的字符位置与字符 :");
15      scanf("%d %c",&i,&ch); /* 输入打算更换的字符位置与字符 */
16      replace(str,i,ch); /* 调用 replace() 函数 */
17      printf(" 更换后字符串的内容为 :");
18      printf("%s\n",str);
19      printf("\n");
20
21      return 0;
22  }
23
24  void replace(char *ptr,int n,char ch)
25  {
26      *(ptr+n-1)=ch;     /* 将数组第 n 个元素赋值为 ch*/
27  }
```

执行结果如图 8.38 所示。

```
请输入字符串:Happy birthday
请输入打算更换的字符位置与字符: 7 B
更换后字符串的内容为: Happy Birthday


Process returned 0 (0x0)   execution time : 1.987 s
Press any key to continue.
```

图8.38

### 【上机实习范例：CH08_38.c】

请设计一个 C 语言程序，以两种不同方式建立字符串，利用指针输出其中的每个字符，并显示在屏幕中。

```
01  #include <stdio.h>
```

```
02   #include <stdlib.h>
03
04   int main(void)
05   {
06      int i=0;
07      char str1[20] = " 我喜欢 C 语言 !";
08      char *str2 = " 我也热爱 Java!";
09
10      while(*(str1+i) != '\0')
11      {
12         printf("%c",*(str1+i));
13         i++;
14      }
15      printf("\n");
16      while(*str2 != '\0')
17      {
18         printf("%c",*str2);
19         str2++;/* 指针运算 */
20      }
21
22      printf("\n");
23
24      return 0;
25   }
```

执行结果如图 8.39 所示。

```
我喜欢 C 语言!
我也热爱 Java!

Process returned 0 (0x0)    execution time : 0.060 s
Press any key to continue.
```

图8.39

### ■ 【上机实习范例：CH08_39.c】

请设计一个 C 语言程序，先取得用户输入的字符串，然后比对它是否和字符串指针数组中的某个字符串相同。

```
01   #include <stdio.h>
02   #include <stdlib.h>
03   #include <string.h>
04
05   int main(void)
06   {
07      char* fruit[5] = {"apple","orange","watermelon","strawberry","pineapple"}; /* 水果名称 */
08      int i,price[5] = {20,15,55,30,30}; /* 价格数据 */
09      char favo[20];
10      printf(" 欢迎光临水果专卖店！ \n");
11      printf("=============================\n");
12      printf("[apple], [orange], [watermelon]\n");
13      printf("[strawberry], [pineapple]\n\n");
14      printf(" 请问您想买哪一种水果？ ");
15      scanf("%s",favo);    /* 取得用户输入的字符串 */
16      for(i=0;i<5;i++)
```

```
17    {
18        if(strcmp(fruit[i],favo) == 0)
19        /* 进行字符串比较，若字符串相同则输出对应的价格数据 */
20            printf("%s 一斤是 %d 元 \n",favo,pricorange
21                orangeorangee[i]);
22    }
23
24    return 0;
25 }
```

执行结果如图 8.40 所示。

```
欢迎光临水果专卖店！
==============================
[apple], [orange], [watermelon]
[strawberry], [pineapple]

请问您想买哪一种水果？ orange
orange一斤是15元

Process returned 0 (0x0)   execution time : 0.696 s
Press any key to continue.
```

图8.40

## 本章课后习题

1. 请问下面的程序代码中哪一行有错误？并说明为什么是错的。

```
01    int value=100;
02    int *piVal,*piVal1;
03    float *px,qx;
04    piVal= &value;
05    piVal1=piVal;
06    px=piVal1;
```

解答：第 6 行，因为一旦确定指针所指向的数据类型后，就不能再更改了。另外指针变量也不能指向不同数据类型的指针变量。

2. 请问以下程序代码的输出结果是什么？

```
char str[]="birthday";
char *p;
p=str;
p++;
printf("%c\n",*p);
p++;
printf("%c\n",*p);
p++;
printf("%s\n",p);
```

解答：输出结果如下所示。

```
i
r
thday
```

3. 以下程序代码是将二维数组传递到 sum_square() 函数中，再在函数中对每个元素值求平方值，并

计算所有新元素的总和。请问程序代码是否有错误？为什么是错的？应该如何修改？

```
int sum_square(int **arr)
{
    int i,j,sum=0;
    for(i=0;i<2;i++)
        for(j=0;j<5;j++)
        {
            *((*arr+j)+j)= *((*arr+j)+j)* *((*arr+j)+j);
            sum+=*((*arr+j)+j);
        }
    return sum;
}
```

解答：有错误。我们虽可利用指针常量表示二维数组，但函数中只能传递单一指针，并无法传递多重指针。如果要传递多维数组到函数中，只可使用第 7 章所提到的多维数组与参数传递方式，如下所示。

```
int sum_square(int arr[][5])
{
    int i,j,sum=0;
    for(i=0;i<2;i++)
        for(j=0;j<5;j++)
        {
            arr[i][j]=arr[i][j]*arr[i][j];
            sum+=arr[i][j];
        }
    return sum;
}
```

4. 以下是三重指针的程序。

```
int num = 100;
int *ptr1 = &num;
int **ptr2 = &ptr1;
int ***ptr3 = &ptr2;
```

请回答以下问题。

（1）**ptr2 与 ***ptr3 的值是什么？

解答：都为 100。

（2）请说明 ptr2 与 *ptr3 是否相等？为什么？

解答：相等。因为 ptr3 是指向 ptr2 的整数类型三重指针，所以 ptr3 所存放的内容为 ptr2 的地址（&ptr2），即 *ptr3 为 ptr2 的地址（&ptr2）。

5. 请简述指针变量在目前的操作系统下占用内存的情况。

解答：由于指针变量只存储内存地址，因此在目前的操作系统下，无论声明为何种数据类型的指针变量，都只会占用 4 字节。

6. 下面这个程序有什么错误?

```
#include <stdio.h>

int main(void)
{
    char *str;

    printf(" 请输入字符串: ");
    scanf("%s", str);
    printf(" 输入的字符串 :%s\n", str);

    return 0;
}
```

解答: str 指针没有初始化,不可直接访问,否则会出现无法预测的错误。

7. *c = b 与 c = &b 的意义有何相同与不同之处?

解答: *c = b 表示将变量 b 的值存储至 c 所指向的内存位置,如果改变了 c 内存位置上的值,将不会对 b 的值产生影响,c 指针指向的内容不会随着 b 的改变而改变。c = &b 表示指针 c 指向 b,c 指针指向的内容会随着 b 的改变而改变。

8. 下面的程序有什么错误?

```
01    #include <stdio.h>
02
03    int main(void)
04    {
05        int* x, y;
06        int input;
07
08        x = &input;
09        y = &input;
10        printf("x = %X\n", x);
11        printf("y = %X\n", y);
12
13        return 0;
14    }
```

解答: 第 5 行有误,这是个经常发生的错误,原程序将只声明 x 是整数指针,而 y 则是整数变量,若要修正程序,应将第 5 行修改如下。

```
    int *x, *y;
```

9. 以下程序是一个初学指针的学生写的,他希望操作指针 q 改变变量 p 的值,本想让 p 的值为 2,但是输出了奇怪的结果。请问错误出在哪里?

```
01    #include <stdio.h>
02
03    int main(void)
04    {
05        int p = 1, *q;
```

```
06
07    q = &p;
08    *q++;
09    printf("p = %d\n", p);
10    printf("*q = %d\n", *q);
11
12    return 0;
13  }
```

解答：运算符"++"的优先级高于运算符"*"，原程序是先移动 q 的内存地址，再取出其值，这个程序要依题意改变 p 的值，应将第 8 行修改如下。

```
(*q)++;
```

10. 指针的加法运算和一般变量的加法运算有何不同？

解答：最大的差异在于当执行指针加法运算后，会将目前指针变量所指向的内存地址"向后"移动。

11. 请问以下程序是否有错？请加以说明。

```
01    int arr[10],value=100;
02    int *ptr=&value;
03    arr=ptr;
```

解答：第 3 行有错，因为数组可以被直接当成指针常量来进行操作，而数组名地址则是数组第一个元素的地址。不过由于数组的地址是只读的，因此不能改变其值，这点和指针变量不同。

12. 如果想要进行字符串复制，必须将字符串中的字符一个一个取出来指定至另一个字符串数组中相对应的位置，以下程序代码用于复制字符串，请检查哪里出了错误，并说明原因。

```
01    char* Strcpy(char* strdes, char*strscr)
02    {
03      int i = 0;
04
05      while ( *(strscr+i) != '\0' )
06      {
07        *(strdes+i) = *(strscr+i);
08        i++;
09      }
10
11      return *strdes;
12    }
```

解答：

（1）在字符串复制完毕后，务必记得要于最后加上空字符 '\0'，否则程序并不会认为这是一个字符串。所以应该在第 10 行加上如下程序代码。

```
*(strdes+i) = '\0'  /* 记得加上空字符 */
```

（2）由于此程序需返回指针值，因此第 11 行应修改为以下代码。

```
return strdes;
```

13. 有个二维数组的声明如下。

```
int  no[5][8];
```

请问如何使用指针常量来表示二维数组元素 no[4][3] 的地址？

解答：＊（no+4）+3。

14. 请问以下程序代码中 printf() 函数的输出结果是什么？请说明原因。

```
char *name[5] = { "Helen", "Robert", "Wilson", "Kelly","Jassica" };
int i;
for ( i = 0; i < 5; i++ )
  printf( "%d ",sizeof(name[i]));
```

解答：4 4 4 4 4。在此我们使用指针数组来存储字符串，因此每个数组元素 name[i] 都用来存储所指定字符串的内存地址，而地址都是以整数来存储的，所以占用 4 位空间。

15. 请问以下程序是否有错误？请加以说明。

```
01    int array[5],no=100;
02    int *ptr=&no;
03    no=58;
04    arr+0=ptr;
```

解答：第 4 行有错。因为数组可以直接当成指针常量来进行操作，而数组名地址则是数组第一个元素的地址。不过由于数组的地址是只读的，因此不能改变其值，这点和指针变量不同。

16. 请使用指针模式来表示 arr[i][j] 的内存地址。

解答：＊（arr+i）+j。

17. 下面这个程序有无错误？如果有错，应该如何修改？

```
01    #include <stdio.h>
02    int main(void)
03    {
04      char p[80];
05      p = "123456789";
06
07      printf("%s", p);
08
09      return 0;
10    }
```

解答：因为是固定长度的字符串数组，所以不可以直接指定字符串常量给它，如果要在程序中直接使用字符串常量来指定字符串，则必须使用字符指针。程序第 4 行应修改如下。

```
char *p;
```

18. 下列程序代码中哪里有错误？请说明原因。

```
01    char name[15];
02    char *number="Please input your name:";
03    name++;
04    number++;
```

解答：第 3 行是不合法的语句，因为字符串数组是指针常量，所以不可以进行运算。

19. 动态分配内存的意义是什么？在 C 语言中，有哪些函数可于程序执行期间动态分配与释放内存空间？

解答：所谓动态分配内存，是指当程序在执行时才提出分配内存的要求，主要的目的是让内存运用更具弹性。从程序本身的角度来看，动态分配机制可以使数据定义的操作在程序执行时再进行。在 C 语言中，可以分别使用 malloc() 与 free() 函数在程序执行期间动态分配与释放内存空间，这两个函数定义于头文件 stdlib.h 中。其中 malloc() 函数会依据所要求的内存大小在内存中分配足够的空间，并返回所分配内存的指针值，也就是内存地址。

20. 请写出依整数数据类型动态分配一个长度为 4 的连续整数数组内存空间的表达式。

解答：int* piArrVal=（int*）malloc（4*sizeof（int））；。

21. 请写出动态分配一个变量的通式。

解答：数据类型 * 指针名称 =（数据类型 *）malloc（sizeof（数据类型）*n）；。

22. 请简述函数指针的功能。

解答: 其实在 C 语言中，指针变量也可以声明成指向函数的起始地址，并根据该指针变量来调用函数，这种指向函数的指针变量称为函数指针。可使用同一个函数指针名称在程序执行期间动态地决定所要调用的函数。

23. 什么是函数指针数组？请写部分 C 语言程序代码来说明。

解答：函数指针也可以同一般变量一样声明成数组类型，主要是可作为相同类型函数地址来存储与应用。函数指针数组在声明时也可同时赋给其初始值，赋值方式与一般数组相同，如下所示。

```
int sub(int,int);
int add(int,int);
int mul(int,int);
int (*pfunc[])(int,int)={sub,add,mul};
```

24. 请分别说明以下函数指针的意义。

```
01   void (*ptr)(void);
02   int (*ptr)(int);
03   char* (*ptr)(char*);
```

解答：

第 1 行，ptr 为函数指针，此函数本身无返回值与形式参数。

第 2 行，ptr 为函数指针，本身返回整数值，并接收整数形式参数。

第 3 行，ptr 为函数指针，本身返回字符指针，并接收字符指针作为形式参数。

25. 请简述参数型函数指针的功能。

解答：在 C 语言程序中，也可以将函数指针作为另一个函数的参数。如果函数指针作为参数，同一个函数可在不同情形下改变参数列中函数指针所指向的函数地址，也就是该函数将可以根据函数指针来决定调用的函数。简单地说，就是函数也可以作为另一个函数的参数。

# 结构、联合、枚举与<br>类型定义

之前的章节中我们曾经应用过数组，数组是一种集合，可以用来记录一组数据类型相同的数据。然而如果要同时记录多组数据类型不同的数据，此时数组就不适用了（当然还可以使用多个数组来解决这个问题）。这时结构就能派上用场了，结构可以集合不同的数据类型，并形成一种新的数据类型，称为自定义数据类型，如表 9.1 所示。

表 9.1

| 姓名 | 性别 | 生日 | 职务 | 薪资（元／年） |
| --- | --- | --- | --- | --- |
| 李政 | 男 | 1963-01-31 | 总裁 | 200000 |
| 刘林辉 | 男 | 1972-03-18 | 总经理 | 150000 |
| 林芳 | 女 | 1975-06-26 | 业务经理 | 100000 |
| 王立 | 男 | 1965-07-21 | 行政经理 | 100000 |
| 何美玲 | 女 | 1980-01-09 | 行政助理 | 80000 |
| 周玉峰 | 男 | 1986-10-20 | 秘书 | 60000 |

C 语言中包括了结构（struct）、枚举（enum）、联合（union）与类型定义（typedef）4 种自定义数据类型。本章中除了会说明这 4 种自定义数据类型之外，也将说明它们如何在函数间传递及如何与指针结合应用。

# 9.1 认识结构

结构是一种用户自定义数据类型，能将一种或多种数据类型集合在一起形成新的数据类型。它以 C 语言现有的数据类型作为基础，允许用户建立自定义数据类型，又称为派生数据类型。

例如描述一位学生的成绩数据时，除了要记录学生的学号与姓名等字符串数据外，还必须定义数值数据类型来记录如英语、语文、数学等成绩，此时数组就不适用了。这时可以把这几种数据类型组合成一种结构数据类型来简化数据处理的问题。

## · 9.1.1 定义结构类型与访问结构成员

一个结构不但必须具有结构名称与结构成员，而且必须使用 C 语言中的关键字 struct 来建立。声明结构类型的基本方式如下所示。

```
struct 结构名称
{
    数据类型 结构成员 1;
    数据类型 结构成员 2;
    ......
};
```

结构成员可以是任何类型的变量。另外请注意最后的分号不可省略，这经常容易被忽略进而导致程序出错。下面声明一个学生结构类型，结构成员包括姓名与成绩。

```
struct student
{
    char name[10];
    int score;
    int ID;
};
```

在声明了结构之后，我们可以直接使用它来建立结构变量，结构声明本身就像是在构建对象的模板，而结构变量则是根据这个模板制造出来的成品。我们建立的每个结构变量都拥有相同的结构成员，定义结构变量的例子如下所示。

```
struct student s1, s2;
```

也可以在声明结构的同时定义结构变量，如下所示。

```
struct student
{
    char name[10];
    int score;
    int ID;
} s1, s2;
```

在建立结构变量之后，我们可以使用句点 "." 来访问结构成员，这个句点通常称为点运算符 。只要在结构变量后加上点运算符"."与结构成员名称，就可以直接访问该数据。

> 结构变量 . 结构成员名称 ;

例如我们可以按照如下方式访问结构成员。

```
strcpy(s1.name, "Justin");
s1.score = 90;
s1.ID=10001;
```

如果两个结构变量的成员相同，我们可以直接使用赋值运算符"="将其中一个结构变量的所有成员赋给另一个结构变量，如下所示。

```
struct student
{
    char name[10];
    int score;
    int ID;
} s1, s2;

strcpy(s1.name, "Justin");
s1.score = 90;
s1.ID=10001;
s2 = s1;
```

在这个程序代码执行完成后，结构变量 *s2* 的成员 name 内容会是 "Justin"，而 score 的值会是 90，s1.ID=10001。

下面的程序是结构定义与应用的一个简单实例，定义两个存储学生成绩数据的结构变量，其中第一位学生的数据已经有了，需要设计第二位学生的数据，并计算出这两位学生的总分与平均分。

### ■【上机实习范例：CH09_01.c】

```
01  #include <stdio.h>
02  #include <stdlib.h>
03  #include <string.h>
04  int main(void)
05  {
06      struct student
07      {
08          char name[10];
09          int score;
10          int ID;
11      } s1,s2; /* 定义 student 结构的 s1、s2 变量 */
12
13      float total,average;
14
15      strcpy(s1.name, "Justin");/* 设置 s1.name 的初始值 */
16      s1.score = 90;
17      s1.ID=10001;
18      printf(" 第一位学生的姓名 =%s 成绩 =%d 学号 =%d \n", s1.name,s1.score,s1.ID);
19      printf(" 请输入第二位学生的姓名 :");
20      gets(s2.name);/* 输入 s2.name 的初始值 */
21      printf(" 请输入第二位学生的成绩与学号 :");
```

```
22      scanf("%d %d",&s2.score,&s2.ID);/* 输入 s2 的其他数据成员 */
23      printf(" 第二位学生的姓名 =%s 成绩 =%d 学号 =%d \n", s2.name,s2.score,s2.ID);
24
25      total=s1.score+s2.score;/* 计算总分 */
26      average=total/2;  /* 计算平均分 */
27      printf("======================================\n");
28      printf(" 两位学生总分 :%f 两位学生平均分 :%f\n",total,average);
29
30      return 0;
31   }
```

执行结果如图 9.1 所示。

```
第一位学生的姓名=Justin 成绩=90 学号=10001
请输入第二位学生的姓名:Mary
请输入第二位学生的成绩与学号:99 10002
第二位学生的姓名=Mary 成绩=99 学号=10002
==========================================
两位学生总分:189.000000 两位学生平均分:94.500000

Process returned 0 (0x0)      execution time : 5.963 s
Press any key to continue.
```

图9.1

程序解说

第 6~11 行定义 student 结构的 s1 与 s2 变量。请注意在第 15 行中不可以直接将字符串值赋给字符数组，必须要使用 strcpy() 函数。第 20 行使用 gets() 函数输入 s2.name 的初始值。第 25~26 行计算两个结构变量的总分及平均分。

还有一种情况，如果可以确定所要使用的结构变量个数，则声明结构时可以不定义结构名称，并且可以同时赋初始值。赋初始值时，应注意所赋予的数据类型顺序必须与结构类型内的结构成员数据类型的顺序相同，且变量内容要用大括号"{}"括起来。

下面的程序直接使用赋值运算符"="，采用不定义结构数据名称的方式来定义结构变量并同时赋予其初始值，本程序的重点在于程序代码的写法。

■ 【上机实习范例：CH09_02.c】

```
01   #include <stdio.h>
02   #include <stdlib.h>
03
04   int main(void)
05   {
06      struct
07      {
08        char name[10];
09        int score;
10        int ID;
11      } s1={ "Justin",90,10001};/* 不声明结构类型，而定义结构变量 */
12      /* 给结构变量成员赋值时，必须用大括号括住 */
13      printf("s1.name = %s\n", s1.name);
14      printf("s1.score = %d\n", s1.score);
15      printf("s1.ID = %d\n", s1.ID);
16
17      return 0;
18   }
```

执行结果如图 9.2 所示。

```
s1.name = Justin
s1.score = 90
s1.ID = 10001

Process returned 0 (0x0)    execution time : 0.060 s
Press any key to continue.
```

图9.2

程序解说

第 6~11 行中不声明新的结构类型名称，而定义结构变量，并用大括号括住变量内容赋给其成员。第 13~15 行输出结构的成员数据。

### 9.1.2 嵌套结构

结构类型既允许用户自定义数据类型，也允许用户在一个结构中定义另一个结构变量，我们称之为嵌套结构。嵌套结构的好处是在已建立好的结构数据分类上继续分类，所以会对原来的数据再做细分。其基本语法结构如下。

```
struct 结构名称 1
{
   ......
};
struct 结构名称 2
{
   ......
   struct 结构名称 1 变量名称;
}
```

例如下面是一个基本嵌套结构，在这个程序代码中我们声明了 member 结构，再在其中利用原先声明好的 name 结构定义了 *member_name* 变量，并定义了 *m*1 结构变量。

```
struct name
{
   char first_name[10];
   char last_name[10];
};
struct member
{
   struct name member_name;
   char ID[10];
   int salary;
} m1={ {"Helen","Wang"},"E121654321",35000};
```

了解了嵌套结构的定义后，接下来就要弄清楚如何访问结构成员。访问方式为，外层结构变量加上点运算符"."来访问里层的结构变量，再访问里层结构变量的成员。使用内层嵌套结构可以使数据的组织架构更加清楚，程序的可读性更强，如下所示。

```
m1.member_name.lastname
```

下面的程序为嵌套结构的应用，定义了一个嵌套结构 member，其中成员包括结构变量 *member_name*、字符串 ID 与整数变量 *salary*。

### ■【上机实习范例：CH09_03.c】

```
01   #include <stdio.h>
02   #include <stdlib.h>
03
04   int main(void)
05   {
06      struct name
07      {
08         char firstname[10];
09         char lastname[10];
10      }; /* 声明结构 name */
11
12      struct member     /* 定义嵌套结构 member */
13      {
14         struct name member_name;
15         char ID[10];
16         int salary;
17      } m1={ {"Helen","Wang"},"E121654321",35000};
18      /* 赋给结构变量 m1 初始值 */
19
20      printf("----------------------------------------------\n");
21      printf(" 会员姓名 : %s%s\n",m1.member_name.lastname,m1.member_name.firstname);
22      printf(" 身份证号码 :%s\n",m1.ID);
23      printf(" 会员薪资 :%d\n 元 ,m1.salary);
24      printf("----------------------------------------------\n");
25
26      return 0;
27   }
```

执行结果如图 9.3 所示。

```
----------------------------------------------
会员姓名：WangHelen
身份证号码：E121654321
会员薪资：35000 元
----------------------------------------------

Process returned 0 (0x0)    execution time : 0.080 s
Press any key to continue.
```

图9.3

第 6~10 行声明结构 name。第 12~17 行定义嵌套结构 member。第 17 行定义 member 类型的结构变量 m1，并赋给其初始值。第 21 行输出嵌套结构中的成员，请注意程序代码的写法。

### · 9.1.3 结构数组

数组在程序设计中使用得相当频繁，它主要是用来存储相同数据类型成员的一种集合，而结构则可以集合不同数据类型的成员。如果要同时记录多个相同结构的数据，还得定义一个结构数组类型，其定义方式如下。

struct 结构名称 结构数组名 [ 数组长度 ];

例如下面的程序代码将建立具有 5 个元素的 student 结构数组，数组中的每个元素都各自拥有字符串

name 与整数 score 成员。

```
struct student
{
    char name[10];
    int score;
};
struct student class1[5];
```

采用如下语句，访问结构数组指定成员的结构成员。

结构数组名 [ 下标值 ]. 成员

下面的程序将声明 student 结构，将其定义为有 3 个元素的结构数组，输出 3 位学生的数学与英语平均分及 3 位学生的姓名、数学与英语成绩。

■ 【上机实习范例：CH09_04.c】

```
01  #include <stdio.h>
02  #include <stdlib.h>
03
04  int main()
05  {
06      struct student
07      {
08          char name[10];
09          int math;
10          int english;
11      }; /* 声明结构 */
12
13      struct student class1[3]={{"Helln",87,79},{"Wilson",77,100},{"Kevin",78,90}};
14      /* 定义并给结构数组赋初始值 */
15      int i;
16      float math_Ave=0,english_Ave=0;
17      for(i=0;i<3;i++)
18      {
19          math_Ave=math_Ave+class1[i].math;/* 计算数学总分 */
20          english_Ave=english_Ave+class1[i].english;/* 计算英语总分 */
21          printf(" 姓名 :%s\t 数学成绩 :%d\t 英语成绩 :%d\n",class1[i].name,class1[i].math,class1[i].english);
22      }
23      printf("----------------------------------------------\n");
24      printf(" 数学平均分 :%4.2f 英语平均分 :%4.2f\n",math_Ave/3,english_Ave/3);
25
26      return 0;
27  }
```

执行结果如图 9.4 所示。

```
姓名:Helln      数学成绩:87      英语成绩:79
姓名:Wilson     数学成绩:77      英语成绩:100
姓名:Kevin      数学成绩:78      英语成绩:90
----------------------------------------------
数学平均分:80.67  英语平均分:89.67

Process returned 0 (0x0)   execution time : 0.055 s
Press any key to continue.
```

图9.4

**程序解说**

第 6~11 行声明 student 结构，其中包括字符串 name、整数 math 与整数 english 这 3 个数据成员。第 13 行定义并给有 3 个元素的结构数组赋初始值。第 19 行计算数学总分，第 20 行计算英语总分。第 24 行计算与输出 3 位学生的两科平均分。

结构成员也可以是数组类型，声明方式如下所示。

```
struct 结构名称
{
    ......
    数据类型 数组名 [ 元素个数 ];
};

struct 结构名称 结构数组名 [ 元素个数 ];
```

如果要访问结构数组成员的数组元素，则在数组后方加上"[ 下标值 ]"即可访问该元素，如下所示。

```
结构数组名 [ 下标值 ]. 数组成员名称 [ 下标值 ]
```

下面的程序说明了结构数组中的数组数据成员的声明与访问方式，我们将声明 club 结构，其中有 3 个数据成员，分别是 name 字符串数组、title 字符串与 age 整数变量。

■ 【上机实习范例：CH09_05.c】

```
01   #include <stdio.h>
02   #include <stdlib.h>
03
04   int main(void)
05   {
06       struct club
07       {
08           char name[3][10];
09           char title[10];
10           int age;
11       }; /* 声明结构 , 结构中有数组数据成员 */
12
13       struct club member_name[3]={{" 张镇华 "," 王志忠 "," 黄思文 "," 老虎队 ",25},
           {" 陈德来 "," 陈锦弘 "," 古易天 "," 雄狮队 ",32},
           {" 张国忠 "," 李师强 "," 赵建华 "," 企鹅队 ",46}};
14                   /* 定义并给结构数组赋初始值 */
15       int i;
16
17       for(i=0;i<3;i++)
18           printf("%s\t",member_name[i].title);
19       printf("\n-------------------------------\n");
20
21       for(i=0;i<3;i++)
22       {
23           printf("%s\t%s\t%s",member_name[0].name[i],
           member_name[1].name[i],member_name[2].name[i]);
24           printf("\n");
25       } /* 输出每一个 club 的数组成员姓名字符串 */
26       printf("-------------------------------\n");
```

```
27
28      return 0;
29  }
```

执行结果如图 9.5 所示。

```
老虎队   雄狮队   企鹅队
────────────────────────
张镇华   陈德来   张国忠
王志忠   陈锦弘   李师强
黄思文   古易天   赵建华
────────────────────────

Process returned 0 (0x0)   execution time : 0.043 s
Press any key to continue.
```

图9.5

 **程序解说**

第 6~11 行声明 club 结构，该结构中有 3 个 name 数组数据成员，并给结构数组赋初始值。第 21~25 行利用 for 循环输出每一个 club 的数组成员姓名字符串。

## 9.1.4 结构与内存

定义一个结构时，实质上并不是定义一个变量，而是声明一个数据类型，此时结构尚不会在内存中占据内存空间。如果使用结构来声明一个变量，则该变量中的成员所占用的内存空间会如何分布呢？我们先来看下面的定义。

```
struct member
{
    char name[20];
    int age;
};
struct member m1;
```

在结构变量 m1 中，其成员 name 与 age 在内存中的分布如图 9.6 所示。

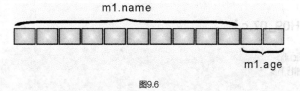

图9.6

如果想要取得结构变量成员的内存地址，我们同样可以使用取址运算符"&"，下面的程序中定义了两个指针变量 ptr1 与 ptr2 来访问结构成员的数据。

### 【上机实习范例：CH09_06.c】

```
01  #include <stdio.h>
02  #include <stdlib.h>
03  #include <string.h>
04
05  int main(void)
06  {
07      struct member
```

```
08      {
09          char name[20];
10          int age;
11      } m1;
12
13      char *ptr1;
14      int  *ptr2;
15
16      strcpy(m1.name, "Justin");
17      m1.age = 90;
18      ptr1 = m1.name;    /* 将 s1.name 的内存地址赋给 ptr1 */
19      ptr2 = &m1.age;    /* 将 s1.score 的内存地址赋给 ptr2 */
20
21      printf("m1.name=%s\tptr1=%s\n\n", m1.name, ptr1);
22      printf("m1.age=%d\t*ptr2=%d\n", m1.age, *ptr2);
23
24      return 0;
25  }
```

执行结果如图 9.7 所示。

```
m1.name=Justin   ptr1=Justin

m1.age=90           *ptr2=90

Process returned 0 (0x0)     execution time : 0.100 s
Press any key to continue.
```

图9.7

**程序解说**

第 7~11 行声明 member 结构。第 18 行中，我们直接将 m1.name 赋给 ptr1，这是因为数组名本身就代表内存地址。第 19 行使用取址运算符 "&" 来取得成员 s1.score 的内存地址，再赋给 ptr2。第 21~22 行分别输出结构成员与指针变量的内容。

下面的程序说明如何利用 sizeof 关键字来获取结构数组与其数据成员所占的内存空间大小。

**■ 【上机实习范例：CH09_07.c】**

```
01  #include <stdio.h>
02  #include <stdlib.h>
03
04  int main(void)
05  {
06      struct member
07      {
08          char name[20];
09          int age;
10      }m1[5];
11
12      printf(" 结构数组所占内存空间大小：  %d 位 \n",sizeof(m1));
13      printf(" 结构数组单一元素所占内存空间大小：  %d 位 \n",sizeof(m1[1]));
14      printf(" 成员 name 所占内存空间大小：  %d 位 \n", sizeof(m1[1].name));
15      printf(" 成员 age 所占内存空间大小：  %d 位 \n", sizeof(m1[1].age));
16
```

```
17    return 0;
18  }
```

执行结果如图 9.8 所示。

```
结构数组所占内存空间大小:120 位
结构数组单一元素所占内存空间大小:24 位
成员name所占内存空间大小:20 位
成员age所占内存空间大小:4 位

Process returned 0 (0x0)    execution time : 0.090 s
Press any key to continue.
```

图9.8

**程序解说**

第 12 行整个结构数组所占的内存容量是 120 位，而一个数组元素所占内存空间是 24 位，因此结构数组所占内存空间为 24×5=120 位。第 14 行的 name 数据成员所占内存空间是 20 位。第 15 行 age 数据成员所占内存空间是 4 位。

## · 9.1.5 结构指针与指针数组

和一般数据类型类似，自定义数据类型的结构也可以进行指针变量的定义，这种指针就称为结构指针，其声明方式如下。

struct 结构名称 * 结构指针名称 ;

声明好结构类型及结构指针之后，才能间接访问其结构变量的成员，如下所示。

结构指针名称 = & 结构变量名称 ;

例如，我们可以在程序中定义如下的结构指针。

```
struct member
{
    char name[20];
    int age;
} m1;
struct member *ptr;  /* 定义结构指针 */
ptr=&m1;
```

结构指针 ptr 就会指向 *m*1 结构变量。这时如果要访问结构指针的数据成员，则必须使用"–>"来进行访问；或是使用指针，利用取值运算符"*"再配合点运算符"."来进行访问。下面为结构指针访问其成员的两种方式。

结构指针 –> 结构成员名称 ;   /* 第一种方式 */
(* 结构指针 ). 结构成员名称 ;   /* 第二种方式 */

程序代码如下。

```
ptr->name;
ptr->age;
```

或:

```
(*ptr).name;
(*ptr).age;
```

下面的程序将实现结构指针的定义与用两种方式来访问数据成员，请注意程序代码的写法。

**■【上机实习范例：CH09_08.c】**

```
01   #include <stdio.h>
02   #include <stdlib.h>
03
04   int main(void)
05   {
06      struct member
07      {
08         char name[20];
09         int age;
10      };
11
12      struct member m1,m2;
13      struct member *ptr;   /* 定义结构指针 */
14
15      printf(" 第一位会员姓名：");
16      scanf("%s",m1.name);
17      printf(" 会员年龄：");
18      scanf("%d", &m1.age);
19
20      printf(" 第二位会员姓名：");
21      scanf("%s",m2.name);
22      printf(" 会员年龄：");
23      scanf("%d", &m2.age);
24      printf("----------------------------------\n");
25      ptr = &m1; /* 初始化指针 */
26      printf(" 指针指向第一位会员姓名：");
27      printf("%s",ptr->name);/* 第一种结构指针访问方式 */
28      printf("\t 会员年龄：");
29      printf("%d",ptr->age);
30
31      ptr = &m2; /* 初始化指针 */
32      printf("\n 指针指向第二位会员姓名：");
33      printf("%s",(*ptr).name);/* 第二种结构指针访问方式 */
34      printf("\t 会员年龄：");
35      printf("%d",(*ptr).age);
36      printf("\n");
37
38      return 0;
39   }
```

执行结果如图 9.9 所示。

```
第一位会员姓名：林丽
会员年龄：26
第二位会员姓名：朱心怡
会员年龄：28
----------------------------------
指针指向第一位会员姓名：林丽    会员年龄：26
指针指向第二位会员姓名：朱心怡  会员年龄：28

Process returned 0 (0x0)   execution time : 8.037 s
Press any key to continue.
```

图9.9

**程序解说**

第 13 行声明结构指针 ptr，并在第 25 行初始化指针，将 ptr 指向结构变量 $m1$。第 27、29 行利用第一种结构指针访问方式。第 31 行初始化指针，将 ptr 指向结构变量 $m2$。第 33、35 行利用第二种结构指针访问方式。

9.1.3 小节中提到了结构数组，由于数组名可以利用指针常量来访问，因此如果想要以指针方式来表示结构数组，就要使用以下语法。

( 结构指针名称 +i) –> 结构数据成员；

下面的程序利用指针常量来访问结构数组中的各种数据成员。

■ 【上机实习范例：CH09_09.c】

```
01  #include <stdio.h>
02  #include <stdlib.h>
03
04  int main(void)
05  {
06      struct club
07      {
08          char name[3][10];
09          char title[10];
10          int age;
11      }; /* 声明结构，结构中有数组数据成员 */
12      int i;
13
14      struct club member_name[3]={
        {"张镇华","王志忠","黄思文","老虎队",25},
        {"陈德来","陈锦弘","古易天","雄狮队",32},
        {"张国忠","李师强","赵建华","企鹅队",46}};
15          /* 定义并给结构数组赋初始值 */
16
17      for(i=0;i<3;i++)
18      {
19          printf("%s:  %s\t %s\t %s",(member_name+i)->title, (member_name+i)->name[0],
(member_name+i)->name[1],(member_name+i)->name[2]);
20          printf("\n");
21      }/* 使用指针常量来输出每一个 club 的数组成员姓名字符串 */
22      printf("-------------------------------\n");
23
24      return 0;
25  }
```

执行结果如图 9.10 所示。

```
老虎队：  张镇华    王志忠    黄思文
雄狮队：  陈德来    陈锦弘    古易天
企鹅队：  张国忠    李师强    赵建华
-------------------------------

Process returned 0 (0x0)    execution time : 0.050 s
Press any key to continue.
```

图9.10

第 14 行定义并赋初始值给结构数组。第 19 行以指针常量来输出结构数组的数据成员。

下面的程序说明了如果结构中的成员定义为指针变量，则在结构变量中会利用 "." 来访问该指针变量，而在结构指针中会以 "->" 来访问指针成员及其他数据成员。

■ 【上机实习范例：CH09_10.c】

```
01   #include <stdio.h>
02   #include <stdlib.h>
03
04   struct rectangle
05   {
06       float length;
07       float *width;
08   }; /* 声明结构 rectangle*/
09
10   int main(void)
11   {
12       struct rectangle rec;
13       struct rectangle *rec1;/* 定义为结构指针 */
14
15       float w;
16
17       rec.length=3.5;
18       printf(" 请输入宽度 :");
19       scanf("%f",&w);
20       rec.width=&w;
21       rec1=&rec;
22       printf(" 长度 =%.1f 面积 =%.2f\n",
     rec.length,rec1->length*(*rec1->width));
23       /* rec1 为结构指针的访问方式 */
24
25       return 0;
26   }
```

执行结果如图 9.11 所示。

```
请输入宽度 :2
长度=3.5 面积=7.00

Process returned 0 (0x0)   execution time : 0.383 s
Press any key to continue.
```

图9.11

第 4~8 行声明结构类型。第 13 行定义 rec1 为结构指针。第 22 行以运算符 "->" 来访问指针成员及其他数据成员，并计算面积值。

此外，由于结构数组是以结构变量的方式呈现的，因此也可以定义为结构指针数组，使得数组中的每个元素存放的都是指针。

我们将直接使用下面的程序进行说明，因为是结构指针数组，所以不能使用运算符 "*" 或指针运算来访问结构内的数据成员，例如把第 20 行改为下列格式。

```
printf(" 姓名：%s \t", *s2[i].name); /* 这个语句不合法 */
printf(" 姓名：%s \t", (s2+i)->name); /* 这个语句不合法 */
```

■ 【上机实习范例：CH09_11.c】

```
01  #include <stdio.h>
02  #include <stdlib.h>
03
04  int main(void)
05  {
06      struct student
07      {
08          char name[10];
09          int score;
10      };
11      struct student s1[5] = { {"Justin", 90},
                  {"Momor",  95},
                  {"Becky",  98},
                  {"Bush",   75},
                  {"Snoopy", 80} };/* 给 5 个成员赋初始值 */
12      struct student *s2[5];/* 定义结构指针数组 */
13      int i;
14
15      for(i = 0; i < 5; i++)
16          s2[i] = &s1[i];/* 复制结构成员 */
17
18      for(i = 0; i < 5; i++)
19      {
20          printf(" 姓名：%s \t", s2[i]->name);
21          printf(" 成绩：%d \n", s2[i]->score);
22      }/* 显示结构成员 */
23
24      return 0;
25  }
```

执行结果如图 9.12 所示。

```
姓名：Justin    成绩：90
姓名：Momor     成绩：95
姓名：Becky     成绩：98
姓名：Bush      成绩：75
姓名：Snoopy    成绩：80

Process returned 0 (0x0)   execution time : 0.060 s
Press any key to continue.
```

图9.12

程序解说

第 11 行给 5 个成员赋初始值。第 12 行定义结构指针数组。第 15~16 行复制结构成员。第 18~22 行利用 for 循环来输出结构成员。

## 9.2 结构与函数

结构虽然是一种用户自定义的数据类型，但是也可以在函数与函数之间传递结构变量。结构类型并不是 C 语言的基本数据类型，如果要在函数中传递结构类型，就必须在全局范围内事先定义，其他函数才可以使用此结构类型来定义变量。C 语言的函数间传递参数的方式可分为传值与传址两种，当然函数中的结构数据传递也可以使用这两种参数传递方式。

### · 9.2.1 结构与传值调用

如果是传值调用方式，则与一般变量相同，会将整个结构变量复制到函数里，结构的所有数据成员会一直存在函数中供其直接使用，传入的不是结构变量的地址，而是数据值。结构传值调用的函数定义如下。

返回值类型 函数名称 (struct 结构名称 结构变量 )
{
　　函数主体 ;
}

调用函数的语法如下。

函数名称 ( 结构变量 );

下面的程序以传值方式将结构变量 $m1$ 传入 show() 函数，并在 show() 函数中输出结构变量 $s$ 的内容。

### ■ 【上机实习范例：CH09_12.c】

```
01   #include <stdio.h>
02   #include <stdlib.h>
03
04   struct club
05   {
06       char name[3][10];
07       char title[10];
08       int age;
09   }; /* 声明结构 , 这个 club 结构为全局范围的结构类型 */
10
11   void show(struct club);/* 结构变量传值调用函数原型声明 */
12
13   int main(void)
14   {
15
16       struct club m1={" 张镇华 "," 王志忠 "," 黄思文 "," 老虎队 ",25};
17       /* 定义并给结构数组赋初始值 */
18
19       show(m1);/* 调用函数 */
20
21       return 0;
22   }
```

```
23
24    void show(struct club s)/* 定义 show() 函数 */
25    {
26        printf("%s \t",s.title);
27        printf("%s\t %s\t %s",s.name[0],s.name[1],s.name[2]);
28        printf("\n");
29        /* 输出成员姓名字符串 */
30        printf("------------------------------\n");
31    }
```

执行结果如图 9.13 所示。

```
老虎队    张镇华    王志忠  黄思文
------------------------------------

Process returned 0 (0x0)    execution time : 0.083 s
Press any key to continue.
```

图9.13

程序解说

第 4~9 行声明全局结构 club。第 11 行是结构变量传值调用函数原型声明。第 16 行定义并给结构数组赋初始值。第 19 行调用函数。第 24~31 行定义 show() 函数主体，并于第 26、27 行输出结构变量 s 的数据成员。

当使用传值调用函数时，基本的原理就是即使在函数中更改了传来的参数值，main() 函数内结构变量的值也不会更改。下面的程序中有一位学生的成绩结构变量，其中包含学生的姓名、语文、英语与数学分数，因为这个学生是外籍考生，所以语文分数加权 30%，请比较 calculate() 函数中所输出的各科成绩与 main() 函数中输出的原始各科成绩。

■ 【上机实习范例：CH09_13.c】

```
01    #include <stdio.h>
02    #include <stdlib.h>
03
04    struct student
05    {
06        char name[10];
07        int Eng;
08        int Chi;
09        int Math;
10    };  /* 声明结构 , 这个 student 结构为全局范围的结构类型 */
11
12    void calculate(struct student);/* 结构变量传值调用函数原型声明 */
13
14    int main(void)
15    {
16
17        struct student stud={" 林弘生 ",80,60,97};
18        /* 定义并给结构赋初始值 */
19        printf("---------------------------------------------------------\n");
20        printf("%s 的原始成绩 英语 :%d 语文 :%d 数学 :%d\n",
          stud.name,stud.Eng,stud.Chi,stud.Math);
21        calculate(stud);/* 调用函数 */
```

```
22    printf("--------------------------------------------------------------\n");
23    printf(" 传值调用函数后 %s 的成绩 英语 :%d 语文 :%d 数学 :%d\n",
      stud.name,stud.Eng,stud.Chi,stud.Math);
24    printf("--------------------------------------------------------------\n");
25
26    return 0;
27  }
28
29  void calculate(struct student s1)/* 定义 calculate() 函数 */
30  {
31    s1.Eng=s1.Eng*1;
32    s1.Chi=s1.Chi*1.3;
33    s1.Math=s1.Math*1;
34    /* 输出成员姓名字符串及各科成绩 */
35    printf("--------------------------------------------------------------\n");
36    printf("%s 的加权计分成绩 英语 :%d 语文 :%d 数学 :%d\n",
      s1.name,s1.Eng,s1.Chi,s1.Math);
37  }
```

执行结果如图 9.14 所示。

```
林弘生的原始成绩 英语 :80 语文 :60 数学 :97
--------------------------------------------------------------
林弘生的加权计分成绩 英语 :80 语文 :78 数学 :97
--------------------------------------------------------------
传值调用函数后林弘生 的成绩 英语 :80 语文 :60 数学 :97

Process returned 0 (0x0)    execution time : 0.096 s
Press any key to continue.
```

图9.14

 程序解说

第 12 行是结构变量传值调用 calculate() 函数的原型声明。第 17 行定义 *stud* 结构变量，并给其赋初始值。第 20 行输出 *stud* 变量原来的值。第 21 行以传值调用函数来传递 *stud* 变量，虽然在 calculate() 函数中已改变 Chi 数据成员的值，但是采用的是传值调用方式，所以 Chi 数据成员的值不变。第 32 行 Chi 的值乘以 1.3，因此在第 36 行输出的值是 60×1.3=78，但不会改变 main() 函数中的原值。

### 9.2.2 结构与传址调用

传址调用时传入的参数为结构对象的内存地址，用运算符 "&" 将地址传给被调函数。不过如果在函数中更改了传来的参数值，那么主调函数内结构变量的值也会同步更改。结构传址调用的函数定义如下。

返回值类型 函数名称 (struct 结构名称 * 结构变量 )
{
　　函数主体 ;
}

调用函数的语法如下。

函数名称 (& 结构变量 );

下面的程序是将上例程序中的 calculate() 函数原用传值调用的方式改为传址调用的方式，请注意

calculate() 函数的定义及调用方式有何不同，并观察调用函数后，结构变量 *stud* 的数据成员值的变化。

■ **【上机实习范例：CH09_14.c】**

```
01   #include <stdio.h>
02   #include <stdlib.h>
03
04   struct student
05   {
06       char name[10];
07       int Eng;
08       int Chi;
09       int Math;
10   }; /* 声明结构 , 这个 student 结构为全局范围的结构类型 */
11
12   void calculate(struct student*);/* 结构变量传址调用函数原型声明 */
13
14   int main(void)
15   {
16
17       struct student stud={" 林弘生 ",80,60,97};
18       /* 定义并给结构赋初始值 */
19       printf("---------------------------------------------------\n");
20       printf("%s 的原始成绩 英语 :%d 语文 :%d 数学 :%d\n",
             stud.name,stud.Eng,stud.Chi,stud.Math);
21       calculate(&stud);/* 调用函数 */
22       printf("---------------------------------------------------\n");
23       printf(" 传址调用函数后 %s 的成绩 英语 :%d 语文 :%d 数学 :%d\n",
             stud.name,stud.Eng,stud.Chi,stud.Math);
24       printf("---------------------------------------------------\n");
25
26       return 0;
27   }
28
29   void calculate(struct student *s1)/* 定义 calculate() 函数 */
30   {
31       s1->Eng=s1->Eng*1;
32       s1->Chi=s1->Chi*1.3;
33       s1->Math=s1->Math*1;
34       /* 输出成员姓名字符串及各科成绩 */
35       printf("---------------------------------------------------\n");
36       printf("%s 的加权计分成绩 英语 :%d 语文 :%d 数学 :%d\n",
         s1->name,s1->Eng,s1->Chi,s1->Math);
37   }
```

执行结果如图 9.15 所示。

```
---------------------------------------------------
林弘生的原始成绩 英语:80 语文:60 数学:97
---------------------------------------------------
林弘生的加权计分成绩 英语:80 语文:78 数学:97
---------------------------------------------------
传址调用函数后林弘生 的成绩 英语:80 语文:78 数学:97
---------------------------------------------------
Process returned 0 (0x0)    execution time : 0.080 s
Press any key to continue.
```

图9.15

**程序解说**

第 12 行是结构变量传址调用函数的原型声明。第 21 行调用 calculate() 函数，调用时必须使用运算符"&"。第 31~33 行以第一种结构指针方式来访问数据成员，也可以使用第二种方式，如（*s1）.Eng=（*s1）.Eng*1;。在第 36 行输出此结构变量时，已改变 Chi 数据成员的值，当返回到 main() 函数后，Chi 数据成员的值也会同步改变。

下面的程序中的 max() 函数也是传址调用函数，可以接收两个从外部输入的结构变量，再由数据成员 salary 的大小来决定两个变量哪个是主管哪个是员工，并依照职位来决定输出顺序。

**【上机实习范例：CH09_15.c】**

```
01  #include <stdio.h>
02  #include <stdlib.h>
03
04  struct member  /* 声明全局的结构 member */
05  {
06      char name[10];
07      int salary;
08      char position[10];
09  };
10  void max(struct member *,struct member *);  /* max() 函数的原型声明 */
11
12  int main(void)
13  {
14      struct member m1,m2;/* 定义结构变量 m1、m2 */
15
16      printf(" 请输入第一位员工的姓名 薪水 职位 \n: ");
17      scanf("%s %d %s",m1.name,&m1.salary,m1.position);
18      printf(" 请输入第二位员工的姓名 薪水 职位 \n: ");
19      scanf("%s %d %s",m2.name,&m2.salary,m2.position);
20      max(&m1,&m2);  /* 调用 max() 函数 */
21      printf("-------------------------------------------\n");
22      printf(" 主管是 %s  主管的薪水 =%d  主管的职位 =%s\n",
        m1.name,m1.salary,m1.position);
23      printf(" 员工是 %s  员工的薪水 =%d  员工的职位 =%s\n",
        m2.name,m2.salary,m2.position);
24
25      return 0;
26  }
27
28  void max(struct member *p1,struct member *p2)
29  {
30      struct member tmp;
31      if(p1->salary<p2->salary)
32      {
33          tmp=*p1;
34          *p1=*p2;
35          *p2=tmp;/* 找出 p1、p2 中哪一位薪水高 */
36      }
37  }
```

执行结果如图 9.16 所示。

```
请输入第一位员工的姓名 薪水 职位：
盛力秋 48000 副经理
请输入第二位员工的姓名 薪水 职位：
徐富强 54000 经理
----------------------------------------
主管是徐富强　主管的薪水=54000　主管的职位=经理
员工是盛力秋　员工的薪水=48000　员工的职位=副经理

Process returned 0 (0x0)   execution time : 9.390 s
Press any key to continue.
```

图9.16

**程序解说**

第 4~9 行声明全局结构 member。第 10 行是 max() 传址函数的原型声明。第 20 行调用 max() 函数，注意使用取址运算符 "&"。第 33~35 行执行交换运算，找出 p1、p2 中哪一位的薪水更高。

## · 9.2.3　结构数组与传址调用

结构数组的函数调用与一般数组相同，都是传入该数组的地址，并无其他特别之处，技巧是在声明函数原型与定义主体时的程序代码写法。下面的程序以传址调用方式将结构数组传递到 show() 函数中，并在函数中利用指针常量来访问结构数组中的各种数据成员。

■ **【上机实习范例：CH09_16.c】**

```
01   #include <stdio.h>
02   #include <stdlib.h>
03
04   struct club
05   {
06       char name[3][10];
07       char title[10];
08       int age;
09   }; /* 声明结构 club, 结构中有数组数据成员 */
10
11   void show(struct club s[]); /* 传址调用的函数原型声明 */
12
13   int main(void)
14   {
15
16       struct club member_name[3]={
         {"张镇华"," 王志忠 "," 黄思文 "," 老虎队 ",25},
         {"陈德来 "," 陈锦弘 "," 古易天 "," 雄狮队 ",32},
         {"张国忠 "," 李师强 "," 赵建华 "," 企鹅队 ",46}};
17       /* 定义并给结构数组赋初始值 */
18       show(member_name); /* 调用并传递数组到函数中 */
19
20       return 0;
21   }
22   void show(struct club s[])
23   {
24       int i;
25       for(i=0;i<3;i++)
26       {
27           printf("%s：%s\t %s\t %s\t %d",(s+i)->title,(s+i)->name[0],
           (s+i)->name[1],(s+i)->name[2],(s+i)->age);
```

```
28      printf("\n");
29    };/* 使用指针常量来输出每一个 club 的数组成员姓名 */
30    printf("------------------------------\n");
31  }
```

执行结果如图 9.17 所示。

```
老虎队：张镇华    王志忠    黄思文    25
雄狮队：陈德来    陈锦弘    古易天    32
企鹅队：张国忠    李师强    赵建华    46
------------------------------

Process returned 0 (0x0)    execution time : 0.050 s
Press any key to continue.
```

图9.17

### 程序解说

　　第 11 行为传址调用的函数原型声明。第 16 行定义并给结构数组赋初始值。第 18 行调用并传递数组到函数中。第 22~31 行定义传递数组的传址调用函数。

　　我们再来看一个程序以加深印象。这个程序主要是以传址调用的方式将学生成绩数组传递到 min() 函数中，并在函数中利用数组来访问结构数组中的各种数据成员，最后找出成绩最低的学生的姓名及成绩。

### ■ 【上机实习范例：CH09_17.c】

```
01  #include <stdio.h>
02  #include <stdlib.h>
03  #include <string.h>
04
05  struct student
06  {
07      char name[10];
08      int score;
09  }; /* 声明结构 student，结构中有数组数据成员 */
10
11  void min(struct student s[]); /* 传址调用的函数原型声明 */
12
13  int main(void)
14  {
15
16      struct student s[5]={
      {" 张镇华 ",77},{" 张华文 ",88},{" 陈来德 ",69},
      {" 王文英 ",58},{" 胡中星 ",98}};
17      /* 定义并给结构数组赋初始值 */
18      min(s); /* 调用并传递数组到函数中 */
19
20      return 0;
21  }
22
23  void min(struct student s1[])
24  {
25      int i,min_score;
26      char min_name[10];
27
28      min_score=s1[0].score;/* 设第一个元素为 min_score */
```

```
29      for(i=0;i<5;i++)
30        if(s1[i].score<min_score)
31        {
32          min_score=s1[i].score;
33          strcpy(min_name,s1[i].name);
34        }
35      printf(" 最低分数是 %s 的 %d 分 \n",min_name,min_score);
36      printf("-----------------------------\n");
37    }
```

执行结果如图 9.18 所示。

最低分数是王文英的58分
---------------------------------

Process returned 0 (0x0)    execution time : 0.090 s
Press any key to continue.

图9.18

程序解说

第 11 行是传址调用的函数原型声明。第 16 行定义并给结构数组赋初始值。第 18 行调用并传递数组到 min() 函数中。第 28 行设数组第一个元素为 min_score。第 29~34 行用 for 循环找出最小值。

# 9.3 其他自定义数据类型

所谓自定义数据类型，就是指在程序中可根据自定义数据类型名称来定义所指定的数据类型变量。除了结构可自定义数据类型外，还有枚举、联合与类型定义 3 种方式。下面针对这 3 种类型的特性分别进行说明。

## 9.3.1 枚举类型

枚举类型是一种方便记忆的常量定义方式，将有意义的整数数值用自定义名称取代，它使相关的程序代码更具可读性。其语法定义如下。

```
enum 枚举类型名称
{
   枚举成员 1,
   枚举成员 2,
    ......
}
enum 枚举类型名称 枚举变量 1, 枚举变量 2,……;
```

例如下面的声明。

```
enum animal
{
   tiger,
   monkey,
   dog,
```

```
      cat
}; /* 声明枚举类型 animal */
enum animal zoo1,zoo2; /* 定义枚举类型 animal 的变量 zoo1 与 zoo2 */
```

事实上，枚举类型的主要用途是让程序代码更具可读性，其中枚举成员不需定义数据类型，其本身为整数，每定义一个成员要用逗号 "，" 隔开，可赋值，若不赋初始值，则按 0、1、2……的顺序表示。

对于上面的程序代码，tiger 所代表的数值为 0、monkey 是 1、dog 是 2、cat 是 3。下面的程序说明了枚举类型的基本定义与应用，并输出了相关的整数值。

### ■ 【上机实习范例：CH09_18.c】

```
01  #include <stdio.h>
02  #include <stdlib.h>
03
04  int main(void)
05  {
06      enum animal
07      {
08          tiger,
09          monkey,
10          dog,
11          cat
12      };/* 声明枚举类型 animal */
13
14      enum animal zoo1,zoo2; /* 定义枚举类型 animal 的变量 zoo1 与 zoo2 */
15      zoo1=tiger;/* 将 zoo1 的值设为 tiger */
16      zoo2=dog;/* 将 zoo2 的值设为 dog */
17
18      printf("tiger=%d monkey=%d dog=%d cat=%d\n",
              tiger,monkey,dog,cat);
19      printf("zoo1=%d zoo2=%d\n",zoo1,zoo2);
20
21      return 0;
22  }
```

执行结果如图 9.19 所示。

```
tiger=0 monkey=1 dog=2 cat=3
zoo1=0 zoo2=2

Process returned 0 (0x0)    execution time : 0.069 s
Press any key to continue.
```

图9.19

第 6~12 行声明一个枚举类型 animal。第 14 行定义枚举类型 animal 的变量 zoo1 与 zoo2。第 15、16 行分别将 zoo1、zoo2 的值设为 tiger 与 dog。第 18 行输出各个 animal 枚举成员所代表的整数值。

枚举成员的值不一定要从 0 开始，如果要给枚举成员赋初始值，则可在声明的同时直接赋初始值。对于没有赋初始值的枚举成员，系统会以最后一次赋给枚举成员的常量值为基准，将值依序递增地赋给它们，例如下面的程序代码。

```
enum animal
{
    tiger=5,
    monkey,
    dog=9,
    cat
};
```

下面的程序将修改上例的枚举类型 animal 中枚举成员的初始值，并定义此 animal 枚举类型的变量 *zoo*1 与 *zoo*2，最后再输出其整数值。

**【上机实习范例：CH09_19.c】**

```
01   #include <stdio.h>
02   #include <stdlib.h>
03
04   int main(void)
05   {
06       enum animal
07       {
08           tiger=5,
09           monkey,
10           dog=9,
11           cat
12       };/* 声明枚举类型 animal */
13
14       enum animal zoo1,zoo2; /* 定义枚举类型 animal 的变量 zoo1 与 zoo2 */
15       zoo1=tiger;/* 将 zoo1 的值设为 tiger */
16       zoo2=dog;/* 将 zoo2 的值设为 dog */
17
18       printf("tiger=%d monkey=%d dog=%d cat=%d\n",tiger,monkey,dog,cat);
19       printf("zoo1=%d zoo2=%d\n",zoo1,zoo2);
20
21       return 0;
22   }
```

执行结果如图 9.20 所示。

```
tiger=5 monkey=6 dog=9 cat=10
zoo1=5 zoo2=9

Process returned 0 (0x0)   execution time : 0.035 s
Press any key to continue.
```

图9.20

第 8 行重新设定 tiger 的初始值。第 10 行重新给 dog 赋初始值。第 15、16 行分别将 *zoo*1 的值设为 tiger，将 *zoo*2 的值设为 dog。

## · 9.3.2 类型定义

所谓类型定义，其实可以看成是替已有的数据类型自定义其新的数据类型名称，目的也是让程序的可读性更强。其定义语法如下。

```
typedef 原数据类型 新定义类型标识符
```

例如：

```
typedef int integer;
int height=50;
integer age=120;
type char* strinng;
string s1="happy"
```

请注意，经过 typedef 重新定义的新类型的作用范围仍跟其原类型定义是全局范围还是局部范围有关，如果仅定义在函数之中，那么就只能在此函数中使用。

下面的程序利用 typedef 重新定义 int 类型与字符指针，读者可以了解其定义与应用方法。

### 【上机实习范例：CH09_20.c】

```
01  #include <stdio.h>
02  #include <stdlib.h>
03
04  typedef int INTEGER;/* 把 int 定义成 INTEGER */
05  typedef char* STRING;/* 把 char* 定义成 STRING */
06
07  int main(void)
08  {
09      INTEGER score=12345;/* 定义 score 是 INTEGER 类型 */
10      STRING s1="happy";/* 定义 s1 是 STRING 类型 */
11
12      printf("s1=%s \t score=%d\n",s1,score);
13
14      return 0;
15  }
```

执行结果如图 9.21 所示。

```
s1=happy              score=12345

Process returned 0 (0x0)    execution time : 0.088 s
Press any key to continue.
```

图9.21

### 程序解说

第 4 行把 int 定义成 INTEGER，而第 5 行则把 char* 定义成 STRING。第 9~10 行分别定义 score 为 INTEGER 类型，定义 s1 为 STRING 类型。

通常在定义结构之后，我们会使用 typedef 来定义结构的数据类型别名，程序代码定义不必每次都加上 struct 关键字，以方便定义结构变量，如下所示。

```
struct student
{
    char name[10];
    int score;
```

```
};
typedef struct student sdn;    /* 定义数据类型名称为 sdn */
sdn s1, s2;    /* 使用 sdn 名称定义结构变量 s1 与 s2 */
```

当使用 typedef 定义结构的数据类型名称后，程序代码的编写会较为方便。下面的程序实现使用传址调用方式来传递整个使用 typedef 定义后的新数据类型结构数组，并对其进行排序。

### 【上机实习范例：CH09_21.c】

```
01  #include <stdio.h>
02  #include <stdlib.h>
03
04  struct student
05  {
06      char name[10];
07      int score;
08  };
09  typedef struct student sdn;    /* 定义结构 student 的数据类型名称为 sdn*/
10
11  void sort(sdn*);    /* 依分数高低进行排序 */
12
13  int main(void)
14  {
15      sdn s[5] = {{"Justin", 90},{"momor",53},{"Becky",84},
          {"bush",75},{"Snoopy", 93}};
16      int i;
17
18      puts(" 排序前：");
19      for(i = 0; i < 5; i++)
20          printf(" 姓名：%s\t 成绩：%d\n", s[i].name, s[i].score);
21
22      sort(s);
23
24      puts(" 排序后：");
25      for(i = 0; i < 5; i++)
26          printf(" 姓名：%s\t 成绩：%d\n", s[i].name, s[i].score);
27
28      return 0;
29  }
30
31  void sort(sdn* fs)
32  {
33      int i, j;
34      sdn temp;
35
36      for(j = 5; j > 0; j--)
37          for(i = 0; i < j - 1; i++)
38              if( fs[i].score < fs[i+1].score)
39              {
40                  temp = fs[i+1];    /* 复制结构变量 */
41                  fs[i+1] = fs[i];
42                  fs[i] = temp;
43              }
44  }
```

执行结果如图 9.22 所示。

```
排序前：
姓名： Justin    成绩： 90
姓名： momor     成绩： 53
姓名： Becky     成绩： 84
姓名： bush      成绩： 75
姓名： Snoopy    成绩： 93
排序后：
姓名： Snoopy    成绩： 93
姓名： Justin    成绩： 90
姓名： Becky     成绩： 84
姓名： bush      成绩： 75
姓名： momor     成绩： 53

Process returned 0 (0x0)   execution time : 0.066 s
Press any key to continue.
```

图9.22

**程序解说**

第 9 行用 typedef 定义新数据类型名称为 sdn。第 15 行定义 sdn 类型的 s 数组，并为其赋初始值。第 25~26 行由于数组是传址调用，因此排序后的结果会直接影响 s 数组，我们只需直接在主调函数中再次显示 s 的内容，即可显示排序后的结果。第 31~44 行使用冒泡排序法对数组 fs 进行排序，方法是两个结构变量若相同，则可以直接使用赋值运算符 "=" 进行成员数据的复制。

## 9.3.3 联合类型

联合类型与结构类型无论是在定义方法上还是在成员访问上都十分相似，但结构类型所定义的每个成员拥有各自的内存空间，联合类型的每个成员则是共享内存空间。简单来说，联合类型内的不同数据类型成员是用同一个内存空间来存储数据的，以各成员所占的最大内存空间作为联合使用的内存空间。声明联合类型的方式如下所示。

```
union 联合名称
{
    数据类型 1 数据成员 1;
    数据类型 2 数据成员 2;
    数据类型 3 数据成员 3;
    ……
} 联合变量;
```

以下为联合类型的声明。

```
union student
{
    char name[10];/* 占 10 字节内存空间 */
    int score;/* 占 4 字节内存空间 */
};
```

以下为类似的结构类型的声明。

```
struct student1
{
    char name[10];/* 占 10 字节内存空间 */
    int score;/* 占 4 字节内存空间 */
};
```

下面的程序实现用联合及结构类型分别定义相关变量，再比较不同变量所占内存空间的大小，其中两个数据成员看似所占内存空间一致，但我们可根据程序的输出结果对联合变量所占的内存空间有更深刻的认识。

■ 【上机实习范例：CH09_22.c】

```
01    #include <stdio.h>
02    #include <stdlib.h>
03
04    struct student1
05    {
06        char name[10];/* 占 10 字节内存空间 */
07        int score; /* 占 4 字节内存空间 */
08    }; /* 声明结构 student*/
09
10    union student
11    {
12        char name[10];/* 占 10 字节内存空间 */
13        int score;/* 占 4 字节内存空间 */
14    }; /* 声明联合类型 student */
15
16    int main(void)
17    {
18        struct student1 s1;/* s1 为结构变量 */
19        union student s; /* s 为联合变量 */
20
21        printf(" 结构变量 s1=%d 字节 联合变量 s=%d 字节 \n",
       sizeof(s1),sizeof(s));
22
23        return 0;
24    }
```

执行结果如图 9.23 所示。

```
结构变量s1=16字节 联合变量s=12字节

Process returned 0 (0x0)   execution time : 0.060 s
Press any key to continue.
```

图9.23

第 4~8 行声明结构类型 student1。第 10~14 行声明联合类型 student。第 18~19 行 s1 为结构变量，s 为联合变量。第 21 行输出结构变量与联合变量所占空间大小。

至于联合类型的访问方式，是在联合变量后加上点运算符 "." 再加上数据成员即可。下面的程序实现了非常简单的联合类型的定义与访问，与结构类型十分类似。

```
01    #include <stdio.h>
02    #include <stdlib.h>
03    #include <string.h>
04    union student
05    {
06        char name[10];/* 占 10 字节内存空间 */
07        int score;/* 占 4 字节内存空间 */
08    }; /* 声明联合类型 student */
09
```

```
10    int main(void)
11    {
12        union student s; /* s 为联合变量 */
13        strcpy(s.name," 王大忠 ");
14        printf(" 姓名为 :%s \n",s.name);
15        s.score=99;
16        printf(" 分数 =%d\n",s.score);
17
18        return 0;
19    }
```

执行结果如图 9.24 所示。

```
姓名为:王大忠
分数=99

Process returned 0 (0x0)    execution time : 0.039 s
Press any key to continue.
```

图9.24

【程序解说】

　　第 12 行定义 s 为联合变量。第 13 行给 s.name 赋初始值。第 14 行输出 s.name 的值。第 15 行给 s.score 赋初始值。第 16 行输出 s.score 的值。

# 9.4 上机实习课程

　　本章内容包括结构的定义与应用、结构指针与结构数组、函数与结构、枚举、联合与类型的定义等。本节的课程将利用上述的学习内容来进行一些相关 C 语言程序的上机实习。

### 【上机实习范例：CH09_23.c】

　　请设计一个 C 语言程序，定义一个嵌套结构 product，其数据成员包含 weight（重量）与 scale（规格）。而 scale 属于 size 结构的变量，由 length（长）、width（宽）与 height（高）3 个成员组成，在此程序中定义一个 parcel 类型的变量 large，并输出其所有成员数据。

```
01    #include <stdio.h>
02    #include <stdlib.h>
03
04    int main(void)
05    {
06        struct size /* 声明结构 size */
07        {
08            int length;
09            int width;
10            int height;
11        };
12        struct parcel     /* 定义嵌套结构 parcel */
13        {
```

```
14        float weight;
15        struct size scale;
16   } large={35.8,{160,90,70}};   /* 定义结构变量 large*/
17
18   printf(" 箱子重量 :%0.1f kg\n",large.weight);
19   printf(" 箱子长度 :%d cm\n",large.scale.length);
20   printf(" 箱子宽度 :%d cm\n",large.scale.width);
21   printf(" 箱子高度 :%d cm\n",large.scale.height);
22
23   return 0;
24   }
```

执行结果如图 9.25 所示。

```
箱子重量 :35.8 kg
箱子长度 :160 cm
箱子宽度 :90 cm
箱子高度 :70 cm

Process returned 0 (0x0)   execution time : 0.050 s
Press any key to continue.
```

图9.25

## ■ 【上机实习范例：CH09_24.c】

请设计一个 C 语言程序，定义 5 位学生的结构数组，每位学生的结构中又有成绩数组成员，最后输出学生结构数组的所有数组成员。学生结构数组如下所示。

struct student class1[5] = { { "Justin"，90,76,54},

{ "Momor"，95,88,54},

{ "Becky"，98,66,90},

{ "Bush"， 75,54,100},

{ "Snoopy"，80,88,97} };

```
01   #include <stdio.h>
02   #include <stdlib.h>
03
04   int main(void)
05   {
06     struct student
07     {
08       char name[10];
09       int  score[3];
10     }; /* 声明结构 student */
11     struct student class1[5] = { {"Justin", 90,76,54},
                 {"Momor",  95,88,54},
                 {"Becky",  98,66,90},
                 {"Bush",   75,54,100},
                 {"Snoopy", 80,88,97} };
12     /* 给 5 个成员赋初始值 */
13     int i;
14
```

313

```
15    for(i = 0; i < 5; i++)
16    {
17      printf(" 姓名： %s\t 成绩： %d %d %d\n", class1[i].name,
        class1[i].score[0], class1[i].score[1], class1[i].score[2]);
18      /* 输出 student 结构数组的所有成员 */
19      printf("---------------------------------------------\n");
20    }
21
22    system("pause");
23    return 0;
24  }
```

执行结果如图 9.26 所示。

```
姓名： Justin      成绩： 90 76 54
----------------------------------------
姓名： Momor      成绩： 95 88 54
----------------------------------------
姓名： Becky      成绩： 98 66 90
----------------------------------------
姓名： Bush       成绩： 75 54 100
----------------------------------------
姓名： Snoopy     成绩： 80 88 97
----------------------------------------
请按任意键继续

Process returned 0 (0x0)    execution time : 0.305 s
Press any key to continue.
```

图9.26

### 【上机实习范例： CH09_25.c】

请设计一个 C 语言程序，设结构为圆，并分别定义一个结构变量及结构指针，而此结构指针指向该变量。
接着利用结构变量计算出圆面积后，再分别用两种结构指针方式将数据显示在屏幕上。该结构如下所示。

```
struct circle
{
   float r;
   float pi;
   float area;
};
```

```
01    #include <stdio.h>
02    #include <stdlib.h>
03
04    struct circle
05    {
06      float r;
07      float pi;
08      float area;
09    }; /* 声明结构 circle*/
10
11    int main(void)
12    {
13      struct circle myCircle;
14      struct circle *getData;
```

```
15
16     /* getData 指向 myCircle */
17     getData = &myCircle;
18     /* 设定圆半径 */
19     myCircle.r=5;
20     myCircle.pi = 3.14159;
21     /* 设定圆周率 */
22     myCircle.area = myCircle.r*myCircle.r*myCircle.pi;
23     /* 计算圆面积 */
24
25     printf("getData->r = %.2f\n", getData->r);
26     printf("getData->pi = %.2f\n", getData->pi);
27     printf("getData->area = %.2f\n", getData->area);
28     /* 第一种结构指针访问方式 */
29     printf("(*getData).r = %.2f\n", (*getData).r);
30     printf("(*getData).pi = %.2f\n", (*getData).pi);
31     printf("(*getData).area = %.2f\n", (*getData).area);
32     /* 第二种结构指针访问方式 */
33
34     return 0;
35   }
```

执行结果如图 9.27 所示。

```
getData->r = 5.00
getData->pi = 3.14
getData->area = 78.54
(*getData).r = 5.00
(*getData).pi = 3.14
(*getData).area = 78.54

Process returned 0 (0x0)    execution time : 0.096 s
Press any key to continue.
```

图9.27

### 【上机实习范例：CH09_26.c】

假设有以下结构类型：

```
struct product
{
    char  name30];
    int price;
    float discount;
} desk;
```

请设计一个 C 语言程序来输出结构变量 desk 及其成员一共占用多少内存空间。

```
01   #include <stdio.h>
02   #include <stdlib.h>
03
04   int main(void)
05   {
06       struct product
07       {
```

```
08        char  name[20];
09        float discount;
10        float price;
11   } desk; /* 声明结构 product，定义变量 desk */
12
13   printf(" 结构变量 desk 所占内存空间：  %d 位 \n",sizeof(desk));
14   printf("------------------------------------\n");
15   printf(" 结构变量成员 name 所占内存空间：  %d 位 \n",sizeof(desk.name));
16   printf(" 结构变量成员 discount 所占内存空间：  %d 位 \n",sizeof(desk.discount));
17   printf(" 结构变量成员 price 所占内存空间：  %d 位 \n",sizeof(desk.price));
18   printf("------------------------------------\n");
19
20   return 0;
21  }
```

执行结果如图 9.28 所示。

```
结构变量desk所占内存空间: 28 位
------------------------------------
结构变量成员name所占内存空间: 20位
结构变量成员discount所占内存空间: 4 位
结构变量成员price所占内存空间: 4位
------------------------------------

Process returned 0 (0x0)    execution time : 0.061 s
Press any key to continue.
```

图9.28

### ■【上机实习范例：CH09_27.c】

由于数组名可以利用指针常量来访问，因此也可以通过指针常量方式来表示结构数组。student 类型的结构数组 class1 如下所示。

```
struct student
{
   char name[20];
   int math;
   int english;
};
struct student class1[5]={{" 章成方 ",87,79},
           {" 王克擎 ",81,100},
           {" 林函楼 ",78,90},
           {" 吴黛玲 ",99,85},
           {" 陈昭辉 ",90,65}};
```

请设计一个 C 语言程序，利用指针常量方式来访问结构数组内的各元素值，并分别计算出数学与英语的平均分与这两个学科的最高分。

```
01   #include <stdio.h>
02   #include <stdlib.h>
03
04   int main(void)
05   {
06      struct student
07      {
```

```
08        char name[20];
09        int math;
10        int english;
11    }; /* 声明结构 student*/
12
13    struct student class1[5]={{" 章成方 ",87,79},{" 王克擎 ",81,100},
    {" 林函楼 ",78,90},{" 吴黛玲 ",99,85},{" 陈昭辉 ",90,65}};
14    /* 定义并给结构数组赋初始值 */
15    int i,M_max=(class1+0)->math,E_max=(class1+0)->english;
16    float math_total=0,english_total=0;
17
18    for(i=0;i<5;i++)
19    {
20        math_total=math_total+(class1+i)->math;/* 计算数学总分 */
21        english_total=english_total+(class1+i)->english;/* 计算英语总分 */
22        printf(" 姓名 :%s\t 数学成绩 :%d\t 英语成绩 :%d\n",
        (class1+i)->name,(class1+i)->math,(class1+i)->english);
23
24        if ((class1+i)->math >= M_max)
25            M_max=(class1+i)->math; /* 找出数学成绩最高者 */
26        if ((class1+i)->english >= E_max)
27            E_max=(class1+i)->english;/* 找出英语成绩最高者 */
28    }
29
30    printf("------------------------------------------------\n");
31    printf(" 数学平均分 :%4.2f    英语平均分 :%4.2f\n",
        math_total/5,english_total/5);
32    printf("------------------------------------------------\n");
33    printf(" 数学最高分为 %d 分 \t 英语最高分为 %d 分 \n",M_max,E_max);
34    printf("------------------------------------------------\n");
35
36    return 0;
37  }
```

执行结果如图 9.29 所示。

```
姓名:章成方      数学成绩:87       英语成绩:79
姓名:王克擎      数学成绩:81       英语成绩:100
姓名:林函楼      数学成绩:78       英语成绩:90
姓名:吴黛玲      数学成绩:99       英语成绩:85
姓名:陈昭辉      数学成绩:90       英语成绩:65
------------------------------------------------
数学平均分:87.00      英语平均分:83.80
------------------------------------------------
数学最高分为99分       英语最高分为100分
------------------------------------------------
Process returned 0 (0x0)    execution time : 0.068 s
Press any key to continue.
```

图9.29

**【上机实习范例：CH09_28.c】**

请设计一个 C 语言程序，并在编写过程中练习使用 malloc() 与 free() 这两个函数，首先用 malloc() 函数以动态分配的方式分配给结构变量一个内存空间，然后在程序结束前使用 free() 函数释放所分配的内存空间。

```
01   #include <stdio.h>
02   #include <stdlib.h>
03
04   int main(void)
05   {
06     struct student
07     {
08       char name[20];
09       int score;
10     };
11
12     typedef struct student s_data;   /* 定义类型名称为 s_data */
13     s_data *new_student;   /* 定义一个结构指针 */
14
15     new_student = (s_data*) malloc(sizeof(s_data));
     /* 分配结构变量内存空间 */
16
17     if (new_student == NULL)
     /* 如果返回值为 NULL，则表示内存空间分配失败 */
18       puts(" 内存分配失败！ ");
19     else
20     {
21       printf(" 姓名： ");
22       scanf("%s", new_student->name);
23       printf(" 成绩： ");
24       scanf("%d", &new_student->score);
25     }
26
27     printf(" 姓名： %s\t 成绩： %d\n", new_student->name,
     new_student->score);
28
29     free(new_student);/* 释放此结构变量所占内存空间 */
30
31     return 0;
32   }
```

执行结果如图 9.30 所示。

```
姓名：林海
成绩：98
姓名：林海       成绩：98

Process returned 0 (0x0)   execution time : 2.710 s
Press any key to continue.
```

图9.30

■ 【上机实习范例：CH09_29.c】

在动态分配内存空间时，最常使用的就是"链表"（link）结构。对于一个基本的链表结构，我们必须使用一个数据域与一个指针 ptr，其中 ptr 用于记录最后一个元素的地址。假设我们现在要新增一个元素至链表的尾端，在程序设计时必须遵循以下 4 个步骤。

1. 使用 malloc() 函数分配内存空间供新元素使用。

2. 将原链表尾端的指针（next）指向新元素所在的内存地址。

3. 将 ptr 指针指向新节点的内存地址，表示这是新的链表尾端。

4. 由于新元素目前为链表最后一个元素，因此将它的指针（next）指向 NULL。

请设计一个 C 语言程序，可以动态地新增学生数据以存储用户的输入，当用户输入结束后，遍历此链表并显示其内容。然后求出所有学生的数学与英语的平均分，最后释放链表中遍历过的学生数据所占的内存空间。此学生结构数据类型如下。

```
struct student
{
    char name[20];
    int Math;
    int Eng;
    char no[10];
    struct student *next;
};
```

```
01   #include <stdio.h>
02   #include <stdlib.h>
03
04   int main(void)
05   {
06       int select,student_no=0;
07       float Msum=0,Esum=0;
08
09       struct student
10       {
11           char name[20];
12           int Math;
13           int Eng;
14           char no[10];
15           struct student *next;
16       };
17       typedef struct student s_data;
18       s_data *ptr;       /* 遍历用到的指针 */
19       s_data *head;        /* 链表头指针 */
20       s_data *new_data;  /* 新增元素所在地址的指针 */
21
22       head = (s_data*) malloc(sizeof(s_data));  /* 新增链表头元素 */
23       ptr = head;    /* 设定遍历用到的指针地址 */
24       ptr->next = NULL;   /* 目前无下个元素 */
25       do
26       {
27           printf("(1) 新增 (2) 离开 =>");
28           scanf("%d", &select);
29           if (select != 2)
30           {
31               printf(" 姓名 学号 数学成绩 英语成绩 :");
32               scanf("%s %s %d %d",
             ptr->name,ptr->no,&ptr->Math,&ptr->Eng);
33               new_data = (s_data*) malloc(sizeof(s_data));/* 新增下一元素 */
34               ptr->next = new_data;   /* 连接下一元素 */
35               new_data->next = NULL;  /* 下一元素的 next 先设为 NULL */
36               ptr = new_data; /* 将遍历用到的指针设为新元素所在地址 */
```

```
37          }
38      } while (select != 2);
39
40      ptr = head;     /* 设定遍历用到的指针从头开始 */
41
42      putchar('\n');
43
44      while (ptr->next != NULL)
45      {
46          printf(" 姓名： %s\t 学号 :%s\t 数学成绩 :%d\t 英语成绩： %d\n",
                ptr->name,ptr->no,ptr->Math,ptr->Eng);
47          head = head ->next;    /* 将 head 移向下一元素 */
48          Msum+=ptr->Math;
49          Esum+=ptr->Eng;
50          student_no++;
51          free(ptr);    /* 释放 ptr 所指向的内存空间 */
52          ptr = head;  /* 设定遍历用到的指针为目前 head 所在地址 */
53      }
54      printf("---------------------------------------\n");
55      printf(" 本链表学生数学平均分 :%.2f 英语平均分 :%.2f\n",
                Msum/student_no,Esum/student_no);
56
57      return 0;
58  }
```

执行结果如图 9.31 所示。

```
(1)新增  (2)离开 =>1
姓名 学号 数学成绩 英语成绩:许庆芳 20180001 98 96
(1)新增  (2)离开 =>1
姓名 学号 数学成绩 英语成绩:程宝如 20180002 92 90
(1)新增  (2)离开 =>2

姓名：许庆芳      学号:20180001     数学成绩:98     英语成绩： 96
姓名：程宝如      学号:20180002     数学成绩:92     英语成绩： 90
---------------------------------------
本链表学生数学平均分:95.00    英语平均分:93.00

Process returned 0 (0x0)    execution time : 18.629 s
Press any key to continue.
```

图9.31

### 【上机实习范例：CH09_30.c】

若在程序中用数值表示颜色，表意上较不清楚，这时可以使用"枚举常量"（enumeration constants）来自定义枚举类型。若要给枚举赋初始值，则直接在定义的同时赋初始值就可以了，如下所示。

```
enum colors { RED = 1, ORANGE, YELLOW, GREEN, BLUE, INDIGO,
PURPLE };
```

请设计一个 C 语言程序，直接使用以上所定义的符号来进行数据运算，并使用 for 循环将所有的颜色显示在屏幕上。

```
01   #include <stdio.h>
02   #include <stdlib.h>
03
```

```
04   int main(void)
05   {
06       enum colors { RED = 1, ORANGE, YELLOW, GREEN, BLUE,
             INDIGO, PURPLE };
07
08       char *color_name[] = { "red", "orange",
                 "yellow", "green", "blue",
                 "indigo", "purple"};
09       int i;
10
11       for(i = 1; i <= PURPLE; i++)
12           printf("%d\t%s\n", i, color_name[i-1]);
13
14   return 0;
15   }
```

执行结果如图 9.32 所示。

```
1       red
2       orange
3       yellow
4       green
5       blue
6       indigo
7       purple

Process returned 0 (0x0)   execution time : 0.076 s
Press any key to continue.
```

图9.32

## 【上机实习范例: CH09_31.c】

请设计一个 C 语言程序,将结构指针指向数组,并进行结构指针的加法运算来访问数组中所有的数据成员。此结构如下所示。

```
struct Test
{
  int Age;
  char Name[20];
};
```

```
01   #include <stdio.h>
02   #include <stdlib.h>
03
04   struct Test      /* 声明结构 Test*/
05   {
06       int Age;
07       char Name[20];
08   };
09
10   int main(void)
11   {
12       struct Test T1[3]={ {20," 王义信 "},{32," 张明青 "},{33," 林华一 "}};
13       struct Test *pt2=T1;    /* 定义指向 T1 的结构指针 */
14       int i;
```

```
15
16      for(i=0;i<3;i++)
17      {
18          printf("%d\t",pt2->Age);
19          printf("%s",pt2->Name);
20          printf("\n");
21          pt2++;
22      }
23
24      return 0;
25  }
```

执行结果如图 9.33 所示。

```
20      王义信
32      张明青
33      林华一

Process returned 0 (0x0)   execution time : 0.099 s
Press any key to continue.
```

图9.33

### 【上机实习范例：CH09_32.c】

请设计一个 C 语言程序，由于其中的函数要将结构类型数据作为返回值，因此必须在该函数中先建立结构数据变量，然后输入结构成员的值，并将所输入的值返回到主程序中。

```
01  #include<stdio.h>
02  #include<stdlib.h>
03
04  /* 声明结构 Student*/
05  struct Student
06  {
07      int lang;
08      int math;
09  };
10  /* set_data() 函数原型声明 */
11  struct Student set_data();
12  /* 主函数 */
13  int main(void)
14  {
15      /* 定义结构变量 st2 */
16      struct Student st2;
17      /* 调用 set_data() 函数，将使用结构变量 st2 来接收函数所返回的结构 */
18      st2=set_data();
19      printf("==============================\n");
20      printf(" 语文成绩 :%d\n",st2.lang);
21      printf(" 数学成绩 :%d\n",st2.math);
22
23      return 0;
24  }
25  /* set_data() 函数：输入结构成员的值，并将所输入的值返回给主程序 */
26  struct Student set_data()
27  {
28      /* 定义结构变量 st1*/
29      struct Student st1;
```

```
30    printf(" 请输入语文成绩 :");
31    scanf("%d",&st1.lang);
32    printf(" 请输入数学成绩 :");
33    scanf("%d",&st1.math);
34    /* 将结构变量 st1 返回 */
35    return st1;
36  }
```

执行结果如图 9.34 所示。

```
请输入语文成绩:90
请输入数学成绩:98
================================
语文成绩:90
数学成绩:98

Process returned 0 (0x0)   execution time : 2.686 s
Press any key to continue.
```

图9.34

### ■【上机实习范例：CH09_33.c】

请设计一个 C 语言程序，利用联合的成员共享内存空间来制作简单的加密程序，将每个字符的数值加上一个整数。若要解密，只需将每个数值减去一个整数即可。

```
01   #include <stdio.h>
02   #include <stdlib.h>
03
04   int encode(int);    /* 加密函数 */
05   int decode(int);    /* 解密函数 */
06
07   int main(void)
08   {
09     int pwd;
10     printf(" 请输入密码 :");
11     scanf("%d",&pwd);
12     pwd = encode(pwd);
13     printf(" 加密后：%d\n",pwd);
14     pwd = decode(pwd);
15     printf(" 解密后：%d\n",pwd);
16
17     return 0;
18   }
19   /* 形式参数：未加密的密码 */
20   /* 返回值：加密后的密码 */
21   int encode(int pwd)
22   {
23     int i;
24     union
25     {
26       int num;
27       char c[sizeof(int)];
28     } u1;
29     u1.num = pwd;
30     for(i = 0; i< sizeof(int); i++)
31       u1.c[i] += 32;
32     return u1.num;
```

```
33    }
34
35    /* 形式参数：加密过的密码 */
36    /* 返回值：还原后的密码 */
37    int decode(int pwd)
38    {
39        int i;
40        union
41        {
42            int num;
43            char c[sizeof(int)];
44        } u1;
45        u1.num = pwd;
46        for(i = 0; i< sizeof(int); i++)
47            u1.c[i] -= 32;
48        return u1.num;
49    }
```

执行结果如图 9.35 所示。

```
请输入密码：1234
加密后：538977522
解密后：1234

Process returned 0 (0x0)    execution time : 1.618 s
Press any key to continue.
```

图9.35

## 本章课后习题

1. 如果两个结构变量的成员相同，那么我们可以直接对它们使用赋值运算符 "="，请问下面的赋值方式哪个地方有错误？

```
struct student
{
    char name[10];
    int score;
    int ID;
} s1, s2;

strcpy(s1.name, "Justin");
s1.score = 90;
s1.ID=10001;
s2 <- s1;
```

解答：我们可以直接使用赋值运算符 "=" 将其中一个结构变量的所有成员赋给另一个结构变量，赋值的方式如下所示。

```
struct student
{
    char name[10];
    int score;
    int ID;
} s1, s2;
```

```
strcpy(s1.name, "Justin");
s1.score = 90;
s1.ID=10001;
s2 = s1;
```

2. 下面的程序代码哪里出了问题？

```
01    #include <stdio.h>
02
03    int main(void)
04    {
05        struct
06        {
07            char *name;
08            int number;
09        }st
10
11        st.name = "Justin";
12        st.number = 90;
13
14        return 0;
15    }
```

解答：第 9 行少了分号作为结束。

3. 结构定义有哪两种方式？

解答：

（1）结构与变量分开定义：先声明结构，再定义结构变量。

（2）结构与变量结合定义：声明结构的同时定义结构变量。

4. 请说明嵌套结构的内容及其优点。

解答：结构类型既允许用户自定义数据类型，也允许用户在一个结构中定义另一个结构变量，此时我们称其为嵌套结构。嵌套结构的好处是能够在已建立好的数据分类上继续分类，即对原本的数据分类再进行细分。

5. 何谓自定义数据类型？C 语言中有哪些方式可以自定义数据类型？

解答：所谓自定义数据类型，其实可以将其看成是替指定的数据类型自定义名称，然后即可在程序中根据这个自定义名称来定义所指定的数据类型变量。在 C 语言中，除了结构自定义数据类型外，还包含枚举、联合与类型定义 3 种方式。

6. 下面的程序代码哪里出了问题？

```
int main()
{
    struct student
    {
        char *name;
        int number;
    } *st;
```

```
        st.name = "Justin";
        st.number = 90;

        return 0;
    }
```

解答：结构 st 被定义为指针，所以第 9 行和第 10 行语句必须使用运算符 "->" 来访问结构成员。

7. 一个初学结构的学生尝试将用户的输入作为结构成员的值，但是程序在执行时出现了错误，请问哪里出了问题？

```
01   #include <stdio.h>
02
03   int main(void)
04   {
05       struct
06       {
07           int a;
08           int b;
09       }word;
10
11       printf(" 输入两整数： ");
12       scanf("%d %d", word.a, word.b);
13       printf("%d %d", word.a, word.b);
14
15       return 0;
16   }
```

解答：第 12 行应修改如下。

```
scanf("%d %d", &word.a, &word.b);
```

8. 结构指针的功能是什么？

解答：如果以结构为数据类型来定义指针变量，此指针就称为结构指针。虽然结构变量可以直接对其成员进行访问，但由于结构指针是以结构为数据类型的指针变量，所存储的内容是地址，因此还是要与一般指针变量一样，必须先将结构变量的地址赋给指针，这样才能间接访问其结构变量的成员。

9. 有一结构内容如下。

```
struct circle
{
    float r;
    float pi;
    float area;
}
```

且定义为结构指针。

```
struct circle *getData;
getData = &myCircle;
```

请依照上述程序代码，写出两种结构指针访问方式。

解答：

第一种结构指针访问方式如下。

```
printf("getData->r = %.2f\n", getData->r);
printf("getData->pi = %.2f\n", getData->pi);
printf("getData->area = %.2f\n", getData->area);
```

第二种结构指针访问方式如下。

```
printf("(*getData).r = %.2f\n", (*getData).r);
printf("(*getData).pi = %.2f\n", (*getData).pi);
printf("(*getData).area = %.2f\n", (*getData).area);
```

10. 结构传值调用的缺点是什么？

解答：传值调用会将整个结构变量复制到被调函数里，结构的所有成员会一直存储在被调函数中以供直接使用。但是当结构变量的容量很大时，不仅会占用许多内存，还会降低程序执行的效率。如果在被调函数中更改了传来的参数值，主调函数内结构变量的值并不会更改。

11. 请说明结构传址调用的特性。

解答：传址调用时传入的参数为结构对象的内存地址，通过取址运算符"&"将地址传给被调函数。不过如果在被调函数中更改了传来的参数值，那么主调函数内结构变量的值也会同步更改。

12. 请写出结构与传址调用的函数调用通式。

解答：函数名称（&结构变量）;。

13. 有一枚举类型定义如下。

```
enum fruit
{
    watermelon=1,
    papaya=2,
    grapes = 6,
    strawberry=10
};
```

请问以下代码的输出结果是什么？

```
01   printf(" 西瓜 %d 颗 \n", watermelon);
02   printf(" 木瓜 %d 颗 \n", papaya);
03   printf(" 葡萄 %d 串 \n", grapes);
04   printf(" 草莓 %d 盒 \n", strawberry);
```

解答：1,2,6,10。

14. 联合类型就是共享内存空间，与结构类型非常类似，以下定义了一个联合类型 data。

```
union Data
{
    int a;
    char b;
    int c[10];
} testData;
```

请回答以下问题。

（1）以下程序代码的输出结果是什么？

```
printf("size of testData.c:%d\n", sizeof(testData.c));
```

解答：40。

（2）以下程序代码的输出结果是什么？

```
testData.a = 0x3277;
testData.b = 0x91;
printf("testData.a=%x\n", testData.a);
```

解答：3291。

15. 请说明类型定义的功能及语法定义。

解答：所谓类型定义，其实可以看成是替已有的数据类型自定义其新的类型名称，目的也是让程序可读性更强。定义语法如下。

```
typedef 原数据类型 新定义类型标识符
```

16. 请说出以下程序代码的错误之处。

```
01    typedef struct house
02    {
03        int roomNumber;
04        char houseName[10];
05    } house_Info;
06
07    struct house_Info myhouse;
```

解答：第 7 行有误，如果重新定义结构类型，程序代码的定义就不必每次都加上 struct 关键字了。

17. 请问以下程序中变量 example 占了多少字节？

```
enum Drink
{
    coffee=25,
    milk=20,
    tea=15,
    water=2
};
enum Drink example;
```

解答：4 字节。

18. 请简述枚举类型的意义与功能。

解答：枚举类型也是一种由用户自行定义的数据类型，内容是由一组常量集合而成的枚举成员，并对各常量值进行不同的命名。枚举类型的优点在于把变量值限定在枚举成员的常量集合里，并利用名称来进行赋值，使得程序的可读性大大增强。

第　10　章

# 文件及文件处理

　　文件是计算机中数据的集合，也是在磁盘驱动器上处理数据的重要单位。文件可以是一份报告、一张图片或一个执行程序。文件包括数据文件、程序文件与可执行文件等。当 C 语言程序开始执行输入与输出操作时，都会自动打开 3 种数据流：标准输入（standard input，stdin）、标准输出（standard output，stdout）与标准错误（standard error，stderr）。其中，标准输入指的是键盘输入，标准输出指的是屏幕输出。这些数据流在程序执行完毕之后都会消失，这时我们需要将执行的结果以文件的形式存储在不会消失的存储媒介上，如 U 盘、硬盘等。

# 10.1 认识文件存取

在正式介绍 C 语言的文件存取之前，需要先了解一些与文件存取相关的基本知识，例如文件结构、数据流与缓冲区、文本文件与二进制文件，以及随机文件的使用等。

## 10.1.1 文件结构

文件可分为多种类型，例如文本文件、可执行文件、HTML 文件等，而且每一个文件都会用"文件名 . 扩展名"格式来表示。其中"文件名"说明了此文件的用途或功能，而"扩展名"则表示该文件的类型，用户可从中了解文件的相关信息，以及可以用哪种工具打开该文件。

当计算机中所使用的文件数量相当多时，可以使用"文件夹"将相同性质的文件集中存放。如果文件夹中的文件还是太多，那么还能够以建立"子文件夹"的方式再次进行分类。如此将文件分类存放后，日后要寻找特定文件时，就能够快速地搜寻到目标文件。

通常在操作系统的文件管理中是采用"树状结构"的方式来存储各种数据文件的。单一磁盘驱动器可视为一棵倒立的树，树根的位置就如同磁盘驱动器的根目录。在树根底下可能会有"树节"或"树叶"，其中"树节"相当于文件夹，而"树叶"相当于文件。

当然在"树节"中可能还会有"子树节"来包含其他的"树叶"，这也相当于文件夹中可能还包含了子文件夹及文件。整个文件结构会依照上述方式逐渐往下发展，从而形成一个完整的结构。磁盘驱动器中的文件结构如图 10.1 所示。

左边是一棵倒立的树，右边是磁盘驱动器的树状结构，包含文件夹与文件。

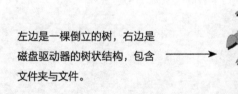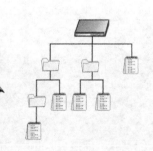

图10.1

清楚了文件结构后，如果我们要表示某一个文件的存储路径或位置，通常会采用下面的表示方法：

磁盘盘符 :\ 文件夹名称 \ 文件夹名称 \……\ 文件名 . 扩展名

例如，C:\WINDOWS\SYSTEM\CONTROL.TXT 表示"CONTROL.TXT"文件位于 C 磁盘下的"WINDOWS"文件夹的"SYSTEM"子文件夹内。

## 10.1.2 数据流与缓冲区

输入、输出是数据传输的过程，数据如流水一样从一处流向另一处，因此被形象地称为数据流。本章所谈的重点都是就文件数据流而言的，在进行 C 语言的文件存取时，都会先进行"打开文件"的操作，即打开数据流，而"关闭文件"就是在关闭数据流。

C 语言中的文件处理函数功能包括：打开文件、读取文件、更新文件与关闭文件等。这些文件处理函数通常以是否会利用到缓冲区来区分。

所谓缓冲区（buffer），就是内存中的一块空间，当进行文件的输入、输出时，其实并不会直接在磁盘上进行存取，而是会先打开数据流，将磁盘上的文件信息放置到缓冲区中，程序再从缓冲区中存取所需的数据。

缓冲区的设置主要是为了保证存取效率，因为内存的访问速度远远超过磁盘驱动器的访问速度。例如当在程序中下达写入的语句时，数据并不会被马上写入磁盘中，而是先写入缓冲区中，只有在缓冲区容量不足或是"关闭文件"时，数据才会被写入磁盘之中。

至于缓冲区的存取方式，则视使用哪一个存取函数而定。如果使用标准 I/O 函数，则程序会自动设定缓冲区；如果使用无须缓冲区的函数，则用户必须自行设定缓冲区。

## 10.1.3 文本文件与二进制文件

文件在存储时可以分为两种类型：文本文件与二进制文件。下面分别对它们加以说明。

■ 文本文件。

文本文件以字符编码的方式来进行存储。Windows 操作系统中扩展名为 .txt 的文件属于文本文件。Windows 操作系统中的记事本程序默认以 ASCII 来存储文本文件，可用来查看文本文件内容。不过事实上，文本文件也是以二进制的方式存储在磁盘中的，只不过当用户使用纯文本编辑器打开文本文件时，系统会自动以字符来显示文本文件的内容。

■ 二进制文件。

所谓二进制文件，就是将内存中的数据原封不动地存储至文件之中，适用于以非字符为主的数据。除了以字符为主的文本文件之外，其他所有的数据都可以说是二进制文件，例如编译过后的程序文件、图片或影片文件等。例如，如果在内存中有两个整数数值 511 与 255 要依次存储至文件中，则其存储至文件后的内容会如图 10.2 所示（假设整数占有 2 字节的空间）。

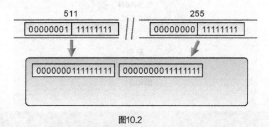

图10.2

有时候考虑到存取效率，以字符为主的数据并不一定会存储为纯文本文件，而仍会以二进制的方式存储，那么程序在进行运算的时候，就不用经过字符转换的过程。在相同容量大小的数据下，二进制文件会比文本文件占用更少的空间。

### · 10.1.4　文件存取方式

文件存取方式通常可分为以下两种，说明如下。

■ 顺序存取（sequential access）。

在顺序读文件时，需要先读文件前面的数据，也就是由上往下逐一地读取文件的内容。如果要存储数据，则将数据追加在文件的末尾，这种存取方式常用于文本文件，而被存取的文件则称为顺序文件。

■ 随机存取（random access）。

随机存取方式可以指定文件存取的位置，从文件中的任一位置读出或写入数据，此时称被存取的文件为随机存取文件。而所谓的"随机存取文件"大部分以二进制文件为主，会以一个完整结构为记录单位来进行数据的写入，例如一条记录中可能包括了一个账户的名称、余额、投资款项等。由于每条被写入的记录长度固定，因此新增、修改或删除任一条记录都很方便。

## 10.2 有缓冲区文件处理

C语言使用标准 I/O 函数进行文件的打开、写入与关闭动作。标准 I/O 函数会自动处理缓冲区，好处是可以避免不断地进行硬盘存取，加快执行速度，缺点是必须为其分配一块内存空间。与这部分相关的文件处理函数都定义在 stdio.h 头文件中。文件的 6 种操作方式如图 10.3 所示，具体介绍如下。

1. 输入：从文件中读取数据。

2. 输出：产生新文件，并将数据写入此文件。

3. 附加：将数据追加到现存文件的尾端。

4. 插入：将数据插入现存文件中间。

5. 删除：将某个数据从文件中删除。

6. 修改：修改文件中的某条记录。

图10.3

### · 10.2.1　文件的打开与关闭

当用户进行文件的处理动作时，除了必须包含 stdio.h 头文件外，还必须声明一个指向文件的 FILE 类型指针。FILE 是头文件 stdio.h 中所定义的结构，如下所示。

```
typedef struct {
    short        level;        /* fill/empty level of buffer */
    unsigned     flags;        /* File status flags     */
    char         fd;           /* File descriptor       */
    unsigned char   hold;      /* Ungetc char if no buffer */
    short        bsize;        /* Buffer size           */
    unsigned char   *buffer;   /* Data transfer buffer */
    unsigned char   *curp;     /* Current active pointer */
    unsigned     istemp;       /* Temporary file indicator */
    short        token;        /* Used for validity checking */
}    FILE;                     /* This is the FILE object */
```

我们并不用操作 FILE 结构中的每个成员，只要有如下声明，就可记录这个文件并指向这个文件所使用的缓冲区起始地址。

**FILE * 文件指针；**

前面我们说过要进行文件的存取，必须先打开文件，这就需要使用 fopen() 函数。fopen() 函数会传回一个结构指针地址，如果文件打开失败，则传回的结构指针地址为 NULL。在调用 fopen() 函数时，必须声明 FILE 文件指针用来接收 fopen() 函数的传回值，格式如下所示。

**文件指针 =fopen(" 文件名 "," 存取模式字符串 ");**

此处的文件名可以包括文件路径，如果没有指定，则默认为当前工作目录。而存取模式字符串则如表 10.1 所示。

表 10.1

| 存取模式 | 说明 |
|---|---|
| r | 打开文件进行读取，不写入任何内容 |
| w | 生成一个新的文件，如果有同名文件存在，则该文件会被丢弃 |
| a | 打开一个已存在的文件，所写入的数据会附加在原文件的末尾；如果指定的文件不存在，则生成一个新的文件 |
| r+ | 打开一个已经存在的文件，以进行读取或修改操作 |
| w+ | 生成一个新的文件，以进行读取或写入数据操作，如果有同名文件存在，则该文件会被丢弃 |
| a+ | 打开一个已存在的文件，所写入的数据会附加在原文件的末尾；如果指定的文件不存在，则生成一个新的文件，作用与 a 相同 |

文件处理完毕后，要记得关闭文件。当我们使用 fopen() 函数打开文件时，会先将文件数据复制到缓冲区中，而我们所下达的读取或写入语句都是针对缓冲区进行存取的，而不是针对磁盘。只有在使用 fclose() 函数关闭文件时，缓冲区中的数据才会写入磁盘之中。如果文件关闭成功，则会传回值 0，否则就传回非 0 值。关闭文件的格式如下。

**fclose( 文件指针 );**

以下程序范例中将简单说明 fopen() 函数与 fclose() 函数的声明应用。首先请读者使用记事本工具来建立文本文件 "test.txt"，接着请在执行时输入要打开的文件名，如输入 "test.txt"，就会输出 "找到文件，打开成功"；如果输入尚未建立的文件名，则会输出 "找不到文件，打开失败"。

■ 【上机实习范例：CH10_01.c】

```
01   #include <stdio.h>
02   #include <stdlib.h>
03
04   int main(void)
05   {
06      FILE* fptr;      /* 建立文件指针变量 */
07      char filename[15];
08
09      printf(" 请输入要打开的文件名 :");
10      scanf("%s",filename);
11      fptr = fopen(filename,"r");
12      /* 以只读方式打开文件 */
13      if(fptr!=NULL) /* 判断文件是否打开成功 */
14         {
15         printf(" 找到文件 , 打开成功 \n");
16         fclose(fptr);/* 关闭数据流 */
17         }
18      else
19         printf(" 找不到文件 , 打开失败 \n");
20
21
22      return 0;
23   }
```

执行结果如图 10.4 所示。

```
请输入要打开的文件名:test.txt
找到文件,打开成功

Process returned 0 (0x0)   execution time : 40.702 s
Press any key to continue.
```

图10.4

(程序解说)

第 6 行建立文件指针变量。第 10 行输入准备打开的文件名。第 11 行声明以只读方式打开文件。第 13 行如果文件打开成功，则不会传回 NULL，并且输出"找到文件，打开成功"，否则输出"找不到文件，打开失败"。

如果使用缓冲区来存取文件的函数，除了以上介绍的 fopen()、fclose() 函数，还包括以下文件读写函数：fgetc()、fputc()、fgets()、fputs()、fprintf()、fscanf() 等。

· 10.2.2 fputc() 函数与 fgetc() 函数

如果想要逐一将字符写入文件中，则可以使用 fputc() 函数，使用格式如下。

fputc( 字符变量 , 文件指针 );

例如：

fputc(ch,fptr);

ch 为所要写入的字符，而 fptr 为所打开文件的结构指针。fputc() 函数若写入字符失败，则传回 EOF（End of File），否则就传回写入的字符值。在 C 语言中，EOF 表示指针到文件结尾的常量，其值为 -1，定义在 stdio.h 头文件中。

接下来要说明如何一个字符接着一个字符地将文本文件中的内容读出，我们所使用的是 fgetc() 函数，它会从数据流中一次读取一个字符，然后将"文件读取光标"（指的是文件的当前读写位置）往下一个字符移动。

fgetc() 函数的定义如下。

```
fgetc( 文件指针 );
```

例如：

```
ch=fgetc(fptr);
```

如果字符读取成功，则传回所读取的字符值，否则就传回 EOF。不过会有个问题，如果读取错误则会传回 EOF，而读取到文件尾也会传回 EOF，那要如何识别文件已经读取完毕呢？其实读者可以利用 feof() 函数来进行检查，它的定义如下。

```
feof( 文件指针 );
```

feof() 函数会检查是否已到达文件尾，如果已经到达文件尾，则传回一个非 0 值，否则就传回 0。

以下程序范例先由用户逐一输入字符，并利用 fputc() 函数建立文件，若用户按下 Enter 键则关闭文件。再由 fgetc() 函数逐一读出字符，并使用 feof() 函数来检查是否已到达文件尾。

### ■ 【上机实习范例：CH10_02.c】

```
01  #include <stdio.h>
02  #include <stdlib.h>
03
04  int main(void)
05  {
06    FILE *fptr;
07    char ch;
08
09    printf(" 请输入所要建立文件的字符，输入完毕后请按 Enter 键结束 \n");
10    if((fptr = fopen("score.txt", "w")) == NULL) /* 检查文件是否打开成功 */
11      printf(" 文件打开失败！ ");
12    else
13    {
14      while ((ch=getche())!='\r')/* 如果没有按下 Enter 键，则继续循环 */
15        fputc(ch, fptr);/* 将字符写入文件 */
16    }
17    fclose(fptr);  /* 记得关闭文件 */
18
19    printf("\n");
20    printf("--------------- 逐一读出文件内容 -----------------\n");
21    fptr = fopen("score.txt", "r");
22    while( !feof(fptr) )
```

```
23        {
24          printf("%c", fgetc(fptr));/* 逐一读出字符 */
25        }
26      fclose(fptr);   /* 关闭文件 */
27      printf("\n");
28
29
30      return 0;
31  }
```

执行结果如图 10.5 所示。

```
请输入所要建立文件的字符.输入完毕后请按Enter键结束
I am a good boy
----------------逐字读出文件内容----------------
I am a good boy

Process returned 0 (0x0)    execution time : 21.223 s
Press any key to continue.
```

图10.5

### 程序解说

第 10 行检查文件是否打开成功。第 14 行如果用户没有按下 Enter 键（'\r'），则继续循环。第 15 行将字符写入文件。第 22~25 行利用 while 循环逐一读出字符。

接下来的范例程序稍微复杂一点，它把一个文本文件复制到另一个文件中，并从复制完成的文件中逐字读出内容，还要以每 30 个字符为一行来进行输出。

### ■ 【上机实习范例：CH10_03.c】

```
01   #include <stdio.h>
02   #include <stdlib.h>
03
04   int main(void)
05   {
06      FILE *fptr,*fptr1;
07      int count = 0;
08      char ch;
09
10
11      fptr1=fopen("score 复制版 .txt", "w");
12
13      if((fptr = fopen("score.txt", "r")) ==NULL)   /* 检查文件是否打开成功 */
14        puts(" 无法打开文件 ");
15      else
16        while( !feof(fptr) )
17        {
18          ch=fgetc(fptr);/* 从 fptr 逐一读出字符 ch */
19          fputc(ch,fptr1);
20        }
21      fclose(fptr);   /* 记得关闭文件 */
22      fclose(fptr1);   /* 记得关闭文件 */
23
24      if((fptr1 = fopen("score 复制版 .txt", "r")) ==NULL)   /* 检查文件是否打开成功 */
```

```
25        puts(" 无法打开文件 ");
26      else
27       while( !feof(fptr1) )
28        {
29            printf("%c",fgetc(fptr1));
30            count++;
31            if (count % 30 == 0)
32                putchar('\n');/* 输出 30 个字符就跳行 */
33        }
34
35      fclose(fptr1);   /* 记得关闭文件 */
36
37
38      return 0;
39  }
```

执行结果如图 10.6 所示。

```
I am a good boy
Process returned 0 (0x0)    execution time : 3.257 s
Press any key to continue.
```

图10.6

### 程序解说

第 11 行以写入方式打开文件 "score 复制版 .txt"，并将 fptr1 指针指向此文件。第 18 行将 fptr 所指向的文件逐一读出字符 ch，并在第 19 行将 ch 字符写入 fptr1 所指向的文件。第 27 行以 feof() 函数来判断是否已到达文件尾。第 31 行以 count 来控制每 30 个字符为一行进行输出。

## 10.2.3 fputs() 函数与 fgets() 函数

标准 I/O 函数中的字符串存取函数有 fgets() 函数与 fputs() 函数两种，我们可以使用 fputs() 函数将一个字符串写入文件中，使用格式如下。

```
fputs(" 写入字符串 ", 文件指针 );
```

例如：

```
File *fptr;
char str[20];
……
fputs(str,fptr);
```

如果是要读取文件中的一个字符串，则可使用 fgets() 函数，使用格式如下。

```
fgets( 字符数组 , 字符串长度 , 文件指针 );
```

例如：

```
File *fptr;
char str[20];
int length;
```

```
......
fgets(str,length,fptr);
```

其中 str 是字符串读取之后的暂存区；length 是读取的长度，单位是字节。fgets() 函数所读入的 length 有两种情况：一种是读取指定长度 length-1 的字符串，因为最后必须加上 '\0' 字符；另一种是若 length-1 的长度内包括了换行字符 '\n' 或 EOF 字符，则只能读取到这些字符为止。fgets() 函数与 fputs() 函数很适合处理单行存取的文件内容。

以下程序范例先利用 fputs() 函数以每行为一组数据，将其用来存储姓名等相关写入数据，再以新增模式加入 3 组数据，最后以 fgets() 函数来读取每次 11 位的字符串，如碰到换行字符 '\n' 则自动读取下一组，直到文件结束。

### ■ 【上机实习范例：CH10_04.c】

```
01   #include <stdio.h>
02   #include <stdlib.h>
03
04   int main(void)
05   {
06      FILE *fptr;
07      char address[7][11]={" 林信华 "," 张耀华 "," 陈一方 "," 廖正清 "," 张简单 "," 福田明菜 ",
08      " 王大海 "};
09      int i,count=0;
10      char address1[3][11]={" 真田广之 "," 王行之 "," 吴明华 "};
11      char str[11];
12
13      if((fptr = fopen("name.txt", "w")) ==NULL)   /* 检查文件是否打开成功 */
14         puts(" 无法打开文件 ");
15      else
16       for(i=0;i<7;i++)
17        {
18         fputs(address[i],fptr); /* 写入文件 */
19         fputc('\n',fptr);
20        }
21
22      fclose(fptr);
23
24      if((fptr = fopen("name.txt", "a")) ==NULL)   /* 检查文件是否打开成功，并声明新增模式 */
25         puts(" 无法打开文件 ");
26      else
27       for(i=0;i<3;i++)
28        {
29         fputs(address1[i],fptr); /* 以新增模式写入文件，新增内容会加在原文件末尾 */
30         fputc('\n',fptr);
31        }
32      fclose(fptr);
33
34      if((fptr = fopen("name.txt","r")) ==NULL)
35       puts(" 无法打开文件 ");
36      else
37       while(fgets(str,11,fptr)!=NULL)
38        {
```

```
39      printf("%s\n",str);
40      count++;
41      }
42      printf(" 共有 %d 个数据 \n",count);
43
44      fclose(fptr);
45
46
47      return 0;
48  }
```

执行结果如图 10.7 所示。

```
林信华
张耀华
陈一方
廖正清
张简单
福田明菜
王大海
真田广之
王行之
吴明华
共有10个数据

Process returned 0 (0x0)   execution time : 0.031 s
Press any key to continue.
```

图10.7

**程序解说**

第 18 行用 fputs() 函数写入文件。第 19 行则用 fputc() 函数来为每组数据的末端加上换行字符。第 24 行检查文件是否打开成功，并以新增模式打开文件。第 29 行以新增模式写入文件，新增内容会加在原文件末尾。第 37 行设定的读取长度是 11 而不是 10，这是因为 fgets() 函数读取 11-1 个字符的字符串，并于最后一个位置加上 '\0' 字符，并且如果返回的不是 NULL 则执行 while 循环。第 40 行以 count 值来计算此文件的数据个数。

以下程序范例仍利用 fputs() 函数与 fgets() 函数来读取并复制文件内容到另一文件，并将复制完毕的文件再次读出。

**【上机实习范例：CH10_05.c】**

```
01  #include <stdio.h>
02  #include <stdlib.h>
03
04  int main(void)
05  {
06      FILE *fptr,*fptr1;
```

```
07      int i,count=0;
08      char str[11];
09
10      fptr1 = fopen("score 复制文件 2.txt","w");
11      if((fptr = fopen("score.txt","r")) ==NULL)
12       puts(" 无法打开文件 ");
13      else
14       while(fgets(str,11,fptr)!=NULL)/* 如果文件未结束, 则执行循环 */
15       {
16      printf("%s\n",str);
17      fputs(str,fptr1);
18       }
19      fclose(fptr); /* 关闭文件 */
20      fclose(fptr1); /* 关闭文件 */
21
22      if((fptr1 = fopen("score 复制文件 2.txt","r")) ==NULL)
23      puts(" 无法打开文件 ");
24      else
25      while(fgets(str,11,fptr)!=NULL)
26      printf("%s\n",str);
27      fclose(fptr1); /* 关闭文件 */
28
29
30      return 0;
31  }
```

执行结果如图 10.8 所示。

```
I am a goo
d boy

Process returned 0 (0x0)    execution time : 0.346 s
Press any key to continue.
```

图10.8

**程序解说**

　　第 14 行如果文件未结束, 则执行循环。第 17 行将 str 字符串存入 fptr1 所指向的文件。第 25 行以 fgets() 函数读取 10 个字符的字符串, 如果返回的不是 NULL 则执行 while 循环。第 27 行关闭文件。

### 10.2.4　fprintf() 函数与 fscanf() 函数

　　除了单纯以字符或字符串方式写入文件外, 如果要以一定格式写入或读取文件, C 语言中的格式存取函数是 fprintf() 与 fscanf() 函数。它们的使用方式与 printf() 函数与 scanf() 函数类似, 只不过 printf() 函数是将数据流输出至屏幕, 而 fprintf() 函数是将数据流输出至文件。

　　scanf() 函数是从屏幕上输入数据, 而 fscanf() 函数则是从文件中读取数据。fprintf() 函数的使用格式如下。

fprintf( 文件指针 , 格式化字符串 , 变量 1, 变量 2…);

例如:

File *fptr;

```
int  math,eng;
float average;
fprintf(fptr, "%d\t%d\t%f\n",math,enf,average);
```

fscanf() 函数的使用格式如下。

```
fscanf( 文件指针 , 格式化字符串 , 变量 1 地址 , 变量 2 地址…);
```

例如：

```
File *fptr;
int  math,eng;
float average;
fprintf(fptr, "%d\t%d\t%f\n",&math,&enf,&average);
```

以下程序范例是将 5 组学生的成绩数据结构以 fprintf() 函数的格式写入，再利用 fscanf() 函数将此 5 组数据读出并输出到屏幕上。

### 【上机实习范例：CH10_06.c】

```
01   #include <stdio.h>
02   #include <stdlib.h>
03
04   struct student
05   {
06     char name[10];
07     int Eng;
08     int Chi;
09     int Math;
10   }; /* 定义结构 , 这个 student 结构为全局范围的结构形态 */
11
12   int main(void)
13   {
14     FILE *fptr;
15     int i;
16     struct student s2[5],s1[5]=
17     {" 张小华 ",77,89,66," 吴大为 ",54,90,76," 林浩成 ",88,90,65," 黄明章 ",75,54,97," 王召雄 ",88,33,97};
18
19
20     if((fptr = fopen("student.txt","w")) ==NULL)    /* 检查文件是否成功打开 */
21       puts(" 无法打开文件 ");
22     else
23     {
24      for(i=0;i<5;i++)
25      fprintf(fptr,"%s\t%d\t%d\t%d",s1[i].name,s1[i].Eng,s1[i].Chi,s1[i].Math);
26     } /* 以 fscanf() 函数写入文件 */
27     fclose(fptr);   /* 记得关闭文件 */
28
29     if((fptr = fopen("student.txt","r")) ==NULL)    /* 检查文件是否成功打开 */
30       puts(" 无法打开文件 ");
31     else
32     for(i=0;i<5;i++)
33     {
34     fscanf(fptr,"%s\t%d\t%d\t%d",s2[i].name,&s2[i].Eng,&s2[i].Chi,&s2[i].Math);
35     printf("%s %d %d %d\n",s2[i].name,s2[i].Eng,s2[i].Chi,s2[i].Math);
```

```
36      }/* 用 fscanf() 函数读取文件 */
37
38      fclose(fptr);    /* 记得关闭文件 */
39
40
41      return 0;
42  }
```

执行结果如图 10.9 所示。

```
张小华 77 89 66
吴大为 54 90 76
林浩成 88 90 65
黄明章 75 54 97
王召雄 88 33 97

Process returned 0 (0x0)    execution time : 0.330 s
Press any key to continue.
```

图10.9

〔程序解说〕

第 4~10 行定义全局结构 student。第 16~17 行声明并初始化这 5 位学生的成绩。第 20 行检查文件是否成功打开。第 25 行用 fscanf() 函数写入文件。第 29 行检查文件是否成功打开。第 34 行用 fscanf() 函数读取文件。

## 10.2.5  fwrite() 函数与 fread() 函数

我们也可以利用 fwrite() 函数与 fread() 函数对所要写入或读取的数据进行处理。例如数据可能先存储在变量、数组或是结构中，fwrite() 函数就可将变量、数组或是结构中的内存地址传送给它，使用格式如下。

fwrite(" 写入数据地址 "," 写入数据单位大小 "," 写入数据的笔数 ", 文件指针 );

例如：

```
File *fptr;
char str[20];
int count;
fwrite(str,sizeof(char),count,fptr);
```

如果想要读取 fwrite() 函数所写入的数据内容，就必须使用 fread() 函数，这样才可以正确读出有意义的信息，使用格式如下。

fread(" 写入数据地址 "," 写入数据单位大小 "," 写入数据的笔数 ", 文件指针 );

以下程序范例可让用户逐一输入字符，并存入字符数组中，当用户按下 Enter 键则利用 fwrite() 函数将整个字符串写入文件，接下来再将一个有 8 个元素的整数数组也依序写入文件，最后再利用 fread() 函数将其读出。

**【上机实习范例：CH10_07.c】**

```
01  #include <stdio.h>
02  #include <stdlib.h>
```

```
03
04   int main(void)
05   {
06      FILE *fptr;
07      char ch,str[30],str1[30]; /* 声明字符数组 */
08      int i,count=0,d[8]={6,7,9,4,3,9,10,12},d1[8];/* 声明整数数组 */
09
10      printf(" 请输入所要建立文件的字符，输入完毕后请按 Enter 键结束 \n");
11      if((fptr = fopen("test2.txt", "w")) == NULL) /* 检查文件是否打开成功 */
12         printf(" 文件打开失败！  ");
13      else
14      {
15         while ((ch=getche())!='\r')/* 如果没有按下 Enter 键，则继续循环 */
16            str[count++]=ch;/* 将字符写入字符数组 */
17      }
18      str[count++]='\0';/* 加上空字符 */
19      fwrite(str,sizeof(char),count+1,fptr);
20      fwrite(d,sizeof(int),sizeof(d)/sizeof(int),fptr);
21      /* d 代表该数组地址 */
22      fclose(fptr);
23
24      printf("\n");
25      printf("--------------- 读出文件中的数据内容 ------------------\n");
26      fptr = fopen("test2.txt", "r");
27      fread(str1,sizeof(char),count+1,fptr);
28      /* 用 fread() 函数读出字符串内容 */
29      printf("%s\n",str1);
30      fread(d1,sizeof(int),sizeof(d1)/sizeof(int),fptr);
31      for(i=0;i<sizeof(d1)/sizeof(int);i++)
32      printf("%d\t",d1[i]);
33      printf("\n");
34
35      fclose(fptr);    /* 关闭文件 */
36      printf("\n");
37
38
39      return 0;
40   }
```

执行结果如图 10.10 所示。

```
请输入所要建立文件的字符.输入完毕后请按Enter键结束
holiday dream reality
---------------读出文件中的数据内容------------------
holiday dream reality
6        7        9        4        3        9        10       12


Process returned 0 <0x0>   execution time : 22.373 s
Press any key to continue.
```

图10.10

 程序解说

　　第 15~16 行如果用户没有按下 Enter 键，则继续循环，并将字符写入字符数组。第 18 行必须加上空字符。第 19 行用 fwrite() 函数写入 str 字符串。第 20 行 fwrite() 函数中的 d 为数组名，可代表该数组的地址；第二个参数将 int 的长度大小设为一组数据的长度大小；第三个参数则写入 8 组数据，是数组总长度除以整数所占长度。第 27 行用 fread() 函数读出字符串的内容。第 31~32 行输出所读取数组 d1 的内容。

接下来我们可以直接制作一个简单的范例，看看如何使用 fwrite() 函数将二进制数据写到文件中，表10.2 所示为二进制文件的存取模式，其中"b"表示为二进制模式。

表 10.2

| 存取模式 | 说明 |
|---|---|
| rb | 打开二进制文件进行读取动作，不写入任何内容 |
| wb | 生成一个新的二进制文件，如果有同名文件存在，则该原文件会被丢弃，重新打开其他文件 |
| ab | 打开一个已存在的二进制文件，所写入的文件会附加在原文件的末尾；如果指定的文件不存在，则生成一个新的文件 |

■ 【上机实习范例：CH10_08.c】

```
01   #include <stdio.h>
02   #include <stdlib.h>
03
04   int main(void)
05   {
06       int number = 10;
07       char str[] = "Justin";
08       int arr[] = {1, 2, 3, 4, 5};
09       FILE *fptr;
10
11       if ((fptr = fopen("test3.dat", "wb")) == NULL)
12           printf(" 无法打开文件！\n");
13       else
14       {
15           fwrite((char*)&number, sizeof(number), 1, fptr);
16           fwrite(str, sizeof(str), 1, fptr);
17           fwrite(arr, sizeof(arr), 1, fptr);
18           fclose(fptr);
19           printf(" 写入二进制数据成功 \n");
20       }
21
22
23       return 0;
24   }
```

执行结果如图 10.11 所示。

```
写入二进制数据成功

Process returned 0 (0x0)   execution time : 3.290 s
Press any key to continue.
```

图10.11

程序解说

第 15 行由于 fwrite() 的缓冲区地址默认为 char 数据类型，因此在第 15 行中必须进行类型转换，并且每次读取 1 字节。第 16 行用 fwrite() 函数写入字符串。第 17 行用 fwrite() 函数写入数组。

接下来的程序范例将制作一个简单的二进制查看器，并使用 fread() 函数来读取文件，可检查【上机实习范例：CH10_08.c】所写入的二进制文件。

注意文件内容若以十六进制方式表示，在十六进制中 0A 即为十进制的 10，而十六进制的 4A 表示十进制的 74，对照 ASCII 表即为 'J'，其余的十六进制码解读方式依此类推。注意在写入数据时，应先写入低字节，再写入高字节，所以当 10 这个整数数值写入文件中时，会以 0A 00 00 00 的方式写入。

**【上机实习范例：CH10_09.c】**

```
01  #include <stdio.h>
02  #include <stdlib.h>
03
04  int main(void)
05  {
06      FILE *fptr;
07      unsigned char ch;
08      int count = 0;
09
10      if ((fptr = fopen("test3.dat", "rb")) == NULL)
11          printf(" 无法打开文件！\n");
12      else
13      {
14          while( !feof(fptr) )
15          {
16              fread(&ch, sizeof(ch), 1, fptr);   /* 每次读取 1 字节 */
17              if (ch <= 0xF) /* 如果小于 0xF，就会补 0 */
18                  printf("0%-2X", ch);
19              else
20                  printf("%-2X ", ch);
21              count++;
22              if(!(count % 16))    /* 每显示 16 字节就换行 */
23                  putchar('\n');
24          }
25          fclose(fptr);
26      }
27
28
29      return 0;
30  }
```

执行结果如图 10.12 所示。

```
0A 00 00 00 4A 75 73 74 69 6E 00 01 00 00 00 02
00 00 00 03 00 00 00 04 00 00 00 05 00 00 00 00

Process returned 0 (0x0)   execution time : 0.281 s
Press any key to continue.
```

图10.12

**程序解说**

第 16 行每次读取 1 字节。第 17 行如果小于 0xF，就会补 0。第 22 行中每显示 16 字节就换行。

如果想要读取二进制文件中的数据内容，就必须采用与存储文件时相同的数据类型，这样才可以正确地读出有意义的信息。以下这个程序范例使用 fread() 函数来读出之前所写入的信息，并显示在屏幕上。

**【上机实习范例：CH10_10.c】**

```
01   #include <stdio.h>
02   #include <stdlib.h>
03
04   int main(void)
05   {
06       int number = 0;
07       char str[7] = "";
08       int arr[5] = {0};
09       FILE *fptr;
10
11
12       if ((fptr = fopen("test3.dat", "rb")) == NULL)
13           printf(" 无法打开文件！ \n");
14       else
15       {
16           fread((char*)&number, sizeof(number), 1, fptr);/* 读取字符 */
17           fread(str, sizeof(str), 1, fptr);/* 读取整数 number */
18           fread(arr, sizeof(arr), 1, fptr);/* 读取整数数组 */
19           fclose(fptr);
20           printf("number = %d\n", number);
21           printf("str = %s\n", str);
22           printf("arr[5] = {%d, %d, %d, %d, %d}\n",
23                   arr[0], arr[1], arr[2], arr[3], arr[4]);
24           fclose(fptr);
25       }
26
27
28       return 0;
29   }
```

执行结果如图 10.13 所示。

```
number = 10
str = Justin
arr[5] = {1, 2, 3, 4, 5}

Process returned 0 (0x0)   execution time : 0.018 s
Press any key to continue.
```

图10.13

**程序解说**

第 16~18 行读取字符、整数与整数数组。第 20~23 行输出字符、整数与整数数组。

### 10.2.6　随机存取文件

我们知道同样类型的数据在写入时的长度都是固定的，如整数为 4 字节。这样我们可以轻松地计算出数据的所在位置，并移动文件读取光标来获得想要的数据。

不论是文本文件,还是二进制文件的文件操作,都必须移动文件读取光标。当每次使用存取操作函数时,文件读取光标都会往下一个位置移动,而以下这个 rewind() 函数可以将文件读取光标移至文件的开头。其使用格式如下。

rewind( 文件指针 );

事实上,fgetc() 函数读取完毕后会移动 1 字节。而在 fgets() 函数中,如果参数 length 的长度为 10,因此它一次会读取 9 字节的长度(因为最后 1 字节必须为 '\0'),这种逐步读取方式可称为顺序式读取。其实在文件中也可以由 fseek() 函数来操作文件读取光标,使用格式如下。

fseek( 文件指针 , 偏移量 , 起点参数 );

偏移量的单位是字节,而起点参数则是光标设定偏移量的计算起点,共有 3 种宏常量,如表 10.3 所示。

表 10.3

| 宏常量 | 常量值 | 说明 |
| --- | --- | --- |
| SEEK_SET | 0 | 从文件开头向后计算 |
| SEEK_CUR | 1 | 从目前的光标位置向后计算 |
| SEEK_END | 2 | 从文件末尾向前计算 |

例如:

```
File *fptr;
fseek(fptr,10,SEEK_SET); /* 从文件开头向后计算 10 字节 */
fseek(fptr,10,SEEK_CUR); /* 从目前的光标位置向后计算 10 字节 */
fseek((fptr,10,SEEK_END); /* 从文件末尾向前计算 10 字节 */
```

以下程序范例可说明 fseek() 函数的使用方法,假设现在我们有一个文件,其中含有 "This is a test." 字符串数据,读者可观察程序中如何利用文件读取光标来读取指定位置的数据。

■ 【上机实习范例: CH10_11.c 】

```
01   #include <stdio.h>
02   #include <stdlib.h>
03
04   int main(void)
05   {
06       FILE *fptr;
07       char str[20];
08
09
10       if ((fptr = fopen("sample.txt", "r")) == NULL)
11          printf(" 文件打开失败!  ");
12       else
13       {
14          fgets(str, 5, fptr);
15          printf("%s\n", str);
16          fseek(fptr, 8, SEEK_SET);/* SEEK_SET 常量的应用 */
17          printf("%c\n", fgetc(fptr));
18          fseek(fptr, -4, SEEK_CUR);/* SEEK_CUR 常量的应用 */
19          fgets(str, 3, fptr);
```

```
20      printf("%s\n", str);
21      fseek(fptr, -5, SEEK_END);/* SEEK_END 常量的应用 */
22      fgets(str, 6, fptr);
23      printf("%s\n", str);
24      fclose(fptr);
25
26    fclose(fptr);
27  }
28
29
30   return 0;
31 }
```

执行结果如图 10.14 所示。

```
This
a
is
test.

Process returned 0 (0x0)   execution time : 0.037 s
Press any key to continue.
```

图10.14

程序解说

第 16 行为 SEEK_SET 常量的应用。第 18 行为 SEEK_CUR 常量的应用。第 21 行为 SEEK_END 常量的应用。请参考前面这 3 种宏常量的说明。

此外，文本文件也可以进行随机存取，读者可以通过对文本文件进行随机存取来练习 fseek() 函数的应用。

以下这个程序范例会将文件中的 "test" 字符串改为 "bird" 字符串，为了能保留原有的字符串，我们将文件存取模式设定为 "r+"，表示可读取文件，也可修改文件内容。在程序代码中我们用了 rewind() 函数将光标移到文件开头处。

【上机实习范例：CH10_12.c】

```
01  #include <stdio.h>
02  #include <stdlib.h>
03
04  int main(void)
05  {
06    FILE *fptr;
07    char str[20];
08
09
10    if ((fptr = fopen("sample.txt", "r+")) == NULL)    /* 注意设定的存取模式为可读可写 */
11      printf(" 文件打开失败！  ");
12    else
13    {
14     printf(" 读取原字符串：");
15     while( !feof(fptr) )
16      printf("%c", fgetc(fptr));
```

```
17      fseek(fptr, -5, SEEK_END);/* 用 fseek() 函数将光标从文件末尾开始移动 */
18      fputs("bird",fptr);/* 重新写入字符串 */
19
20      rewind(fptr);/* 移到文件开头 */
21      printf("\n 修改后字符串：");
22      while( !feof(fptr) )
23       printf("%c", fgetc(fptr));
24      fclose(fptr);
25    }
26    printf("\n");
27
28    return 0;
29  }
```

执行结果如图 10.15 所示。

```
读取原字符串：This is a test.
修改后字符串：This is a bird.

Process returned 0 (0x0)    execution time : 0.090 s
Press any key to continue.
```

图10.15

程序解说

第 10 行为了能保留原有的字符串，将文件存取模式设定为 "r+"，表示可读取文件，也可修改文件内容。第 17 行用 fseek() 函数将光标从文件末尾移动。第 20 行利用 rewind() 函数将光标移到文件开头，也可以使用 fseek（fptr, 0, SEEK_SET）函数来达到同样的效果。

在写入二进制文件时，通常很少一个一个写入，因为这样不但麻烦，而且每个数据的长度也不固定，所以最好能以一个固定长度的记录为单位进行写入。例如下面这个程序范例将以提前定义好的记录类型写入 3 个学生信息，希望读者能细心研究。

■ 【上机实习范例：CH10_13.c】

```
01  #include <stdio.h>
02  #include <stdlib.h>
03
04  int main(void)
05  {
06    FILE *fptr;
07    struct student
08    {
09      int number;
10      char name[20];
11      int score;
12    } s[3];
13    int i;
14
15    printf(" 请依序输入学生学号、姓名、成绩（如 1 John 90）: \n");
16    for(i = 0; i < 3; i++)
```

```
17      {
18          putchar('>');
19          scanf("%d%s%d", &s[i].number, s[i].name, &s[i].score);
20      }
21
22      if ((fptr = fopen("score.dat", "wb")) == NULL)/* 以写入方式打开二进制文件 */
23          printf(" 无法打开文件！ \n");
24      else
25      {
26          for(i = 0; i < 3; i++)
27              fwrite((char*)&s[i], sizeof(struct student), 1, fptr);
28              /* 用 fwrite() 函数写入结构数据 */
29          fclose(fptr);
30          printf(" 文件写入成功 \n");
31      }
32
33
34      return 0;
35  }
```

执行结果如图 10.16 所示。

```
请依序输入学生学号、姓名、成绩 （如 1 John 90）：
>1 Jonh 96
>2 Tom 97
>3 Alex 94
文件写入成功

Process returned 0 (0x0)    execution time : 30.822 s
Press any key to continue.
```

图10.16

**程序解说**

第 16~20 行写入 3 个学生信息。第 22 行以写入方式打开二进制文件。第 26~27 行用 fwrite() 函数写入记录数据。

从以上程序中可看出，以记录方式写入数据的好处在于每个记录数据的长度都是固定的，因此可以轻易地对每个记录进行查找与修改。

下面是一个简单的成绩数据查询程序，可以查找、修改所打开文件中的数据。由于每个记录的长度是固定的，因此我们可以使用 fseek() 函数将文件读取光标精确地移动到想要的位置，以进行数据的存取。

**【上机实习范例：CH10_14.c】**

```
01  #include <stdio.h>
02  #include <stdlib.h>
03
04  int main(void)
05  {
06      FILE *fptr;
07      struct student
08      {
```

```
09        int number;
10        char name[20];
11        int score;
12     } s[10], st;
13     int select;
14     int number;
15
16     if ((fptr = fopen("score.dat", "r+b")) == NULL)
17        printf(" 无法打开文件！\n");
18     else
19     {
20        printf("(1) 读取  (2) 修改  (3) 离开  ==>");
21        scanf("%d", &select);
22
23        while (select != 3) /* while 循环 */
24
25          switch (select)
26          {
27            case 1:
28                printf(" 第几位学生的信息？ ");
29                scanf("%d", &number);
30                fseek(fptr, (number-1)*sizeof(struct student), SEEK_SET);
31                fread((char*)s, sizeof(struct student), 1, fptr);
32                printf(">%d\t%s\t%d\n", s->number, s->name, s->score);
33                printf("(1) 读取  (2) 修改  (3) 离开  ==>");
34                scanf("%d", &select);
35                break;
36            case 2:
37                printf(" 第几位学生的信息？ ");
38                scanf("%d", &number);
39                printf(" 输入学生学号、姓名、成绩：\n>");
40                scanf("%d%s%d", &st.number, st.name, &st.score);
41                fseek(fptr, (number-1)*sizeof(struct student), SEEK_SET);
42                fwrite((char*)&st.number, sizeof(st.number), 1, fptr);
43                fwrite((char*)st.name, sizeof(st.name), 1, fptr);
44                fwrite((char*)&st.score, sizeof(st.score), 1, fptr);
45                printf("(1) 读取  (2) 修改  (3) 离开  ==>");
46                scanf("%d", &select);
47                break;
48          }
49        fclose(fptr);
50     }
51
52
53     return 0;
54  }
```

执行结果如图 10.17 所示。

```
(1)读取  (2)修改  (3)离开  ==>1
第几位学生的信息? 1
>1       John    96
(1)读取  (2)修改  (3)离开  ==>2
第几位学生的信息? 2
输入学生学号、姓名、成绩:
>2 Mary 98
(1)读取  (2)修改  (3)离开  ==>1
第几位学生的信息? 2
>2       Mary     98
(1)读取  (2)修改  (3)离开  ==>3

Process returned 0 (0x0)   execution time : 60.716 s
Press any key to continue.
```

图10.17

 **程序解说**

第 16 行打开一个已经存在的二进制文件，以进行读取或修改，也可以写作 r+b。第 30 行用 fseek() 函数从文件开头向后计算（number−1）*sizeof（struct student）字节。第 42~44 行用 fwrite() 函数写入文件。

# 10.3 无缓冲区文件处理

当我们使用标准 I/O 文件处理函数时，所有的存取动作都是针对缓冲区的，直到关闭文件时才将所有的数据都写入文件中。无缓冲区文件处理功能的优点是无须通过系统分配一块内存空间作为缓冲区，可以直接对存储介质进行存取操作；缺点是存取的速度较慢。改进方法就是由程序员自行设定缓冲区（如数组），以暂存写入或读取的资料。

## 10.3.1 无缓冲区文件处理函数

一般来说，程序员在程序执行时必须判断自行设定的缓冲区是否够用，如果不够用，就必须先执行写入或读取函数将缓冲区的数据写回磁盘，或是从磁盘中再读取数据。所以缓冲区若设置得太小，则从磁盘中存取的次数会增多，影响存取的效率；若设置得过大，则会浪费内存空间。实际设计缓冲区时必须依程序需求来设定适当的大小。

无缓冲区文件处理函数定义于 io.h 与 fcntl.h 中，其中 io.h 是无缓冲区文件存取函数所定义的头文件，fcntl.h 是打开模式常量所定义的头文件。注意，如果要使用无缓冲区文件处理函数，必须加入 io.h、fcntl.h 与 sys/stat.h 这 3 个头文件。其中打开与关闭文件时，分别使用 open() 函数与 close() 函数。open() 函数的使用格式如下。

> open(" 文件名 ", 打开模式 , 存取属性 );

"文件名"表示要打开的文件的名称；"打开模式"则是文件的打开模式，定义于 fcntl.h 中。表 10.4 所示为常用的打开模式。

表 10.4

| 定义 | 说明 |
|------|------|
| O_RDONLY | ReadOnly，打开只读文件 |
| O_WRONLY | WriteOnly，打开只写文件 |
| O_RDWR | ReadWrite，打开可读可写的文件 |
| O_CREAT | Creat，若文件不存在则建立新的文件 |
| O_TRUNC | 如果指定文件已存在，就将该文件的长度截为 0 |
| O_APPEND | Append，以追加的方式打开文件 |
| O_TEXT | Text，打开文本文件 |
| O_BINARY | Binary，打开二进制文件 |

例如：

```
O_WRONLYI O_APPEND /* 打开文件，但只能写入附加数据 */
O_RDONLYI O_TEXT /* 打开只读的文本文件 */
```

若 open() 函数中使用了一种以上的打开模式常量，模式常量间加上"|"号即可。其中只有文件名必须用双引号括住。存取属性在使用 O_CREAT 时必须提供，其定义于 sys\stat.h 头文件中，表 10.5 所示为其定义。

表 10.5

| 定义 | 说明 |
|------|------|
| S_IWRITE | 可以写入 |
| S_IREAD | 可以读取 |

当我们使用 open() 函数时，有一点与有缓冲区文件处理函数所必须声明的文件指针变量不同，即必须声明整数的文件处理句柄（handle）。在声明 open() 函数时，open() 函数会返回文件处理句柄，如果打开失败则传回 –1。示例代码如下。

```
int fpt1; /* 声明文件处理句柄 */
fpt1= open("test4.txt", O_WRONLY);/* fpt1 接受 open() 函数返回的文件句柄 */
if( (fpt1 = open("test4.txt", O_RDONLYI O_TEXT)) == –1)
  printf(" 文件打开失败！ ");/* 打开一个文本文件，并检查文件打开是否成功 */
```

至于关闭文件，只需将文件处理句柄传递给 close() 函数即可。如果 close() 函数执行成功，则传回文件处理句柄，若执行失败则传回 –1。其使用格式如下。

```
close( 文件处理句柄 );
```

例如：

```
close(fpt1);
```

无缓冲区文件的写入与读取函数分别为 write() 与 read() 函数，其在定义上与 fread() 与 fwrite() 函数是类似的，都可以一次处理整个数据块中的数据。两种函数的使用格式如下。

```
write( 文件处理句柄，缓冲区变量，缓冲区变量大小字节 );
read( 文件处理句柄，缓冲区变量，缓冲区变量大小字节 );
```

例如：

```
write(fpt1, buffer, sizeof(buffer)); /* 从 fpt1 文件每次写入 256 字节 */
bytes=read(fptl, buffer, sizeof(buffer));/* 从 fpt1 文件每次读取 256 字节，bytes 为实际传
回的读取字节 */
```

以下程序范例利用无缓冲区文件存取函数将一个文件的内容复制到一个新的文件，并在新文件的末尾新增内容，最后再输出这个复制文件的数据内容。

### ■ 【上机实习范例：CH10_15.c】

```c
01    #include <stdio.h>
02    #include <fcntl.h> /* 打开模式常量所定义的头文件 */
03    #include <sys\stat.h> /* O_CREAT 常量所定义的头文件 */
04    #include <io.h> /* 无缓冲区文件存取函数所定义的头文件 */
05    #include <stdlib.h>
06
07    int main(void)
08    {
09        char buffer[512],ch;   /* 自行设置缓冲区，一次可读取 512 字节 */
10        int fpt1,fpt2,bytes;/* 声明两个文件处理句柄可处理的字节数 */
11        FILE *fptr;
12        fpt1 = open(" 报道内容 .txt", O_RDONLY | O_TEXT);
13        fpt2 = open(" 报道内容复制版 .txt", O_CREATIO_WRONLY);
14
15        if( (fpt1 == -1) && (fpt2== -1))
16            printf(" 文件打开失败！ ");
17        else
18        {
19            while(!eof(fpt1))
20            {
21                bytes=read(fpt1,buffer,512);/* 从 fpt1 文件每次读取 256 字节 */
22                write(fpt2,buffer,bytes);
23            }
24            close(fpt1);
25            close(fpt2);/* 关闭文件 */
26        }
27
28        fpt2 = open(" 报道内容复制版 .txt", O_APPENDIO_WRONLY);/* 新增内容 */
29        if(fpt2==-1)
30            printf(" 文件打开失败！ ");
31        else
32        {
33            strcpy(buffer," 外语单词速记的原理 ");
34            write(fpt2,buffer,strlen(buffer));
35            close(fpt2);
36        }
37
38
39        if((fptr = fopen(" 报道内容复制版 .txt","r")) ==NULL)
40            puts(" 无法打开文件 ");
41        else
42            while ( (ch=fgetc(fptr))!=EOF )
43            {
```

```
44        putchar(ch);
45    };
46
47    fclose(fptr); /* 关闭文件 */
48    return 0;
49  }
```

执行结果如图 10.18 所示。

```
外语单词速记的原理
外语单词速记的原理

Process returned 0 (0x0)    execution time : 0.030 s
Press any key to continue.
```

图10.18

程序解说

第 3 行为 O_CREAT 常量所定义的头文件。第 4 行为无缓冲区文件存取函数所定义的头文件。第 9 行自行设置缓冲区，一次可读取 512 字节。第 10 行声明两个文件处理句柄及其可处理的字节数。第 21 行从 fpt1 文件每次读取 256 字节。第 28 行以附加的方式打开文件。第 34 行新加一个文件内容。第 42 行从 fptr 文件中读取并显示数据。

## 10.3.2 随机文件存取方式

无缓冲区随机文件的存取方式是指在文件的任何地方，配合文件读取光标的位置，对文件进行随机存取。C 语言中提供了 lseek() 函数来移动与操作文件读取光标到光标所指定的新位置来读取或写入数据。

lseek() 函数的声明与定义与 fseek() 函数类似，如下所示。

```
int lseek(int handle , long offset, int mode);
```

其中 handle 是文件处理句柄，而 offset 代表文件读取光标的偏移量。偏移量的起始点是 mode 常量所指定的位置，偏移量的单位是字节。而 mode 则是 stdio.h 中所定义的常量宏，共有 3 种 mode 常量，如表 10.6 所示。

表 10.6

| mode 常量 | 说明 |
| --- | --- |
| SEEK_SET | 从文件开头向后计算 |
| SEEK_CUR | 从目前的光标位置向后计算 |
| SEEK_END | 从文件末尾向前计算 |

以下程序范例将利用无缓冲区文件存取函数 lseek() 来说明随机文件的读取方式，读者可以自行比较其与 fseek() 函数的差异。

【上机实习范例：CH10_16.c】

```
01   #include <stdio.h>
02   #include <stdlib.h>
03   #include <fcntl.h> /* 打开模式常量所定义的头文件 */
04   #include <sys\stat.h> /* O_CREAT 常量所定义的头文件 */
```

355

```
05    #include <io.h> /* 无缓冲区文件存取函数所定义的头文件 */
06
07    int main(void)
08    {
09        int fhdl;
10        int offset;
11        char rec[30],i;
12        fhdl = open(" 通信录 .txt",O_RDONLY);
13
14        printf("/--------------------------------------\n");
15
16        printf(" 请输入要显示的数据序号 : ");
17        scanf("%d", &i);
18        offset=(sizeof(rec))*(i-1); /* 计算出偏移量  */
19        lseek(fhdl, offset, SEEK_SET);/* 光标于文件开头移动 offset 字节，开始读取数据 */
20        read(fhdl,&rec,sizeof(rec)); /* 从 fhd1 文件每次读取 rec 大小的数据 */
21        printf("============= 查询数据内容 ===============\n");
22        printf(" 姓名 \t电话 \t\t 住址 \n");
23        printf("======\t=========\t=============\n");
24        rec[29]='\0';
25        puts(rec);
26        close(fhdl);
27        return 0;
28    }
```

执行结果如图 10.19 所示。

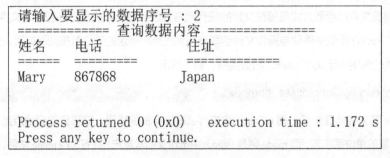

```
请输入要显示的数据序号 : 2
============= 查询数据内容 ===============
姓名       电话                 住址
======    =========          =============
Mary      867868             Japan


Process returned 0 (0x0)   execution time : 1.172 s
Press any key to continue.
```

图10.19

 程序解说

第 3 行为打开模式常量所定义的头文件。第 4 行为 O_CREAT 常量所定义的头文件。第 5 行为无缓冲区文件存取函数所定义的头文件。第 18 行计算出偏移量。第 19 行光标于文件开头移动 offset 字节，开始读取数据。第 20 行从 fhd1 文件每次读取 rec 大小的数据。

# 10.4 上机实习课程

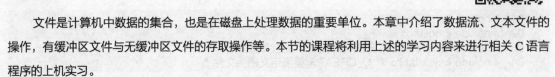

文件是计算机中数据的集合，也是在磁盘上处理数据的重要单位。本章中介绍了数据流、文本文件的操作，有缓冲区文件与无缓冲区文件的存取操作等。本节的课程将利用上述的学习内容来进行相关 C 语言程序的上机实习。

## 【上机实习范例：CH10_17.c】

请设计一个 C 语言程序来逐字读取文件 test.txt 的内容，并将所有英文字母以大写、每行 20 个字符的格式输出。

```
01  #include <stdio.h>
02  #include <stdlib.h>
03
04  int main()
05  {
06    FILE *fptr;
07    char ch;
08    int count=0;
09
10    fptr=fopen("test.txt","r");      /* 打开文件 */
11
12    if(fptr!=NULL)
13    {
14      while((ch=getc(fptr))!=EOF)   /* 判断是否到达文件尾 */
15      {
16        if ( ch > 96 && ch < 123 )
17          ch = ch - 32; /* 将小写字母改为大写 */
18        if(count>=20)
19        {
20          count=count-20; /* 每满 20 个字符就换行 */
21          printf("\n");
22        }
23        printf("%c",ch);          /* 一次输出一个字符 */
24        count++;
25      }
26      fclose(fptr);             /* 关闭所打开的文件 */
27    }
28    else          /* 文件打开失败 */
29      printf(" 文件打开失败 !!\n");
30    printf("\n");
31
32    return 0;
33  }
```

执行结果如图 10.20 所示。

```
THIS IS A BOOK.CAN Y
OU GIVE ME A COMPUTE
R BOOK ?WE SHOULD GO
 TO ANOTHER BOOKSTOR
E.WHEN WE GO TO THAT
 STORE, MAY BE YOU C
AN GET A SPECIAL DIS
COUNT.

Process returned 0 (0x0)   execution time : 0.193 s
Press any key to continue.
```

图10.20

## 【上机实习范例：CH10_18.c】

我们知道每次使用文件存取函数，文件读取光标都会往下一个位置移动。在 FILE 结构中，用户可以使用 "_ptr" 来得知当前文件读取光标所指向的缓冲区中的地址，即文件读取光标就是一个指针，记录了当前文件读取至文件的哪一个位置。

例如 fgetc()、fputc() 函数会自动移动 1 字节的位置，而 fputs()、fgets() 函数则会根据所指定的 size 参数移动。以下程序范例中，fgetc() 函数读取完毕后会移动 1 字节，而由于指定了 fgets() 函数的 lentgh 为 5，因此它一次会读取 4 字节（因为最后 1 字节必须为 '\0'）。

```
01   #include <stdio.h>
02   #include <stdlib.h>
03
04   int main(void)
05   {
06     FILE *fptr;
07     char ch, str[10];
08     if ((fptr = fopen("score3.txt", "r")) == NULL)
09       printf(" 文件打开失败！ ");
10     else
11     {
12       printf(" 字符 \t\t 文件读取光标 \n");
13       while( !feof(fptr) )
14       {
15         ch = fgetc(fptr);
16         if (ch != '\n')
17         {
18           printf("%c\t\t", ch);
19           printf("%x\n", fptr->_ptr);
20         }
21         else
22         {
23           printf("\n\t\t");
24           printf("%x\n", fptr->_ptr);
25           break;
26         }
27       }
28       printf(" 字符串 \t\t 文件读取光标 \n");
29       while( !feof(fptr) )
30       {
31         fgets(str,5, fptr);
32         printf("%s\t", str);
33         printf("%x\n", fptr->_ptr);   /* 显示光标位置 _ptr */
34       }
35       fclose(fptr);
36     }
37
38     return 0;
39   }
```

执行结果如图 10.21 所示。

```
字符              文件读取光标
J                 aa3141
u                 aa3142
s                 aa3143
t                 aa3144
i                 aa3145
n                 aa3146
\n                aa3147
字符串            文件读取光标
This    aa314b
 is     aa314f
a te    aa3153
st.A    aa3157
 Tes    aa315b
t.Te    aa315f
st.     aa3140

Process returned 0 (0x0)    execution time : 3.399 s
Press any key to continue.
```

图10.21

## 【上机实习范例：CH10_19.c】

现在有"学生成绩文件.txt"存放了学生的学号、姓名与成绩，其中学号（10001~10005）与成绩为整数格式，而姓名则声明为可存放 20 个字符。请设计一个 C 语言程序，利用 fscanf() 函数从文件中取得指定的数据，并可针对学号进行成绩查询，或是列出大于某个成绩的记录，还需使用 rewind() 函数，它可以将文件读取光标移至文件开头。

```c
01  #include <stdio.h>
02  #include <stdlib.h>
03
04  int main(void)
05  {
06    int number, s_number;
07    char name[20];
08    int score, s_score;
09    char filename[20]=" 学生成绩文件 .txt";
10    int select;
11
12
13    FILE *fptr;
14
15    if((fptr = fopen(filename, "r")) == NULL)
16      printf(" 文件打开失败 ");
17    else
18    {
19      printf("(1) 学号查询  (2) 成绩查询 (>=) (3) 离开  ==>");
20      scanf("%d", &select);
21      while( select != 3 )
22      {
23        fscanf(fptr, "%d%s%d", &number, name, &score);
24        switch (select)
25        {
26          case 1:
27            printf(" 请输入学号： ");
28            scanf("%d", &s_number);
29            printf(" 学号 \t 姓名 \t 成绩 \n");
30            while( !feof(fptr) )
31            {
32              if(number == s_number)
```

```
33              printf("%d\t%s\t%d\n", number, name, score);
34              fscanf(fptr, "%d%s%d", &number, name, &score);
35          }
36          break;
37        case 2:
38          printf(" 请输入成绩：");
39          scanf("%d", &s_score);
40          printf(" 学号 \t 姓名 \t 成绩 \n");
41          while( !feof(fptr) )
42          {
43            if(score > s_score)
44              printf("%d\t%s\t%d\n", number, name, score);
45            fscanf(fptr, "%d%s%d", &number, name, &score);
46          }
47          break;
48        }
49        rewind(fptr);   /* 将文件读取光标移至文件开头 */
50        printf("(1) 学号查询 (2) 成绩查询 (3) 离开 ==>");
51        scanf("%d", &select);
52      }
53
54      fclose(fptr);
55    }
56
57
58    return 0;
59  }
```

执行结果如图 10.22 所示。

```
(1)学号查询  (2)成绩查询(>=) (3)离开 ==>1
请输入学号：10001
学号      姓名    成绩
10001    王丽华   87
(1)学号查询  (2)成绩查询  (3)离开 ==>3

Process returned 0 (0x0)    execution time : 46.546 s
Press any key to continue.
```

图10.22

### 【上机实习范例：CH10_20.c】

请设计一个 C 语言程序，使用命令行变量来指定任意需要打开的文件，并进行错误检查，包括打开、读取与写入、关闭文件等。请进入 Windows 操作系统中的命令提示字符窗口，再利用 DOS 语句（如 cd 语句）切换到此程序可执行文件所在位置。当执行时，建议输入以下语句。

```
C:\>CH10_20 报道内容 .txt
```

或在 Dev C++ 中先设定要传给程序的参数。

```
01   #include <stdio.h>
02   #include <stdlib.h>
03
04   int main(int argc, char *argv[])
05   {
06     FILE *fptr;
```

```
07
08     if (argc != 2)    /* 检查命令行变量是否有指定文件 */
09       printf(" 没有指定文件名！ ");
10     else
11     {
12       if ((fptr = fopen(argv[1], "r")) == NULL) /* 检查文件是否打开成功 */
13         printf(" 文件打开失败！ ");
14       else
15       {
16         while( !feof(fptr) )
17         {
18           printf("%c", fgetc(fptr));
19           if (ferror(fptr))    /* 检查读取过程是否发生错误 */
20             printf(" 文件读取错误 ");
21         }
22         if (fclose(fptr) == EOF)    /* 检查文件关闭是否有误 */
23           printf(" 文件关闭发生错误，文件信息可能遗失！ ");
24       }
25     }
26
27     printf("\n");
28
29     return 0;
30 }
```

执行结果如图 10.23（a）所示。

指令参数时，可以执行"执行 → 参数"命令，会弹出图 10.23（b）所示的对话框，再输入参数即可。

```
文件(file)是计算机中数据的集合，也是在磁盘驱动器上处理数据的重要单位，这些数据以字节的方式存储。
文件可以是一份报告、一张图片或一个执行程序，并且包括了数据文件、程序文件与可执行文件等。
基本上，当C语言程序开始执行之后，都会自动打开 3 种数据流（data stream）：标准输入（standard input,stdin）、
标准输出（standard output,stdout）与标准错误（standard error,stderr）。标准输入指的就是键盘输入，标准输出指的就是屏幕输出。

然而这些数据流在程序执行完毕之后都会消失，这时我们需要的是将执行的结果存储在不会消失的存储媒体上，
如u盘、硬盘等。
----------------------------------
Process exited after 0.06459 seconds with return value 0
请按任意键继续. . . ▄
```

（a）

```
参数                               ×
传递给主程序的参数:
┌────────────────────────────┐
│ 文件.txt                    │
└────────────────────────────┘
主程序:
┌────────────────────────────┐ 🗔
│                            │
└────────────────────────────┘
              ✔ 确定(O) ✘ 取消(C)
```

（b）

图10.23

### ■【上机实习范例：CH10_21.c】

延续上个范例，以下程序范例使用命令行变量来任意指定所要打开的文件名，并使用它来计算指定文件的容量。由于是 fgetc() 函数，一次可以读取一个字符，也就是 1 字节，因此只需每读出 1 字节计数一次即可。建议输入以下语句。

```
C:\>CH10_20 报道内容 .txt
```

或在 Dev C++ 中先设定要传给程序的参数。

```
01    #include <stdio.h>
02    #include <stdlib.h>
03
04    int main(int argc, char *argv[])
05    {
06        FILE *fptr;
07        int count = 0;
08
09        if (argc != 2)    /* 检查命令行变量是否有指定文件 */
10            printf(" 没有指定文件名！  ");
11        else
12            if ((fptr = fopen(argv[1], "r")) == NULL)
13                printf(" 无法打开文件！  ");
14            else
15            {
16                while( !feof(fptr) )
17                {
18                    fgetc(fptr);
19                    count++;
20                }
21                printf(" 文件大小： %d 个字节 \n", count – 1);
22                fclose(fptr);
23            }
24
25        return 0;
26    }
```

执行结果如图 10.24（a）所示。

指令参数时，可以执行"执行→参数"命令，会弹出图 10.24（b）所示的对话框，再输入参数即可。

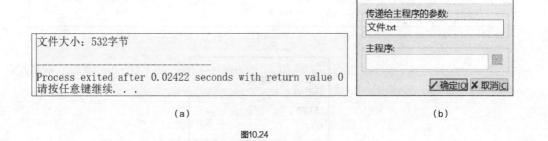

(a)                                              (b)

图10.24

### ■ 【上机实习范例：CH10_22.c】

延续上个范例，以下这个程序范例利用 fgetc() 函数一次读取一个字符，它是一个文件复制程序，可以复制文本文件或是二进制文件。请注意：在打开文件时，必须以二进制的方式打开，也就是在存取模式处加上"b"表示二进制模式，否则在复制二进制文件时，文件信息将会不完整。

建议输入以下语句。

```
C:\>CH10_22 报道内容 .txt 报道内容复制 .txt
```

或在 Dev C++ 中先设定要传给程序的参数。

```
01   #include <stdio.h>
02   #include <stdlib.h>
03
04   int main(int argc, char *argv[])
05   {
06     FILE *fptr1, *fptr2;
07     char ch;
08
09     if (argc != 3)   /* 检查命令行变量是否有指定文件 */
10        printf(" 执行范例：CH10_22 < 来源文件 > < 目标文件 >\n");
11     else
12        if ((fptr1 = fopen(argv[1], "rb")) == NULL) /* 以二进制方式打开 */
13           printf(" 无法打开来源文件！\n");
14        else if ((fptr2 = fopen(argv[2], "wb")) == NULL) /* 以二进制方式打开 */
15           printf(" 无法打开目标文件！\n");
16        else
17        {
18           while( !feof(fptr1) )
19           {
20              ch = fgetc(fptr1);
21              if (!feof(fptr1))
22                 fputc(ch, fptr2);
23              else
24                 printf("%s -> %s 文件复制完毕！\n", argv[1], argv[2]);
25           }
26           fclose(fptr1);
27           fclose(fptr2);
28        }
29
30     return 0;
31   }
```

执行结果如图 10.25（a）所示。

指令参数时，可以执行"执行 → 参数"命令，会弹出图 10.25（b）所示的对话框，再输入参数即可。

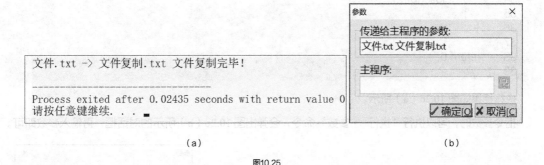

(a)                                    (b)

图10.25

### 【上机实习范例：CH10_23.c】

延续上个范例，我们知道网络上的一些看图程序具有可以直接比较两张图片的内容是否相同的功能。这其实就是直接比较两个图片文件中的每一字节，如果每一字节的值都相同，那么两张图片的内容一样。以下这个程序范例使用命令行变量来进行文件的比对，以判断两个文件的内容是否一样。

建议输入以下语句。

C:\>CH10_22 score.bin  scorecopy.bin

```
01   #include <stdio.h>
02   #include <stdlib.h>
03
04   int main(int argc, char *argv[])
05   {
06     FILE *fptr1, *fptr2;
07     char ch1, ch2;
08     int same = 0;
09
10     if (argc != 3)    /* 检查命令行变量是否有指定文件 */
11       printf(" 执行范例：CH10_22 < 文件 1> < 文件 2>\n");
12     else
13     {
14       if ((fptr1 = fopen(argv[1], "rb")) == NULL) /* 以二进制方式打开 */
15         printf(" 无法打开 %s！ \n", argv[1]);
16       else if ((fptr2 = fopen(argv[2], "rb")) == NULL) /* 以二进制方式打开 */
17         printf(" 无法打开 %s！ \n", argv[2]);
18       else
19       {
20         while( !feof(fptr1) )
21         {
22           ch1 = fgetc(fptr1);
23           ch2 = fgetc(fptr2);
24           if (ch1 != ch2)
25           {
26             printf(" 这两个文件的内容不同！ ");
27             same = 1;
28             break;
29           }
30         }
31         if(!same)
32           printf(" 这两个文件的内容相同！ ");
33         fclose(fptr1);
34         fclose(fptr2);
35       }
36     }
37
38     return 0;
39   }
```

执行结果如图 10.26（a）所示。

指令参数时，可以执行"执行→参数"命令，会弹出图 10.26（b）所示的对话框，再输入参数即可。

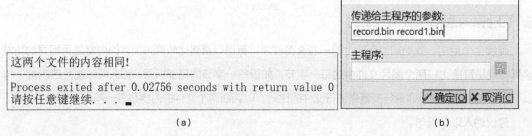

（a）                                          （b）

图10.26

### 【上机实习范例：CH10_24.c】

请设计一个 C 语言程序，利用无缓冲区文件处理函数将字符串写入文件，然后打开相同的文件并读出所写入的字符串。该程序中设置了 buffer 缓冲区，以暂存写入或读出的字符串。

```c
01  #include <stdio.h>
02  #include <fcntl.h>
03  #include <sys\stat.h>
04  #include <io.h>
05  #include <string.h>
06
07  int main()
08  {
09      char buffer[256];   /* 设置缓冲区 */
10      int fhdl;
11
12      printf(" 请输入字符串：");
13      gets(buffer);
14
15      /* 文件写入 */
16      if( (fhdl = open("lowio.txt", O_CREAT | O_RDWR | O_TEXT
17       | O_TRUNC, S_IWRITE)) == -1)
18          printf(" 文件打开失败！ ");
19      else
20      {
21          write(fhdl, buffer, strlen(buffer)); /* 使用 strlen() 函数来只写入所输入的字符串 */
22          close(fhdl);
23      }
24
25      /* 文件读取 */
26      if( (fhdl = open("lowio.txt", O_RDONLY | O_TEXT)) == -1)
27          printf(" 文件打开失败！ ");
28      else
29      {
30          read(fhdl, buffer, strlen(buffer));
31          printf(" 读出字符串： %s\n", buffer);
32          close(fhdl);
33      }
34
35
36      return 0;
37  }
```

执行结果如图 10.27 所示。

```
请输入字符串：It seems that children can always ask for help from their parents ranging from wearing to eating.
读出字符串：It seems that children can always ask for help from their parents ranging from wearing to eating.

Process returned 0 (0x0)   execution time : 33.260 s
Press any key to continue.
```

图10.27

### 本章课后习题

**1. 什么是二进制文件？它有何优点？**

解答：所谓二进制文件，就是以二进制格式将内存中的数据原封不动存储起来的文件，适用于以非字符为主的数据。如果以记事本程序打开二进制文件，将会显示一堆乱码。它的最大优点在于访问速度快、占用空间小，以及可随机存取数据，比文本文件更适合数据库应用。

**2. 数据流从建立到结束有哪些步骤？**

解答：打开文件、存取文件与关闭文件。

**3. C 语言文本文件的处理方式与存取函数有哪些？**

解答：C 语言文本文件的处理方式主要有通过标准 I/O 函数来进行文件的打开、写入、关闭与设定缓冲区，相关存取函数有 fopen()、fclose()、fgets()、fputs()、fprintf()、fscanf() 等，都定义在 stdio.h 头文件中。

**4. 下面这个程序代码哪行出了问题，从而导致程序无法编译成功？**

```
01    #include <stdio.h>
02
03    int main(void)
04    {
05        int fptr;
06        fptr = fopen("test.txt", "w");
07        fputs("Justin", fptr);
08        fclose(fptr);
09        return 0;
10    }
```

解答：第 5 行文件指针声明错误，应修改如下。

```
FILE *fptr
```

**5. 试说明 rewind() 函数与 ftell() 函数的功能。**

解答：rewind() 这个函数可以将文件读取光标移至文件开头，ftell() 函数则可以获得文件读取光标的位置。

**6. 试说明 fprintf() 函数与 fscanf() 函数的功能。**

解答：我们可以将要写入或读取的数据以一定格式写入文件，C 语言中的格式存取函数是 fprintf() 函数与 fscanf() 函数，它们的使用方式与 printf() 函数和 scanf() 函数类似。只不过 printf() 函数将数据流输出至屏幕，而 fprintf() 函数将数据流输出至文件；scanf() 函数从屏幕输入数据，而 fscanf() 函数从文件中读取数据。

**7. 试简述缓冲区的功能。**

解答：所谓缓冲区，就是在程序执行时系统所提供的额外内存，可用来暂时存放准备执行的数据。缓冲区的设置是为了保证存取效率，内存的访问速度比磁盘的访问速度快 。

8. 请写出下列二进制文件存取模式的含义。

（1）rb；　（2）wb；　（3）w+b。

解答：具体含义如表 10.7 所示。

表 10.7

| 存取模式 | 说明 |
|---|---|
| rb | 读取二进制文件 |
| wb | 写入二进制文件并覆盖原有文件，若文件不存在，会生成新文件 |
| w+b | 读取或写入二进制文件并覆盖原有文件，若文件不存在，会生成新文件 |

9. 请简要介绍 C 语言文件处理功能的设定缓冲区模式。

解答：如果使用标准 I/O 函数（包含在 stdio.h 头文件中）来进行，系统会自动设定缓冲区。当进行文件读取时，其实并不会直接对磁盘进行存取，而是会先打开数据流，将磁盘上的文件信息放置到缓冲区中，程序再从缓冲区中读取所需的数据。

10. 请对 fseek() 函数中 3 种宏常量代表的文件读取光标的起始点位置进行说明。

（1）SEEK_SET；　（2）SEEK_CUR；　（3）SEEK_END 。

解答：具体含义如表 10.8 所示。

表 10.8

| 宏常量 | 说明 |
|---|---|
| SEEK_SET | 光标起始点位于文件的开头 |
| SEEK_CUR | 光标起始点为当前光标所在位置 |
| SEEK_END | 光标起始点位于文件的结尾 |

11. 下面这个代码段想要进行文件的修改，但未成功，请问哪行出了错误？

```
01  ……
02  FILE *fptr;
03  int count = 0;
04  if((fptr = fopen(" 油漆式 .txt", "w")) ==NULL)   /* 检查文件是否打开成功 */
05    puts(" 无法打开文件 ");
06    else
07    while( !feof(fptr) )
08  ……
```

解答：打开文件时，若使用 w 参数，将会生成一个新的文件来覆盖原来的文件。若要附加或修改文件，则应使用 a 或是 r+ 参数。

12. 何谓 ferror() 函数？试说明其用法。

解答：当对数据流操作错误时，可通过此函数进行检查。当返回值不等于 0 时，表示对数据流操作错误；当等于 0 时，表示未操作错误。此函数可搭配循环语句在循环执行过程中判断 I/O 数据流是否有错误，再做特别处理。

13. 请说明哪个文件函数可以用来计算文件的容量。

解答：由于 fgetc() 函数一次可以读取一个字符，也就是 1 字节，因此我们可以使用它来计算文件的容量。

14. 试说明无缓冲区文件处理功能的优缺点。

解答：无缓冲区文件处理功能的优点是无须通过系统来安排一块内存空间作为缓冲区，能让数据直接对存储介质进行存取操作；缺点是存取的速度较慢。改进方法就是程序员自行设定缓冲区（如数组），以暂存写入或读取的资料。

15. 当我们使用无缓冲区文件处理功能的 open() 函数时，它与使用有缓冲区文件处理功能函数的不同之处是什么？试说明之。

解答：当我们使用 open() 函数时，它与有缓冲区文件处理功能函数必须声明文件指针变量的不同之处是，必须声明整数值的文件处理句柄。因为在声明 open() 函数时，open() 函数会传回文档处理句柄，而不是一个指针，如果打开失败则传回 −1。

16. 试说明以下程序代码的意义。

```
if( (fpt1 = open("test4.txt", O_WRONLY | O_CREATIO_APPEND)) == -1)
```

解答：打开一个文本文件 test4.txt，如该文件不存在，则建立新文件及添加附加数据，并检查文件是否打开成功。

17. 试回答随机存取方式的功能及意义。

解答：该方式可以指定文件读取指针的位置，从文件中的任一位置读取或写入数据，此时称此被存取的文件为随机存取文件。而所谓的"随机存取文件"大部分以二进制文件为主，会以一个完整记录单位来进行数据的写入，这个记录通常以一个结构为单位，例如一个记录中可能包括了一个账户的名称、余额、投资款项等。由于每个被写入的记录长度固定，因此新增、修改或删除任意一个记录都很方便。

18. 当不通过数据流与缓冲区，而使用较低级的 I/O 函数（包含在 io.h 与 fcntl.h 头文件中）来直接对磁盘进行存取时，有何优缺点？

解答：优点是可以节省设定缓冲区的空间；缺点是访问速度较慢，容易降低程序的整体执行速度。另外，这些函数也不是 C 语言的标准函数，跨平台使用时容易出现问题。

第 **11** 章

# C 语言的标准函数库

C 语言是一种模块化的语言。在 C 语言中，函数的使用十分普遍，因此其主程序是由 main() 函数来执行的。C 语言的标准函数库可以让用户直接利用 #include 语句在头文件中引用所需的函数，然后在程序中直接调用函数。C 语言的函数库中有许多种已分好类的功能性函数。本章将常用的函数整理出来，方便读者日后在设计程序时使用与查阅。

# 11.1 常用数学函数

C 语言中提供了许多数学函数，我们可以以这些函数为基础，组合出一个复杂的数学公式，这些函数都定义于 math.h 头文件中，如表 11.1 所示。

表 11.1

| 函数原型 | 说明 |
| --- | --- |
| double sin ( double x ) ; | 传入的参数为弧度值，返回值为其正弦值 |
| double cos ( double x ) ; | 传入的参数为弧度值，返回值为其余弦值 |
| double tan ( double x ) ; | 传入的参数为弧度值，返回值为其正切值 |
| double asin ( double x ) ; | 传入的参数为正弦值，必须介于 -1 ~ 1，返回值为反正弦值 |
| double acos ( double x ) ; | 传入的参数为余弦值，必须介于 -1 ~ 1，返回值为反余弦值 |
| double atan ( double x ) ; | 传入的参数为正切值，返回值为反正切值 |
| double sinh ( double x ) ; | 传入的参数为弧度值，返回值为双曲线正弦值 |
| double cosh ( double x ) ; | 传入的参数为弧度值，返回值为双曲线余弦值 |
| double tanh ( double x ) ; | 传入的参数为弧度值，返回值为双曲线正切值 |
| double exp ( double x ) ; | 传入实数，返回 e 的 $x$ 次方值 |
| double log ( double x ) ; | 传入大于 0 的实数，返回该数的自然对数 |
| double log10 ( double x ) ; | 传入大于 0 的实数，返回该数以 10 为底的对数 |
| double ceil ( double x ) ; | 返回不小于 $x$ 的最小整数（无条件进位），即向上取整 |
| double fabs ( double x ) ; | 返回 $x$ 的绝对值 |
| double floor ( double x ) ; | 返回不大于 $x$ 的最大整数（无条件舍去），即向下取整 |
| double pow ( double x, double y ) ; | 返回 $x$ 的 $y$ 次方 |
| double pow10 ( int p ) ; | 返回 10 的 $p$ 次方 |
| double sqrt ( double x ) ; | 返回 $x$ 的平方根，$x$ 不可为负数 |
| double fmod ( double x,double y ) ; | 计算 $x/y$ 的余数，其中 $x$、$y$ 皆为 double 类型 |
| double modf ( double x,double *intptr ) ; | 将 $x$ 分解成整数与小数两部分，intptr 存储整数部分，但返回的是小数部分 |
| long labs ( long n ) ; | 计算长整数 $n$ 的绝对值 |
| long fabs ( double x ) ; | 计算浮点数 $x$ 的绝对值 |
| int rand ( void ) ; | 生成 0 ~ 32767 的伪随机数。rand() 函数依据固定的随机数公式产生随机数，其看似是随机数，但每次重新执行程序所产生的随机数都会有相同的顺序性，因而称为伪随机数 |
| int srand ( unsigned seed ) ; | 设定随机数种子来初始化 rand() 函数的随机数起点。可以随机设定随机数的起点，这样每次所得到的随机数顺序就不会相同，这个起点又称为"随机数种子"，通常会使用系统时间来作为随机数种子 |
| void randomize ( void ) ; | randomize 为一种宏，可用来生成新的随机数种子 |

# 11.2 时间与日期函数

本节介绍 C 语言所提供的与时间、日期相关的函数，它们定义于 time.h 头文件中，这个头文件中也定义了几个类型、宏与结构，下面将会一一加以说明，如表 11.2 所示。

表 11.2

| 函数原型 | 说明 |
|---|---|
| time_t time（time_t *timer）； | 设定目前的系统时间，如果没有指定 time_t 类型，就使用 NULL，表示返回系统时间。time() 函数会返回从 1970 年 1 月 1 日 00:00:00 到目前时间所经过的秒数 |
| char* ctime（const time_t *timer）； | 将 time_t 长整数转换为字符串，以我们了解的时间类型进行呈现 |
| struct tm *localtime（const time_t *timer）； | 取得当地时间，并返回 tm 结构，tm 结构中定义了年、月、日等信息 |
| char* asctime（const struct tm *tblock）； | 传入 tm 结构指针，将结构成员以我们了解的时间类型进行呈现 |
| struct tm *gmtime（const time_t *timer）； | 取得格林尼治时间，并返回 tm 结构 |
| clock_t clock（void）； | 取得程序自执行开始到该行所经过的频率数，为一长整数，表示系统频率数 |
| double difftime（time_t t2,time_t t1）； | 返回 t2 与 t1 的时间差，单位为秒 |

## 11.3 字符串处理函数

　　C 语言中提供了相当多的字符串处理函数，只要包含 **string.h** 头文件，就可以轻松使用这些方便处理字符串的函数。表 11.3 所示为一些比较常用的字符串处理函数。

表 11.3

| 函数原型 | 说明 |
|---|---|
| size_t strlen（char *str）； | 返回字符串 str 的长度 |
| char *strcpy（char *str1, char *str2）； | 将 str2 字符串复制到 str1 字符串中，并返回 str1 的地址 |
| char *strncpy（char *d, char *s, int n）； | 复制 str2 字符串的前 n 个字符到 str1 字符串中，并返回 str1 的地址 |
| char *strcat（char *str1, char *str2）； | 将 str2 字符串链接到字符串 str1 中，并返回 str1 的地址 |
| char *strncat（char *str1, char *str2,int n）； | 链接 str2 字符串的前 n 个字符到 str1 字符串中，并返回 str1 的地址 |
| int strcmp（char *str1, char *str2）； | 比较 str1 字符串与 str2 字符串。<br>str1 > str2，返回正值；<br>str1 == str2，返回 0；<br>str1 < str2，返回负值 |
| int strncmp（char *str1, char *str2, int n）； | 比较 str1 字符串与 str2 字符串的前 n 个字符。<br>str1 > str2，返回正值；<br>str1 == str2，返回 0；<br>str1 < str2，返回负值 |
| int strcmpi（char *str1, char *str2）； | 以不考虑大小写的方式比较 str1 字符串与 str2 字符串。<br>str1 > str2，返回正值；<br>str1 == str2，返回 0；<br>str1 < str2，返回负值 |

续表

| 函数原型 | 说明 |
|---|---|
| int stricmp ( char *str1, char *str2 ); | 将两个字符串均转换为小写后，比较 str1 字符串与 str2 字符串。<br>str1 > str2，返回正值；<br>str1 == str2，返回 0；<br>str1 < str2，返回负值 |
| int strnicmp ( char *str1, char *str2, int n ); | 以不考虑大小写的方式比较 str1 字符串与 str2 字符串的前面 n 个字符。<br>str1 > str2，返回正值；<br>str1 == str2，返回 0；<br>str1 < str2，返回负值 |
| char *strchr( char *str, char c ); | 搜寻字符 c 在 str 字符串中第一次出现的位置，如果找到则返回该位置的地址，没有找到则返回 NULL |
| char *strrchr( char *str, char c ); | 搜寻字符 c 在 str 字符串中最后一次出现的位置，如果找到则返回该位置的地址，没有找到则返回 NULL |
| char *strstr ( char *str1, char *str2 ); | 搜寻 str2 字符串在 str1 字符串中第一次出现的位置，如果找到则返回该位置的地址，没有找到则返回 NULL |
| char *strlwr ( char *str ); | 将 str 字符串中的大写字母转换成小写字母 |
| char *strupr ( char *str ); | 将 str 字符串中的小写字母转换成大写字母 |
| char *strrev ( char *str ); | 除了终止符外，将 str 字符串中的字符顺序倒置 |
| char *strset ( char *str, int ch ); | 除了结尾字符，将字符串中的每个值都设定为 ch 字符 |
| size_t strcspn ( char *str1, char *str2 ); | 搜寻 str2 字符串中非空白的任意字符在 str1 字符串中第一次出现的位置 |

## 11.4 字符处理函数

C 语言的头文件 ctype.h 中提供了许多用于字符处理的函数。表 11.4 所示为一些比较常用的字符处理函数及其说明。

表 11.4

| 函数原型 | 说明 |
|---|---|
| int isalpha ( int c ); | 如果 c 是一个字母字符则返回 1，否则返回 0 |
| int isdigit ( int c ); | 如果 c 是一个数字字符则返回 1，否则返回 0 |
| int isxdigit ( int c ); | 检查所传入的字符是否是十六进制数字，十六进制一般用数字 0～9 和字母 A～F（或 a～f）表示 |
| int isspace ( int c ); | 如果 c 是空格符则返回 1，否则返回 0 |
| int isalnum ( int c ); | 如果 c 是字母或数字字符则返回 1，否则返回 0 |
| int iscntrl ( int c ); | 如果 c 是控制字符则返回 1，否则返回 0 |
| int isprint ( int c ); | 如果 c 是一个可以输出的字符则返回 1，否则返回 0 |
| int ispunct ( int c ); | 如果 c 是空白、英文或数字字符以外的可输出字符则返回 1，否则返回 0 |
| int islower ( int c ); | 如果 c 是一个小写的英文字母则返回 1，否则返回 0 |
| int isupper ( int c ); | 如果 c 是一个大写的英文字母则返回 1，否则返回 0 |
| int tolower ( int c ); | 如果 c 是一个大写的英文字母则返回小写字母，否则直接返回 c |

续表

| 函数原型 | 说明 |
| --- | --- |
| int toupper ( int c ) ; | 如果 c 是一个小写的英文字母则返回大写字母，否则直接返回 c |
| int iscntrl ( int c ) ; | 如果 c 是控制字符则返回 1，否则返回 0 |
| int toascii ( int c ) ; | 将 c 转换为有效的 ASCII 字符 |
| int isgraph ( int c ) ; | 如果 c 不是空白的可输出字符则返回 1，否则返回 0 |
| Int isascii ( int c ) ; | 判断 c 是否为 0~127 中的 ASCII 值 |

## 11.5 类型转换函数

stdlib.h 头文件中也提供了将字符串转换为数字的函数。使用这些函数的前提是，字符串必须是由数字字符组成的。表 11.5 所示为一些比较常用的类型转换函数及其说明。

表 11.5

| 函数原型 | 说明 |
| --- | --- |
| double atof ( const char *str ) ; | 把字符串 str 转换为双精度浮点数 |
| int atoi ( const char *str ) ; | 把字符串 str 转换为整数 |
| long atol ( const char *str ) ; | 把字符串 str 转换为长整数 |
| itoa ( int value,char *str,int radix ) ; | 将 value 转换为字符串并存储在 str 指向的内存空间内，radix 为转换时要求的基数 |
| ltoa ( long value,char *str,int radix ) ; | 将长整数 value 转换为字符串并存储在 str 指向的内存空间内，radix 为转换时要求的基数 |

## 11.6 流程控制函数

stdlib.h 头文件中提供了程序执行时的终止与结束函数。表 11.6 所示为一些比较常用的流程控制函数及其说明。

表 11.6

| 函数原型 | 说明 |
| --- | --- |
| void exit ( int status ) ; | 程序正常终止，如果程序终止时为正常状态，通常会传递一个 0 值，非 0 值则表示程序出现错误 |
| void abort ( void ) ; | 程序异常则立即终止，abort() 函数能够使程序立即终止，且不会执行任何的后续动作，已经开启的文件部分将不会关闭 |
| int system ( char *str ) ; | 在 DOS 中执行命令 |

## 11.7 文件及目录管理函数

本节将介绍 C 语言中提供的文件及目录管理函数，如表 11.7 所示。如果您想要进一步了解如何读取与写入文件，请参阅本书第 10 章。

表 11.7

| 函数原型 | 说明 |
|---|---|
| int rename（const char *oldname, const char *newname）; | 更改文件名，如果更改成功，则返回 0，否则返回 –1（例如指定的目标文件不存在），包含在 stdio.h 头文件中 |
| int remove（char *name）; | 删除文件，如果删除成功，则 remove() 函数会返回 0，否则返回 –1，包含在 stdio.h 头文件中 |
| long filelength（int handle）; | 取得文件长度，这个函数属于低级文件存取函数，定义于 io.h 头文件中，使用时需指定文件句柄，文件句柄必须经由其他函数获得 |
| int mkdir（const char *path）; | 建立子目录，如果子目录建立成功则返回 0，否则就返回 –1（例如同名目录存在），包含在 dir.h 头文件中 |
| int rmdir（const char *path）; | 删除子目录，如果子目录删除成功则返回 0，否则就返回 –1（例如子目录不存在），包含在 dir.h 头文件中 |
| char* getcwd（char *buf, int buflen）; | 取得目前的工作目录，buf 是取得目录名称后用来暂存目录的缓冲区，buflen 是该缓冲区的长度，包含在 dir.h 头文件中 |

# 11.8 内存动态管理函数

　　stdio.h 头文件中提供了内存动态管理（包括内存配置与释放等相关功能）函数。表 11.8 所示为一些比较常用的内存动态管理函数及其说明。

表 11.8

| 函数原型 | 说明 |
|---|---|
| void *malloc（size_t num_bytes）; | 分配一块内存，大小为 num_bytes 字节，分配成功返回分配内存单元的起始地址，不成功，返回 0 |
| void free（void *ptr）; | 释放 ptr 所指向的内存 |
| void *calloc（size_t x,size_t y）; | 分配一块内存，大小为 x×y 字节，分配成功返回分配内存单元的起始地址，不成功，返回 0 |

# 11.9 上机实习课程

　　从本章的说明中，各位应该了解到程序设计者除了可以依照需求自行设计所需的函数外，在 C 语言的标准函数库中也提供了许多设计好的常用函数。本节的课程中我们将利用上述函数进行 C 语言程序的上机实习。

### ■ 【上机实习范例：CH11_01.c】

　　以下程序范例可以取得并显示目前的系统时间，并以我们了解的时间类型进行呈现。

```
01  #include <stdio.h>
02   #include <stdlib.h>
```

```
03    #include <time.h>
04
05    int main()
06    {
07        time_t now;
08
09        now = time(NULL);/* time() 函数 */
10        printf(" 现在时间: %s", ctime(&now));
11
12
13        return 0;
14    }
```

执行结果如图 11.1 所示。

```
现在时间: Mon Feb 03 10:56:19 2020

Process returned 0 (0x0)   execution time : 1.829 s
Press any key to continue.
```

图11.1

### 【上机实习范例: CH11_02.c】

以下程序范例用来测试循环所执行的时间，以程序执行到该行所经过的频率值表示。

```
01    #include <stdio.h>
02    #include <stdlib.h>
03    #include <windows.h>
04
05    int main()
06    {
07        int i;
08
09        for(i = 0; i < 10; i++)
10            sleep(100);/* sleep() 函数有延迟的作用 */
11        printf(" 运行时间: %d\n", clock());
12
13
14        return 0;
15    }
```

执行结果如图 11.2 所示。注意: 由于每次执行的系统时间不一致，因此结果会有所不同。

```
运行时间: 1006

Process returned 0 (0x0)   execution time : 3.665 s
Press any key to continue.
```

图11.2

### 【上机实习范例: CH11_03.c】

以下程序范例利用 filelength() 函数与命令行运行方式来计算所输入文件的长度。各位可在程序编译完成后，进入该程序所在目录中的命令行运行画面，执行如下语句。

> CH11_03 CH11_02.exe

即可求得 CH11_02.exe 的长度。

```
01    #include <stdio.h>
02    #include <io.h>
03    #include <fcntl.h>
04
05    int main(int argc, char* argv[])
06    {
07        int fhnd;
08
09        if (argc != 2)
10            printf(" 请指定文件: A_03 文件 \n");
11
12        else
13        {
14            if (!(fhnd = open(argv[1], O_RDONLY)))    /* 打开文件并检查是否打开成功 */
15                printf(" 文件打开失败! \n");
16            else
17                printf(" 文件长度: %ld\n", filelength(fhnd));
18            close(fhnd);    /* 关闭文件 */
19        }
20
21
22        return 0;
23    }
```

执行结果如图 11.3（a）所示。

指令参数时，可以执行"执行 → 参数"命令，会弹出图 11.3（b）所示的对话框，再输入参数即可。

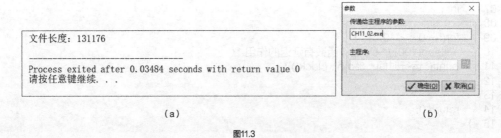

（a）　　　　　　　　　　　　　　　　　　（b）

图11.3

### ■【上机实习范例: CH11_04.c】

下面这个范例利用命令行变量与 rename() 函数来指定更改文件名。各位可在程序编译完成后，进入该
程序所在目录中的命令行变量画面，执行如下语句将 CH11_03.exe 改为 test.exe。

C:\> CH11_04  CH11_03.exe test.exe

```
01  #include <stdio.h>
02  #include <io.h>
03  #include <fcntl.h>
04
05  int main(int argc, char* argv[])
06  {
```

```
07    int fhnd;
08
09    if (argc != 3)
10      printf(" 旧文件名字 CH11_03.exe，新文件名字: test.exe\n");
11    else
12    {
13      if(rename(argv[1], argv[2]) < 0 )
14          printf("error");
15      else
16          printf("%s->%s OK\n", argv[1],argv[2]);
17    }
18
19    return 0;
}
```

执行结果如图 11.4 所示。

```
CH11_03.exe->test.exe OK
------------------------------------
Process exited after 0.07458 seconds with return value 0
请按任意键继续. . .
```

图11.4

执行前与执行后目录文件状态的对比如图 11.5 所示。

执行前

| CH11_03.c | 2020/2/3 19:01 | C Source File | 1 KB |
| CH11_03.exe | 2020/2/3 20:38 | 应用程序 | 130 KB |
| CH11_04.c | 2020/2/3 20:37 | C Source File | 1 KB |
| CH11_04.exe | 2020/2/3 20:37 | 应用程序 | 130 KB |

执行后

| CH11_03.c | 2020/2/3 19:01 | C Source File | 1 KB |
| CH11_04.c | 2020/2/3 20:41 | C Source File | 1 KB |
| CH11_04.exe | 2020/2/3 20:41 | 应用程序 | 130 KB |
| test.exe | 2020/2/3 20:41 | 应用程序 | 130 KB |

图11.5

### 【上机实习范例: CH11_05.c 】

下面这个范例使用系统时间与 srand() 函数作为随机数种子，随机数种子可以用时间函数取得系统时间来设定，这会让随机数分布得十分均匀。现在也请各位试着执行以下程序范例两次，你会发现所产生的 10 个随机数都不相同。

```
01    #include <stdio.h>
02    #include <stdlib.h>
03    #include <time.h>
04
05    int main()
06    {
07        int i;
08        long int seed;
09
10        seed = time(NULL);
11        srand(seed);   /* 设定随机数种子 */
```

```
12      for(i = 0; i < 10; i++)
13        printf("%d ", rand());
14      putchar('\n');
15
16
17      return 0;
18    }
```

执行结果如图 11.6 所示。

```
416 12421 21989 5964 10101 32524 4227 16923 12108 1528

Process returned 0 (0x0)    execution time : 0.719 s
Press any key to continue.
```

图11.6

## 【上机实习范例：CH11_06.c】

下面这个范例使用 gets() 函数读取字符串，并将读取的字符串使用字符串类型转换函数转换为数字。

如果输入字符串不是由数字字符组成的，则输出结果将会是数字 0。

```
01    #include <stdio.h>
02    #include <stdlib.h>
03    #include <stdlib.h>   /* 包含 stdlib.h 头文件 */
04
05    int main()
06    {
07      char Read_Str[20];   /* 定义字符数组 Read_Str[20] */
08      while ( 1 )    /* while 无穷循环 */
09      {
10        printf(" 请输入欲转换成数字的字符串 ( 输入 0 则结束 ):");
11        gets(Read_Str);         /* 读取字符串 */
12        if ( Read_Str[0] == '0' && Read_Str[1] == '\0' )
13          break;   /* 输入 0 则跳出循环 */
14        printf("atof() 函数的输出结果 :%f", atof(Read_Str));   /* atof() 函数输出 */
15        printf("\n");            /* 换行 */
16        printf("atoi() 函数的输出结果 :%d", atoi(Read_Str));   /* atoi() 函数输出 */
17        printf("\n");              /* 换行 */
18        printf("atol() 函数的输出结果 :%ld", atol(Read_Str));   /* atol() 函数输出 */
19        printf("\n");               /* 换行 */
20      }
21
22      return 0;
23    }
```

执行结果如图 11.7 所示。

```
请输入欲转换成数字的字符串(输入0则结束):8976
atof() 函数的输出结果:8976.000000
atoi() 函数的输出结果:8976
atol() 函数的输出结果:8976
请输入欲转换成数字的字符串(输入0则结束):0

Process returned 0 (0x0)   execution time :17.932 s
Press any key to continue.
```

图11.7

### 【上机实习范例：CH11_07.c】

以下这个范例分别利用字符串处理函数对用户所输入的字符串进行连接、复制与求取长度操作。

```
01  #include<stdio.h>
02  #include<ctype.h>
03  #include<string.h>
04
05  int main()
06  {
07    int ans;
08    char ch1[50];
09    char ch2[50];
10
11    printf(" 输入字符串一 :");
12    gets(ch1);
13    printf(" 输入字符串二 :");
14    gets(ch2);
15
16    /* 连接字符串 */
17    strcat(ch1,ch2);
18    printf(" 连接后的字符串一 :%s\n",ch1);
19    /* 复制字符串 */
20    strcpy(ch2,ch1);
21    printf(" 复制后的字符串二 :%s\n",ch2);
22    /* 字符串的长度 */
23    printf(" 新字符串的长度为 %d 字节 \n",strlen(ch1));
24
25
26    return 0;
27  }
```

执行结果如图 11.8 所示。

```
输入字符串一:Inter
输入字符串二:net
连接后的字符串一:Internet
复制后的字符串二:Internet
新字符串的长度为8字节

Process returned 0 (0x0)   execution time : 13.860 s
Press any key to continue.
```

图11.8

### 【上机实习范例：CH11_08.c】

以下这个程序范例分别利用 strlwr() 函数与 strrev() 函数来将用户所输入的英文字符串中的所有字母转换为小写，并将新字符串反向输出。

```
01  #include <stdio.h>
02  #include <stdlib.h>
03  #include <string.h>
```

```
04
05   int main()
06   {
07     char str[60];
08
09     printf(" 请输入字符串 : ");
10     gets(str);
11     printf("------------------------------------\n");
12     printf(" 转换为小写字母 : %s\n",strlwr(str));
13     printf(" 将此字符串反向输出 : %s\n",strrev(str));
14
15
16     return 0;
17   }
```

执行结果如图 11.9 所示。

```
请输入字符串: MEMORY
------------------------------------
转换为小写字母: memory
将此字符串反向输出: yromem

Process returned 0 (0x0)    execution time : 6.865 s
Press any key to continue.
```

图11.9

### ■【上机实习范例：CH11_09.c】

以下这个程序范例让用户输入一个字符，如果其是英文字母，则将所输入的大写字母转换为小写字母，或将小写字母转换为大写字母；如果是数字字符或符号字符则直接输出。

```
01   #include<stdio.h>/* 引用字符表头文件 */
02   #include<stdlib.h>/* 引用字符表头文件 */
03   #include<ctype.h>
04
05   int main()
06   {
07     char ch1;
08     while (ch1!=' ')
09     {
10         printf(" 请输入任意字符 ");
11         printf("( 输入空格键为结束 ):");/* 读取字符 */
12         ch1=getch();
13         printf("\n");/* 英文字母部分 */
14         if(isalpha(ch1))
15         {
16          printf("%c 字符为字母 \n",ch1);
17          if(islower(ch1))
18            printf(" 将字母转换成大写 :%c\n",toupper(ch1));
19            else
20          printf(" 将字母转换成小写 :%c\n",tolower(ch1));
```

```
21        }/* 数字部分 */
22        else if(isdigit(ch1))
23        {
24        printf("%c 字符为数字 \n",ch1);
25        }/* 其他符号部分 */
26        else if(ispunct(ch1))
27        printf("%c 字符为符号 \n",ch1);
28        }
29
30
31        return 0;
32
33    }
```

执行结果如图 11.10 所示。

```
请输入任意字符(输入空格键为结束)：
y字符为字母
将字母转换成大写：Y
请输入任意字符(输入空格键为结束)：
1字符为字母
将字母转换成大写：L
请输入任意字符(输入空格键为结束)：
9字符作为数字
请输入任意字符(输入空格键为结束)：

Process returned 0 (0x0)   execution time : 8.326 s
Press any key to continue.
```

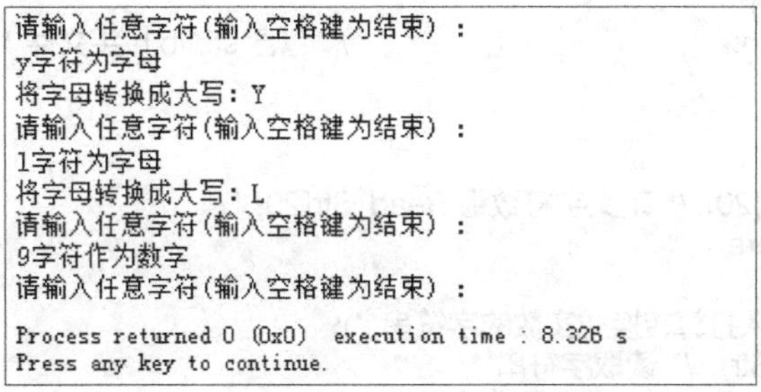

图11.10

## ■【上机实习范例：CH11_10.c】

以下这个程序范例利用 tan()、sqrt()、log() 函数来求自变量为 6.28 的值。

```
01    #include <stdio.h>
02    #include <stdlib.h>
03    #include <math.h>/* 包含数学函数 */
04
05    #define PX 6.28
06
07    int main()
08    {
09      printf("tan(6.28)=%7.4f\n",tan(PX));
10      printf("---------------------------------\n");
11      printf("sqrt(6.28)=%7.4f\n",sqrt(PX));
12      printf("---------------------------------\n");
13      printf("log(6.28)=%7.4f\n",log(PX));
14      printf("---------------------------------\n");
15
16
17      return 0;
18    }
```

执行结果如图 11.11 所示。

```
tan(6.28)=-0.0032
-------------------------------------
sqrt(6.28)= 2.5060
-------------------------------------
log(6.28)= 1.8374
-------------------------------------

Process returned 0 (0x0)    execution time : 2.693 s
Press any key to continue.
```

图11.11

### ■【上机实习范例：CH11_11.c】

以下程序范例利用头文件 stdlib.h 中的字符串转换函数来将一个字符串转换为双精度浮点数，并求其平方值。

```
01  #include <stdio.h>
02  #include <stdlib.h>                          /* 包含 stdlib.h 头文件 */
03
04  int main()
05  {
06    char Read_Str[20]; /* 定义字符数组 Read_Str[20] */
07    double d,square;
08
09      printf(" 请输入打算转换成实数的字符串 :");
10      gets(Read_Str);  /* 读取字符串 */
11      d=atof(Read_Str); /* atof() 函数输出 */
12      square=d*d;
13      printf("%f 的平方值 =%f \n",d,square );
14
15
16      return 0;
17  }
```

执行结果如图 11.12 所示。

```
请输入打算转换成实数的字符串:9.76
9.760000 的平方值=95.257600

Process returned 0 (0x0)    execution time : 9.481 s
Press any key to continue.
```

图11.12

### ■【上机实习范例：CH11_12.c】

以下这个程序范例简单说明了绝对值的无条件舍去法和无条件进位法的相关函数的输出功能。

```
01  #include<stdio.h>
02  #include<math.h>/* 引用 matn.h 表头文件 */
03
04  int main()
05  {
```

```
06      double number;
07      printf(" 请输入一个双精度数据类型的数字 :");
08      scanf("%lf",&number);
09      /* 输出结果 */
10       printf("%f 的绝对值 =%f\n",number,fabs(number));
11       printf("%f 无条件进位后 =%f\n",number,ceil(number));
12       printf("%f 无条件舍去后 =%f\n",number,floor(number));
13      printf("%f 四舍五入后 =%.0f\n",number,number);
14
15
16      return 0;
17    }
```

执行结果如图 11.13 所示。

```
请输入一个双精度数据类型的数字:5.26432
5.264320的绝对值=5.264320
5.264320无条件进位后=6.000000
5.264320无条件舍去后=5.000000
5.264320四舍五入后=5

Process returned 0 (0x0)   execution time : 10.749 s
Press any key to continue.
```

图11.13

### ■【上机实习范例：CH11_13.c】

以下程序范例将两个字符串（str1 和 str2）连接的结果存储于第 3 个字符串（str3）中，具体方法是先将 str1 复制至 str3，再利用 strcat() 函数将 str2 连接到 str3 的末尾。

```
01    include <stdio.h>
02    #include <stdlib.h>
03    #include <string.h>
04
05    int main()
06    {
07      char str1[ ] = "Hello ";
08      char str2[] = "World!";
09
10      int len = strlen(str1) + strlen(str2) + 1;  /* 算出所需字节数 */
11      char str3 [len];   /* 为 str3 配置足够内存 (len bytes) */
12      strcpy(str3,str1);          /* 将 str1 复制至 str3 */
13      strcat(str3,str2);
14    /* 将 str2 连接到 str3 */
15      printf("str3 字符串是 :%s\n",str3);
16
17
18      return 0;
19    }
```

执行结果如图 11.14 所示。

```
str3字符串是:Hello World!

Process returned 0 (0x0)    execution time : 2.056 s
Press any key to continue.
```

图11.14

## 【上机实习范例：CH11_14.c】

以下程序范例将 str2 直接连接到 str1 中，进行连接的前提是 str1 必须有足够的空间可以容纳要连接进来的字符。本例中 strncat() 函数的第 3 个参数代表要连接 str2 前面 4 个字符到 str1 中。

```
01   #include <stdio.h>
02   #include <stdlib.h>
03   #include <string.h>
04
05   int main()
06   {
07    char str1[35] = "Hello ";
08    char str2[35] = "World! ";
09     strncat(str1,str2,4);
10    /* 使用 strncat() 函数取出 str2 的前 4 个字符连接在 str1 之后 */
11    printf("str1 字符串是 :%s",str1);
12
13
14     return 0;
15    }
```

执行结果如图 11.15 所示。

```
str1字符串是:Hello Worl
Process returned 0 (0x0)    execution time : 2.737 s
Press any key to continue.
```

图11.15

## 【上机实习范例：CH11_15.c】

以下程序范例使用strcspn()函数从 str1 搜寻 "wor" 字符串中任意一个字符第一次出现的位置（从 0 算起）。

```
01   #include <stdio.h>
02   #include <stdlib.h>
03   #include <string.h>
04
05   int main()
06   {
07    char str1[ ]="Hello World!";
08    int idx = strcspn(str1,"wor");   /* 在 str1 中寻找 "wor" 字符串中任意一个字符第一次出现的位置 */
09
10     printf(" 找到 w、o 或 r 的第一次出现位置是 :%d\n",idx);
11
12
```

```
13    return 0;
14    }
```

执行结果如图 11.16 所示。

```
找到w、o或r的第一次出现位置是:4

Process returned 0 (0x0)    execution time : 2.249 s
Press any key to continue.
```

图11.16

### 【上机实习范例：CH11_16.c】

以下程序范例利用 rand()%num 来生成 0 ～ num 的随机数。

```
01    #include <stdio.h>
02    #include <stdlib.h>
03    #include <time.h>
04
05    int main()
06    {
07      int i;
08      long int seed;
09
10      seed = time(NULL);
11      srand(seed);    /* 设定随机数种子 */
12      for(i = 0; i < 10; i++)
13        printf("%d ", rand()%100);
14      putchar('\n');
15
16
17      return 0;
18    }
```

执行结果如图 11.17 所示。

```
11 53 30 87 67 45 76 85 97 37

Process returned 0 (0x0)    execution time : 2.172 s
Press any key to continue.
```

图11.17

### 【上机实习范例：CH11_17.c】

下面这个范例可以取得与系统时间相对应的格林尼治时间，并以我们了解的时间类型进行呈现。

```
01    #include <stdio.h>
02    #include <stdlib.h>
03    #include <time.h>
04
05    int main()
```

```
06   {
07       struct tm *gmt;
08       time_t now;
09
10       now = time(NULL);
11       gmt = gmtime(&now);
12       printf(" 格林尼治时间: %s", asctime(gmt));
13
14
15       return 0;
16   }
```

执行结果如图 11.18 所示。

```
格林尼治时间: Mon Feb 03 08:27:22 2020

Process returned 0 (0x0)    execution time : 2.418 s
Press any key to continue.
```

图11.18

# 第 12 章

# 从 C 语言到 C++ 的快速学习

C++ 是 C 语言加上面向对象的特性发展而成的语言，所以它们有许多相同之处。C++ 可以说是包含了整个 C 语言，也就是说几乎所有的 C 语言程序，只要稍做修改，甚至于完全不需要修改，便可在 C++ 中正确执行。所以 C 语言程序在编译器上只需直接将扩展名 ".c" 改为 ".cpp"，即可编译成 C++ 语言程序。两者除了面向对象的部分外，可以说兼容性是相当高的。图 12.1 所示为 C 语言和 C++ 的简单关系示意图。

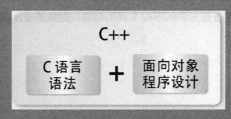

图12.1

此外，严格说来，C++ 并不是一种纯粹面向对象的语言。但由于 C++ 以 C 语言为基础，因此除了保有 C 语言的全部优点外，它还与 C 语言十分兼容。大部分在 C 语言中撰写的程序代码，在 C++ 中仍然可以继续使用。

**12.1 C++ 的面向对象概念**

虽然结构化程序让程序更为简洁及容易维护，但是大型的程序设计仍然会有管理上的困难，因而发展出了面向对象程序设计（Object Oriented Programming，OOP）。面向对象程序设计的主要精神就是将存在于日常生活中的常见对象（object）的概念应用在软件设计的发展模式中。而面向对象程序设计模式则必须具备 3 种特性，即封装、继承与多态，分别介绍如下。

■ 封装。

在 C++ 中是以类来定义抽象化数据类型（Abstract Data Type，ADT）的，也就是利用一种简单而整体的表达方式将事物的属性与功能设计出来，这些属性与功能则被定义在类里面，称为"封装"。而如果类只提供它的功能来作为对外互动的接口，并且所有属性数据的访问都必须通过这些接口，则称为"数据隐藏"（data hiding）。数据隐藏让使用者只能通过方法来操作对象，而无法直接访问它的属性数据。

■ 继承。

C++ 允许使用者建立新的类来接收一个已存在类的数据与方法，并且可视需要新增方法或修改继承而来的方法，称为"重载"（override）。在一个类的继承关系中，被继承者称为"基类"（base class）或"父类"（parent class），而继承者则称为"派生类"（derived class）或"子类"（child class）。继承关系可以很单纯，例如一个子类只有一个父类，称为"单一继承"；也可以很复杂，例如一个子类有多个父类，称为"多重继承"。继承关系中若有多个子类同时继承同一个父类，那么这些子类就好像是兄弟，可称为兄弟类（sibling classes）。而继承关系中的父子关系称为直系关系，兄弟关系则为旁系关系，如图 12.2 所示。

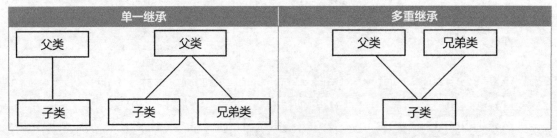

图12.2

■ 多态。

按照指针所指对象的不同或参数对象的不同来调用相对应对象的成员函数的方法，适用于兄弟类，如图 12.3 所示。

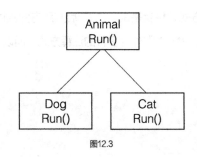

图12.3

上述 Dog 和 Cat 两个兄弟类都继承了 Animal 的 Run 方法，但是 Dog 和 Cat 跑的姿态不同。我们可以动态地利用 Animal 类所声明的指针来指向 Dog 对象，进而使用 Dog 的 Run 方法，也可以让指针指向 Cat 对象而使用 Cat 的 Run 方法。

### · 12.1.1 设计一个 C++ 程序

开始设计一个 C++ 程序前，本小节先要说明几项 C 语言与 C++ 之间的主要差异。在 C 语言中，头文件都以 ".h" 作为结尾，其中 stdio.h 代表标准的输出与输入函数库，而早期的 C++ 也是如此，例如 iostream.h。不过 1997 年所发布的 ANSI/ISO C++ 语言中采用了一种新型头文件（new-style header），它并没有 ".h" 作为结尾。表 12.1 所示为几个常见的 C++ 新型头文件。

表 12.1

| C++ 新型头文件 | 说明 |
| --- | --- |
| <cmath> | C++ 的 math.h 新型头文件 |
| <cstdio> | C++ 的 stdio.h 新型头文件 |
| <cstring> | C++ 的 string.h 新型头文件 |
| <iostream> | C++ 的 iostream.h 新型头文件 |
| <fstream> | C++ 的 fstream.h 新型头文件 |

命名空间是 C++ 的新特性，当使用 C++ 新型头文件时，函数必须指定命名空间。这个设计是为了避免程序函数名称与标准函数库内的函数名称相同。例如 C++ 的标准函数库的命名空间名称为 "std"，而 C++ 标准函数库中的 "cin" 及 "cout" 数据流的输入与输出对象就被定义在 "std" 这个命名空间内，所以当使用这类函数时，必须在函数前面指定 std 命名空间，如下所示。

```
std::cout<<" 我的第一个 C++ 程序 ";// 输出字符串
```

C++ 的新型头文件几乎都定义于 std 命名空间里。要使用命名空间里面的函数、类与对象，也可以加上使用语句，如此一来，就不需要在函数名称前加上所属的命名空间。也就是说，如果开放标准函数库所属的命名空间 std，便能直接调用使用对象，且不需要冠上所属的命名空间。using 指定用法如下所示。

```
using namespace std;
```

基本上，C 语言中的注释（comment）以 "/*…*/" 来表示，而 C++ 除了支持 C 原有的注释写法外，还多了一个双斜线"//"的单行注释方式，也就是说，"//"后方所有的叙述都会被视为注释，并且没有注释结束符号。所以 C++ 语言中大都以"/*…*/"作为多行的注释方式，而以"//"作为短注释方式。

```
/*   这是 C 语言的注释方式
C++ 语言也可以使用
大多用于多行的注释
*/
// 这是 C++ 语言的注释方式
// 大多用于短注释
```

"//"符号可单独占用一行，也可跟随在程序代码之后，如下所示。

```
// 声明变量
int a, b, c, d;

a = 1;  // 声明变量 a 的值
b = 2;  // 声明变量 b 的值
```

当各位对 C 语言与 C++ 编写上的差异有了基本了解后，接下来请进入 Dev-C++ 环境的窗口，再执行"文件→新建→源代码"命令。当开启程序编辑环境窗口后，就可以在空白的程序编辑区输入程序代码了。以下是一个 C++ 程序的例子。

### 【上机实习范例：CH12_01.cpp】

```
01   #include <iostream>
02   #include <cstdlib>
03
04   using namespace std;
05
06   int main()
07   {
08      cout<<" 我的第一个 C++ 程序 "<<endl;
09      // 输出字符串
10
11      return 0;
12   }
```

执行结果如图 12.4 所示。

```
我的第一个C++程序

Process returned 0 (0x0)   execution time : 2.199 s
Press any key to continue.
```

图12.4

程序解说

第 1 行包含 iostream 头文件，C++ 中有关输入与输出的函数都定义在此。第 2 行中的 cstdlib 是标准函数库的缩写，其中有许多实用的函数。第 4 行是使用标准函数库的命名空间 std。第 6 行的 main() 函数为 C++ 主程序的进入点，其中 int 是整数数据类型。第 8 行的 cout 是 C++ 的输出对象，其中 endl 代表换行。

第 9 行为 C++ 的注释。因为主程序被声明为 int 数据类型，所以第 11 行必须返回一个值。

## · 12.1.2 输出与输入功能

相信学过 C 语言的读者都知道 C 语言中的基本输出与输入功能是以函数形式实现的，必须配合设定数据类型进行不同格式的输出，例如 printf() 函数与 scanf() 函数。由于输出格式的设置对使用者来说并不方便，因此 C++ 将输出、输入格式做了一个全新的调整，也就是直接利用 I/O 运算符进行输出或输入，且不需要搭配数据格式，全权由系统来判断，只要直接引用 iostream 头文件即可。

简单来说，C++ 标准函数库中定义了两个数据流输出与输入的对象"cout"和"cin"。cout 代表由终端机输出数据的对象，使用运算符"<<"便可以指定 cout 对象的内容，然后在终端机上输出数据。而 cin 对象可用来获得终端机的输入数据，并将所获得数据用运算符">>"指定给程序中的变量或者对象。以下是 cout 及 cin 的使用语法。

```
cout << 输出数据 1 << 输出数据 2 << ...;
cin >> 变量 ;
```

从上述的语法中可得知使用多个运算符"<<"将多个输出数据指定给 cout 对象，其结合的顺序为由左至右。语法叙述如下。

```
cout << "Happy Birthday!" l;          //输出单一字符串
cout << " 班级人数：" << 50 ;          //结合字符串与数值的输出方式
cout << " 班级人数：" << totol_number ;    //结合字符串与变量的输出方式
```

在用运算符"<<"指定给 cout 对象要输出的数据时，也可分成多行来编写，以增加程序的可读性，如下所示。

```
cout << " 班级人数："
    << totol_number;
```

cin 对象也可同时使用多个运算符">>"来获得多个数据并指定给各个不同的变量，如下所示。

```
cin >> 变量 1 >> 变量 2 >> 变量 3 >>...;
```

### ■【上机实习范例：CH12_02.cpp】

```
01   #include<iostream>
02   #include<cstdlib>
03   using namespace std;
04
05   int main()
06   {
07    int a; // 声明整数变量 a
08    cout<<" 请输入一个整数 :";// 输出字符串
09    cin>>a;// 输入数字
10    cout<<"\" 数字 \"="<<a<<endl;// 将数字字符串用双引号引起来
11
12
```

```
13     return 0;
14     }
```

执行结果如图 12.5 所示。

```
请输入一个整数:56
"数字"=56

Process returned 0 (0x0)    execution time : 5.012 s
Press any key to continue.
```

图12.5

**程序解说**

第 1 行包含 iostream 头文件。第 2 行使用标准函数库的命名空间 std。第 7 行声明整数变量 a。第 8 行 cout 是 C++ 的输出对象。第 9 行 cin 是 C++ 的输入对象。第 10 行使用特殊字符格式将数字字符串用双引号引起来。

## · 12.1.3　浮点数

C++ 的浮点数数据就是指带有小数点或指数的数据，例如 3.14、5e-3 等。浮点数数据依照占用内存的不同分为 3 种，即浮点数（float）、双精度浮点数（double）及长双精度浮点数（long double），比 C 语言多了 long double，如表 12.2 所示。

表 12.2

| 数据类型 | 字节 | 表示范围 |
|---|---|---|
| float | 4 | 1.17E-38~3.4E + 38（精确至小数点后 7 位） |
| double | 8 | 2.25E - 308~1.79E+308（精确至小数点后 15 位） |
| long double | 12 | 1.2E +/- 4932（精确至小数点后 19 位） |

浮点数的预设类型是 double 类型，如果想要声明浮点变量为 float 类型，可在指定浮点数值时，在字尾加上字符 "F" 或 "f" 将数值转换成 float 类型，如下所示。

```
float a = 3.1f;
```

### 【上机实习范例: CH12_03.cpp】

```
01     #include <iostream>
02     #include <cstdlib>
03
04     using namespace std;
05
06     int main()
07     {
08         float Num1;           // 声明并设定 float 变量的值
09         double Num2;              // 声明并设定 double 变量的值
10         long double Num3=3.144E10;   // 声明并设定 long double 变量的值
11         Num1=1.742f;
```

```
12      Num2=4.1592;
13
14      cout << "Num1 的值: " << Num1 << endl   // 输出变量的内容及长度
15        << " 长度: " << sizeof(Num1)
16        << " 字节 " << endl << endl;
17      cout << "Num2 的值: " << Num2 << endl   // 输出变量的内容及长度
18        << " 长度: " << sizeof(Num2)
19        << " 字节 " << endl << endl;
20      cout << "Num3 的值: " << Num3 << endl   // 输出变量的内容及长度
21        << " 长度: " << sizeof(Num3)
22        << " 字节 " << endl;
23
24
25      return 0;
26   }
```

执行结果如图 12.6 所示。

```
Num1 的值: 1.742
长度: 4 字节

Num2 的值: 4.1592
长度: 8 字节

Num3 的值: 3.144e+010
长度: 12 字节

Process returned 0 (0x0)    execution time : 2.537 s
Press any key to continue.
```

图12.6

程序解说

第 8 ~ 10 行分别声明 float、double 与 long double 类型的变量，第 10 行使用科学记数法的 E 来设定变量初始值。第 11 行在数值后加上 " f " 字符，表示此变量为 float 类型。第 15、18、21 行的 sizeof() 函数用来显示指定变量占据的内存空间大小。

### · 12.1.4　布尔数据类型

C++ 中正式定义了布尔数据类型，它的值以 true 代表正确、以 false 代表错误。在 C 语言中，条件叙述语句和表达式也有这样的观念，只不过是用非 0 值（nonzero）和 0 值（zero）来区别是或否的状态，C++ 则把非 0 值用布尔数据类型的 true 取代，0 值则用 false 代替。布尔数据类型的声明语法如下。

bool 布尔变量;

或:

bool 布尔变量 =true (or false);

由于 C++ 包含了 C 语言的语法，因此 C 语言中的关系和逻辑运算符产生的表达式结果，不论是整数类型的表达式或是布尔类型的表达式，在 C++ 中都会自动转换成所需的数据类型。例如当整数数据类型被用在布尔表达式中时，非 0 值会转换成 true，0 值会转换成 false。

■ 【上机实习范例：CH12_04.cpp】

```
01   #include <iostream>
02   #include <cstdlib>
03
04   using namespace std;
05
06   int main()
07   {
08
09     bool Num1= true;          // 声明布尔变量，设其值为 true
10     bool Num2= 0;             // 声明布尔变量，设其值为 0
11     bool Num3= -119;          // -119 为非 0 值，结果为 true
12     bool Num4= Num1>Num2;    // 设其值为布尔判断式，结果为 true
13
14     cout<<"Num1="<<Num1<<" Num2="<<Num2<<endl;
15     cout<<"Num3="<<Num3<<" Num4="<<Num4<<endl;
16
17
18
19     return 0;
20   }
```

执行结果如图 12.7 所示。

```
Num1=1 Num2=0
Num3=1 Num4=1

Process returned 0 (0x0)   execution time : 2.644 s
Press any key to continue.
```

图12.7

程序解说

第 9 行声明布尔变量，设其值为 true。第 10 行声明布尔变量，设其值为 0。第 11 行 -119 为非 0 值，结果为 true。第 14 行设值为布尔判断式，结果为 true。

· 12.1.5 字符串

与 C 语言相比，C++ 在字符串处理方面就显得实用许多。事实上，在 C 语言与 C++ 中，并没有字符串的基本数据类型，如果要存储字符串，基本上还是必须使用字符数组来表示。不过 C++ 标准类库中还定义了新的字符串类 string，能让各位更轻松地处理字符串。C++ 基本字符串声明最重要的特点与 C 语言相同，即由字符数组组成，并以 '\0' 作为结尾。声明方式如下。

方式 1： char 字符串变量 [ 字符串长度 ]=" 初始字符串 ";
方式 2： char 字符串变量 [ 字符串长度 ]={' 字符 1', ' 字符 2', … ,' 字符 n', '\0'};

本书前面的章节中曾提过，如果是先建立数据类型为 char 的字符数组，然后再指定它的初始值，那么在此 C 语言或 C++ 程序中，会显示错误信息，如下所示。

```
char st1[26];
st1="1234567"; // 错误的语法，因为无法直接指定字符串常数值给数组
```

正确的方法是利用 strcpy() 函数来给它赋值。

```
strcpy(st1,"1234567");
```

如果一定要使用这种指定方式将字符串常数值指定给字符串，可以使用 C++ 所提供的 string 类。它在 string 头文件中，新定义的字符串类虽然不属于 C++ 的基本数据类型（如 int 、char），但确实是一个被定义过的抽象数据类型。此外，C++ 的字符串类不需要引用函数，可以直接使用运算符来进行字符串的处理，如比较字符串、连接字符串等。以下是 C++ 字符串的声明方式。

```
#include<string>          // 一定要引入此头文件
string 字符串名称 ;          // 声明一个空的字符串
string 字符串名称 =" 字符串 ";     // 声明设有初始值的字符串格式一
string 字符串名称 (" 字符串 ");     // 声明设有初始值的字符串格式二
```

### ■ 【上机实习范例：CH12_05.cpp】

```
01   #include<iostream>
02   #include<cstdlib>
03   #include<string>// 引入字符串头文件
04
05   using namespace std;
06
07   int main()
08   {
09       char ch[]=", ";
10       string firstname;// 声明字符串类
11       string lastname;// 声明字符串类
12       string input1(" 请输入姓氏 :");
13       string input2=" 请输入名字 :";
14
15       cout<<input1;
16       cin>>lastname;// 输入字符串
17       cout<<input2;
18       cin>>firstname;// 输入字符串
19
20       string fullname=firstname+ch+lastname;// 用运算符进行字符串的连接
21       cout<<" 您的全名为 :"<<fullname<<endl;
22
23
24       return 0;
25
26   }
```

执行结果如图 12.8 所示。

```
请输入姓氏:吴
请输入名字:思鸿
您的全名为:思鸿, 吴

Process returned 0 (0x0)   execution time : 17.430 s
Press any key to continue.
```

图12.8

【程序解说】

第 3 行引用 string 头文件。第 9 行为 C 语言版本的字符串格式。第 10~11 行为 C++ 版本的空字符串对象。第 12~13 行为 C++ 版本的设定字符串初始值的两种形式。第 20 行为 C++ 版本利用运算符 "+" 进行字符串的连接，其中的 ch 字符串在此行中会被转换成 C++ 版本的字符串。

事实上，当我们建立字符串变量之后，除了可以通过键盘来输入字符串内容外，还可以针对字符串进行各种运算，例如进行两个字符串间的比较，C++ 中常用的字符串运算符如表 12.3 所示。

表 12.3

| 运算符 | 说明 |
|---|---|
| + | 将字符串进行连接 |
| = | 指定字符串内容给字符串 |
| == | 判断两个字符串的内容是否相等 |
| += | 将字符串进行连接并指定字符串内容 |
| != | 判断两个字符串的内容是否不相等 |
| < | 判断一个字符串的内容是否小于另一个字符串的内容 |
| <= | 判断一个字符串的内容是否小于等于另一个字符串的内容 |
| > | 判断一个字符串的内容是否大于另一个字符串的内容 |
| >= | 判断一个字符串的内容是否大于等于另一个字符串的内容 |
| [] | 下标 |

以下程序范例将得出 C++ 的字符串与运算符 "+" 和 ">" 的运算结果，各位可观察一下程序的执行是否确实方便许多。

■ 【上机实习范例：CH12_06.cpp】

```
01  #include<iostream>
02  #include<cstdlib>
03    // 引用字符串类
04  #include<string>
05
06  using namespace std;
07
08  int main()
09  {
10      // 声明 String 字符串
11      string str1,str2,str3;
12
13      cout<<" 请输入两个字符串 :";
14      cin>>str1>>str2;
15      // 进行字符串的连接
```

```
16        str3=str1+str2;
17
18        // 进行字符串之间的比较
19    cout<<"str1="<<str1<<endl;
20    cout<<"str2="<<str2<<endl;
21    cout<<"str3="<<str3<<endl;
22
23    if (str1 > str2)
24        cout << "str1 > str2 " << endl;
25    else
26        cout << "str1 < str2 " << endl;
27
28
29        return 0;
30  }
```

执行结果如图 12.9 所示。

```
请输入两个字符串:happy holiday
str1=happy
str2=holiday
str3=happyholiday
str1 < str2

Process returned 0 (0x0)   execution time : 12.157 s
Press any key to continue.
```

图12.9

程序解说

第 16 行使用运算符 "+" 对字符串变量 *str*1 及 *str*2 进行连接，并将连接后的内容指定给字符串变量 *str*3。第 23~26 行使用运算符 ">" 与 if 语句来判断字符串变量 *str*1 及 *str*2 的大小。

## · 12.1.6 动态内存分配

动态内存分配是指在程序执行期间依据程序代码的需求来动态分配内存空间，在使用上较有弹性。不过由于只在程序执行期间才执行内存分配，因此动态内存配置效率较低。动态内存的分配可以通过指针来完成。

如果要在 C++ 中动态分配内存，则必须利用 new 来获得内存地址。

如果是单一变量，声明方式如下。

数据类型 * 指针名称 = new 数据类型；

或：

数据类型 * 指针名称 = new 数据类型（初值）；// 指定初始值的声明方式

也可以分成两段式声明：

数据类型 * 指针名称 = 0；
指针名称 = new 数据类型；

或：

```
数据类型 * 指针名称 = 0;
指针名称 = new 数据类型 ( 初值 );
```

例如：

```
int* n = new int;
```

上列声明中，运算符 new 的功能是动态地分配一块可以存放 int 类型数据的内存空间，如果分配成功，就会返回这块内存空间的起始地址，这时指针 n 就会指向这块内存空间的起始地址；如果分配失败，就会返回 NULL（即 0），这时指针 n 的内容就是 NULL。

变量或对象在使用动态方式分配内存后，必须进行释放内存的动作，否则这些动态分配而产生的内存会一直存在，进而发生"内存泄漏"（memory leak）。而如果变量或对象使用静态方式分配内存，那么内存的释放则由编译器自动完成，无须特别操作。在 C++ 中，动态分配内存完成后，最好使用运算符 delete 来释放这些已分配的内存空间，其语法如下。

```
delete 指针名称 ;
```

### ■ 【上机实习范例：CH12_07.cpp 】

```
01   #include <iostream>
02   #include <cstdlib>
03
04   using namespace std;
05
06   int main()
07   {
08      int *ptr1=new int;      // 定义 *ptr1 指针，并由运算符 new 分配内存
09      int *ptr2=new int;      // 定义 *ptr2 指针，并由运算符 new 分配内存
10
11      cout << " 输入被加数 :";
12      cin >> *ptr1;                   // *ptr1 存储被加数
13      cout << " 输入加数  :";
14      cin >> *ptr2;                   // *ptr2 存储加数
15
16      cout << *ptr1 << " + " << *ptr2 << " = ";
17      cout << *ptr1+*ptr2;            // 计算总和
18
19      cout << endl;                   // 换行
20
21      delete ptr1;            // 释放分配给 ptr1 的内存空间
22      delete ptr2;            // 释放分配给 ptr2 的内存空间
23
24
25      return 0;
26   }
```

执行结果如图 12.10 所示。

```
输入被加数:8
输入加数  :6
8 + 6 = 14

Process returned 0 (0x0)    execution time : 9.710 s
Press any key to continue.
```

图12.10

**程序解说**

第 8、9 行定义 *ptr1、*ptr2 指针，并由运算符 new 分配内存。第 12 行 *ptr1 存储被加数。第 14 行 *ptr2 存储加数。第 21 行释放分配给 ptr1 的内存空间。第 22 行释放分配给 ptr2 的内存空间。

除了动态分配变量内存之外，如果要动态分配内存的是一维数组，那么声明方式如下。

数据类型 * 指针名称 = new 数据类型 [ 数组长度 ];

例如：

int* p = new int[5];

并在数组使用完毕后用下面的语句来释放所分配的内存。

delete [ ] 指针名称;

以下程序范例会将用户输入的 5 个数字存入动态分配的 int 数组中，并且将它们依照由大到小的顺序进行排列，最后输出结果。

**【上机实习范例：CH12_08.cpp】**

```
01  #include <iostream>
02  #include <cstdlib>
03  using namespace std;
04
05  int main()
06  {
07    int* num = new int[5];
08    int temp,i = 0;
09    cout<<" 请输入 5 个数字 "<<endl;
10    while(i < 5) {
11     cout<<" 数字 "<<i + 1<<"> ";
12     cin>>*(num + i);        //分别输入 5 个数字
13      i++;
14    }
15    for(i=0;i<4;i++)
16     for(int j=i+1;j<5;j++)
17       {
18        if(*(num + i) > *(num + j))   // 如果 *(num+i) 大于 *(num+j) 就互换
19          {
20           temp = *(num + i);
21            *(num + i) = *(num + j);
22             *(num + j) = temp;
23          }
```

```
24          }
25      cout<<" 由小到大的顺序是: ";
26      for(i=0;i<5;i++)    // 输出排序后的结果
27      cout<<*(num + i)<<'\t';
28      cout<<endl;
29      delete [] num;      // 释放动态分配的数组内存空间
30
31
32      return  0;
33  }
```

执行结果如图 12.11 所示。

```
请输入 5 个数字
数字1> 8
数字2> 6
数字3> 4
数字4> 2
数字5> 9
由小到大的顺序是:2       4       6       8       9

Process returned 0 (0x0)    execution time : 14.740 s
Press any key to continue.
```

图12.11

**程序解说**

第 7 行动态分配一块可以存放 5 个 int 类型数据的内存空间，并且把它的起始地址存入指针 num。第 10~14 行让用户分别输入 5 个数字，并且把它们分别存入不同的地址内。第 29 行释放动态分配的数组内存空间。

# 12.2  C++ 的函数

在 C++ 的函数部分，开发者贴心地增加了一些功能或应用来取代 C 语言中一些效率低下的方法，让 C++ 在使用上更为方便。例如在函数中如果没有参数传递时，C 语言会用"void"表示，但 C++ 通常会省略 void；或者 C 语言中的变量必须在程序区块的开始处就做声明，否则会出现错误，而 C++ 语言的变量声明不必局限于程序区块的开始处，只要在使用该变量前声明即可。如果变量在循环的区块内声明，那么只能将其当成是此区块内的区域变量。

· 12.2.1  内联函数

通常程序在进行函数调用前，会先将一些必要信息（如调用函数的地址、传入的参数等）保留在堆栈中，以便在函数执行结束后可以返回调用函数的程序继续执行。因此对某些频繁调用函数的小型程序来说，这些堆栈访问动作将降低其执行效率，此时即可运用内联函数来解决这个问题。当程序中使用到 inline 定义的函数时，C++ 会将调用 inline 函数的部分直接替换成 inline 函数内的程序代码，而不会有实际的函数调用过程。如此一来，可以省下许多调用函数所花费的时间，并提高程序执行效率。其声明方式如下。

```
inline 数据类型 函数名称 ( 数据类型 参数名称 )
{
    程序语句块;
}
```

**【上机实习范例: CH12_09.cpp 】**

```
01  #include<iostream>
02  #include<cstdlib>
03  using namespace std;
04
05  // 内联函数定义
06  inline int fun1(int a,int b)
07  {
08      return a+b;
09  }
10
11  int main()
12  {
13      int a,b;
14      cout<<" 请输入两个数字 , 并判断二者之和是奇数还是偶数 :";
15      cin>>a>>b;
16
17
18      if(fun1(a,b)%2==0)    // 调用内联函数
19          cout<<a<<"+"<<b<<"="<<a+b<<" 为偶数 "<<endl;
20      else
21          cout<<a<<"+"<<b<<"="<<a+b<<" 为奇数 "<<endl;
22
23
24      return 0;
25  }
```

执行结果如图 12.12 所示。

```
请输入两个数字,并判断二者之和是奇数还是偶数:8 7
8+7=15为奇数

Process returned 0 (0x0)    execution time : 3.492 s
Press any key to continue.
```

图12.12

第 6~9 行定义内联函数。第 18 行调用内联函数。

### 12.2.2 引用调用

C 语言中有传值调用和传址调用两种调用方式，C++ 中增加了一种引用调用。事实上，所谓的引用，读者可以把它想成让函数形参直接"引用"实参值，或者说形参是实参的别名，形参和实参共同拥有一个存储单元。建立引用的作用是为变量另起一个名字，以便在需要时可以方便、间接地引用该变量。一旦和某个变量引用声明后，再也不允许更改。

引用在声明时必须使用引用声明符"&"，并且必须在声明时用另一个变量的名字来初始化，其声明格式如下。

```
数据类型 & 引用名称 = 已定义的变量名； // 一次声明一个引用
数据类型 & 引用名称 1 = 已定义的变量名 1 ,…, & 引用名称 n = 已定义的变量名 n; // 一次声明多个引用
```

例如：

```
int Obj = 20;
int &refObj = Obj; // 声明引用时须使用取址运算符"&"，并且必须在此时指定初始值
```

上列程序中先声明了一个 int 类型的变量 Obj，然后声明了一个引用 refObj 来作为 Obj 的别名。当 refObj 成为 Obj 的别名后，就不能再将 refObj 重复声明为其他变量或对象的别名，并且所有作用于 refObj 上的运算都会直接作用到 Obj 上，如下所示。

```
refObj++;
cout<<Obj<<endl;  // 输出 21
int temp = refObj;
cout<<temp<<endl;  // 输出 21
int Obj1=80;
refObj=Obj1;// 语法错误，不能重新声明引用关系
```

在一般情况下，引用很少单独声明与使用，它通常应用于函数的参数或返回值。引用调用属于传址调用的一种，但是在引用调用函数时，参数并不会另外配置内存来存放自变量传入的地址，而是直接把自变量作为参数的一个别名（alias）。引用调用的函数声明形式如下所示。

函数原型声明：

```
数据类型 函数名称 ( 数据类型 & 参数名称…);
```

函数定义：

```
数据类型 函数名称 ( 数据类型 & 参数名称…)

{
程序语句块;
   return 返回值;
}
```

调用语法：

```
变量 = 函数名称 ( 自变量…);
```

### 【上机实习范例：CH12_10.cpp】

```
01   #include <iostream>                        // 包含头文件 iostream.h
02   #include <cstdlib>
03   using namespace std;
04
05   void swap(int &N1, int &N2)                // 定义 swap() 函数
06   {
07     int temp;                                // 定义整数变量 temp
08
```

```
09      temp=N2;
10      N2=N1;
11      N1=temp;
12
13      cout << endl;
14  }
15
16  int main()                        // 程序由此开始
17  {
18      int Num1=10, Num2=20;                    // 定义整数变量 Num1、Num2
19
20      cout << " 调用 swap() 函数前 : "          // 显示信息
21          << "Num1=" << Num1 << " Num2=" << Num2;
22      swap(Num1,Num2);                         // 调用 swap() 函数
23      cout << " 调用 swap() 函数后 : "          // 显示信息
24          << "Num1=" << Num1 << " Num2=" << Num2;
25      cout << endl;
26
27
28      return 0;
29  }
```

执行结果如图 12.13 所示。

```
调用swap()函数前: Num1=10 Num2=20
调用swap()函数后: Num1=20 Num2=10

Process returned 0 (0x0)    execution time : 2.210 s
Press any key to continue.
```

图12.13

**程序解说**

第 5 行为加上引用声明符的函数原型声明。第 23~24 行从执行结果可以得知，swap() 函数执行结束后，原先调用函数的整数变量 Num1 与 Num2 的值已被更改。

### 12.2.3 函数重载

C++ 对于函数的使用有一个重大的改变，它允许同一个程序中拥有多个名称相同的函数来分别执行不同的功能运算，这就是所谓的函数重载。例如，用户可以设计 3 个函数名同为 Get_Area 的函数，分别用来计算正方形面积、梯形面积，或圆面积，而不需要为这 3 个面积计算函数分别编写专用的函数名。

函数重载主要以参数来判断应执行哪一个函数功能，如果两个函数的参数个数不同，或参数个数相同，但是至少有一个对应的参数类型不同，那么 C++ 就会将它们视为不相同的函数。例如以下例子中的 Get_Area() 函数就是 3 个不同的函数。

```
int Get_Area(int Width, int Height);        // 具有两个整数参数

int Get_Area(double Width, double Height);  // 参数个数与第一个函数相同
// 但参数数据类型不同

int Get_Area(int Up, int Bottom, int Height); // 参数个数与第一个及第二个函数不同
```

下面来看个简单的程序范例，我们利用函数重载来编写可计算矩形面积、梯形面积和圆面积的 Get_
Area() 函数。

■ 【上机实习范例：CH12_11.cpp】

```
01   #include <iostream>
02   #include <cstdlib>
03
04   using namespace std;
05
06   int Get_Area(int Width, int Height);   // 计算矩形面积
07   int Get_Area(int Up, int Bottom, int Height);   // 计算梯形面积
08   double Get_Area(int r);   // 计算圆面积
09
10   int main()
11   {
12       int Width, Height, Up, Bottom, r; // Width: 宽，  Height: 高
13   // Up: 上底，  Bottom: 下底
14   // r: 圆半径
15       cout << "请输入矩形的宽与高（单位：厘米）: ";
16       cin >> Width >> Height;
17       cout << "矩形面积为:  " << Get_Area(Width, Height)<< "平方厘米" << endl;
18       cout << endl;
19       cout << "请输入梯形的上底、下底及高（单位：厘米）: ";
20       cin >> Up >> Bottom >> Height;
21       cout << "梯形面积为: " << Get_Area(Up, Bottom, Height)<< "平方厘米" << endl;
22       cout << endl;
23       cout << "请输入圆半径（单位：厘米）: ";
24       cin >> r;
25       cout << "圆面积为: " << Get_Area(r)<< "平方厘米" << endl;
26
27
28       return 0;
29   }
30
31   int Get_Area(int Width, int Height)
32   { return Width * Height; }     // 返回矩形面积
33   int Get_Area(int Up, int Bottom, int Height)
34   { return (Up+Bottom) * Height / 2 ; } // 返回梯形面积
35   double Get_Area(int r)
36   { return r*r*3.14; } // 返回圆面积
```

执行结果如图 12.14 所示。

```
请输入矩形的宽与高(单位:厘米): 8 6
矩形面积为:  48 平方厘米

请输入梯形的上底、下底及高(单位:厘米): 5 10 8
梯形面积为: 60 平方厘米

请输入圆半径(单位:厘米): 6
圆面积为: 113.04 平方厘米

Process returned 0 (0x0)    execution time : 13.781 s
Press any key to continue.
```

图12.14

程序解说

第 6～8 行建立 3 个名称相同的 Get_Area() 函数重载，用来执行不同的计算功能。第 17 行、第 21 行及第 25 行当调用函数时，C++ 会将用户输入的参数个数和数据类型与函数原型做比较，以便决定使用哪一个版本的 Get_Area() 函数。

# 12.3 认识类

"类"（class）是一种可以用来当作抽象化数据类型，并进而达到数据封装与数据隐藏目的的概念。类中定义了一份构建对象的蓝图，这份蓝图中包含了对象的特性与行为。行为代表对象所拥有的功能，特性就是对象所拥有的属性，而经由类声明的实体（instance）则称为对象。

C++ 中用来建立类的关键字是"class"，我们可以使用它来构建对象的蓝图，把某类对象的共同特性与行为提取出来并利用程序代码加以表达；还可以在程序中定义一些用来设定或获得对象特性数据的"方法"（method）。C++ 中的类将这些特性、行为与方法归类为下列两种成员，如表 12.4 所示。

表 12.4

| 成员 | 说明 |
| --- | --- |
| 数据成员（data member） | 即对象的特性。它可以是利用基本数据类型所声明的一般变量、静态变量、结构变量、联合变量，还可以是利用其他类所声明的对象或对象数组等 |
| 成员函数（member function） | 即对象的行为或访问特性数据的函数，例如一般函数、inline 函数、静态函数、常数函数等，都统称为方法 |

在 C++ 中，一个类的原型声明语法如下。

```
class 类名称    // 声明类
{
  private:
  私有成员  // 声明私有数据成员
  public:
  公用成员  // 声明公用成员函数
};
```

## 12.3.1 数据成员

数据成员主要用于描述类的状态或属性，我们可以使用任意数据类型将其定义于 class 内。通常数据成员的访问权限设为 private，若要访问数据成员，则要通过所谓的公有成员函数。数据成员的定义如下。

```
class 类名称
{
[访问权限：]              // 未定义时预设为 private
 数据类型   成员名称； // 数据成员
};
```

### · 12.3.2 成员函数

成员函数是指作用于数据成员的相关函数，作为类所描述对象的行为；通常作用于改变内部状态的操作，或作为与其他对象沟通的桥梁。成员函数与一般函数的定义类似，只不过其封装在类中，函数的个数并无限定。成员函数的声明语法如下。

```
返回值类型 函数名称（参数列）
{

}
```

### · 12.3.3 访问权限关键字

封装最大的功能在于当外界想要与对象（访问成员或操作函数）沟通时，可以在类设定之初就设定访问的机制，这样做的好处在于隐藏与保护对象中一些私有的状态（参数）或行为（函数）不会被外界任意改动。C++中类成员的访问权限分为private、protected和public共3种，这3个关键字称为"访问权限关键字"（access specifier）。访问权限关键字的说明如表12.5所示。

表 12.5

| 关键字 | 说明 |
|---|---|
| private（私有的） | private是类成员的默认访问类型，具有最高的保护层级，代表这种类型的成员是机密的。在类中如果数据成员或成员函数的前面没有访问权限关键字，就代表这些成员使用的是默认的访问类型（即private） |
| public（公有的） | 具有最低的保护层级，代表完全开放，因此可以在任何程序内通过对象来使用这一类型的成员，或者在子类中使用。但是为了实现数据隐藏，通常我们都会将成员函数声明为public访问类型 |
| protected（受保护的） | 具有第二高的保护层级，在一个继承关系中，子类可能希望访问继承自父类的成员，但是子类又不想开放这些成员给外部使用，这时父类可以将它的成员声明为protected访问类型。这样在父类中使用这种访问类型的成员时，除了父类内部和开放给类的"朋友"使用外，该成员还可以在直系的子类中使用，所以protected是专为继承关系量身定做的一种访问模式 |

如下所示是3种访问权限关键字的功能。

```
class 类名称
{
private:  // 不能被外界访问，未定义时的预设值
  protected: // 只能被继承的类访问
  public: // 无访问限制，可任意访问
};
```

例如：

```
01   class MyClass1
02   {
03     int ipriVal;
04   protected:     // 访问权限为 protected
05     int iproVal;
```

```
06   public:        // 访问权限为 public
07      int ipubVal;
08   }myClass1;
```

## 12.3.4 类对象的建立

以下程序代码定义了一个 Student 类，并且在类中加入了一个"私有"的数据成员与两个"公有"的成员函数。

```
class Student            // 声明类
{
private:
  int StuID;            // 声明私有数据成员
public:
  void input_data()     // 声明公有成员函数
  {
    cout << "请输入学号: " << endl;
    cin >> StuID;
  }
  void show_data()      // 声明公有成员函数
  {
    cout << "您的学号: " << StuID << endl;
  }
};
```

建立类中对象的声明格式如下。

```
类名称 对象名称;
```

类名称是指类定义的名称，对象名称则是指用来存放这一个类的形态的变量名称。每一个声明类的类型的对象都拥有自己的数据成员存储空间，而成员函数确是所有类的实例所共有。在类外如果想要访问对象的数据成员或成员函数，一般采用如下形式。

```
对象名称 . 数据成员;// 访问具有公有属性的数据成员
对象名称 . 成员函数 ( 自变量列 )// 访问具有公有属性的函数成员
```

### 【上机实习范例: CH12_12.cpp】

```
01   #include <iostream>
02   #include <cstdlib>
03   using namespace std;
04
05   class Student              // 声明 Student 类
06   {
07   private:                   // 声明私有数据成员
08      char StuID[8];
09      float Score_E,Score_M,Score_T,Score_A;
10   public:                    // 声明公有数据成员
11      void input_data()       // 声明成员函数
12      {
13      cout << "** 请输入学号及各科成绩 **" << endl;
```

```
14      cout << "学号: ";
15      cin >> StuID;
16      }
17      void show_data()        //声明成员函数
18      {
19
20      cout << "请输入英语成绩: "; //定义 input_data() 函数
21      cin >> Score_E;
22      cout << "请输入数学成绩: ";
23      cin >> Score_M;
24      Score_T = Score_E + Score_M;
25      Score_A = (Score_E + Score_M)/2;
26      cout << "================================" << endl;// 定义 show_data() 函数
27      cout << "学生学号: " << StuID << "" << endl;
28      cout << "总分是 " << Score_T << "分 , 平均分是 " << Score_A << "分 " << endl;
29      cout << "================================" << endl;
30      }
31  };
32
33  int main()              //类外访问
34  {
35      Student stud1;          //声明 Student 类的对象
36      stud1.input_data();         // 调用 input_data 成员函数
37      stud1.show_data();          // 调用 show_data 成员函数
38
39
40      return 0;
41  }
```

执行结果如图 12.15 所示。

```
**请输入学号及各科成绩**
学号: 90001
请输入英语成绩: 98
请输入数学成绩: 96
================================
学生学号: 90001
总分是194分, 平均分是97分
================================

Process returned 0 (0x0)   execution time : 11.096 s
Press any key to continue.
```

图12.15

**程序解说**

第 5~31 行声明与定义 Student 类。第 8~9 行声明私有数据成员。第 11~30 行声明与定义成员函数。第 35~37 行声明一个 stud1 对象，并通过 stud1.input_data() 与 stud1.show_data() 成员函数来访问 Student 类内的私有数据成员，但不能直接使用 stud1.StuID 这一方式来直接访问，因为 StuID 是私有数据成员，而非公有数据成员。

### 12.3.5  作用域运算符

前面的类声明范例中，都是把成员函数定义在类中。事实上，类中成员函数的程序代码不一定要写在类中，用户也可以在类中事先声明成员函数的原型，然后在类外面定义成员函数的程序代码内容。而要在类外面定义成员函数时，只需在函数名称前面加上类名称与作用域运算符"::"即可。作用域运算符的主要作用是指出成员函数所属的类。

■ **【上机实习范例：CH12_13.cpp】**

```
01   #include <iostream>
02   #include <cstdlib>
03   using namespace std;
04   class Student        //声明类
05   {
06    private:            //声明私有数据成员
07    int StuID;
08    public:
09     void input_data();   //声明成员函数的原型
10     void show_data();
11   };
12   void Student::input_data()     //定义 input_data() 函数
13   {
14     cout << "请输入您的成绩: ";
15     cin >> StuID;
16   }
17   void Student::show_data()        //定义 show_data() 函数
18   {
19     cout << "成绩是: " << StuID << endl;
20   }
21   int main()
22   {
23     Student stu1;
24     stu1.input_data();
25     stu1.show_data();
26
27
28     return 0;
29   }
```

执行结果如图 12.16 所示。

```
请输入您的成绩: 98
成绩是: 98

Process returned 0 (0x0)   execution time : 4.623 s
Press any key to continue.
```

图12.16

程序解说

第 12~16 行在类外利用作用域运算符来定义 input_data() 函数。第 17~20 行在类外利用作用域运算符来定义 show_data() 函数。

# 12.4 构造函数与析构函数

在 C++ 中，类的构造函数（constructor）可以进行初始化对象的工作，也就是说如果在声明对象时，希望能指定对象中数据成员的初始值，那么可以使用构造函数来初始化。当对象生命周期结束时，用析构函数（destructor）来释放对象所占用的内存。

## · 12.4.1 构造函数

构造函数是一种初始化对象的成员函数，可用于为对象内部的私有数据成员设定初始值。每个类至少都有一个构造函数。当声明类时，如果没有定义构造函数，则 C++ 会自动提供一个没有任何程序语句及参数的默认构造函数。构造函数的声明方式和成员函数类似。构造函数与一般函数相同，差异之处在于一般函数有返回值，而构造函数没有，另一个重要特征是构造函数名与类同名。构造函数的定义如下所示。

```
class 类名称
{
[访问权限: ]              // 构造函数一般来说都是公有权限
   类名称（参数列）       // 类构造函数
{
  // 构造函数执行程序
}
};
```

构造函数具有以下特性。

- 构造函数的名称必须与类名称相同，例如 class 名称为 MyClass，则构造函数为 MyClass()。

- 不需指定返回类型，即没有返回值。

- 当对象被建立时，C++ 将自动产生默认构造函数，默认构造函数并不提供参数列传入功能。

- 构造函数可以重载，也就是一个类内可以存在多个名称相同，但参数列不同的构造函数。

## · 12.4.2 析构函数

当对象被建立时，会在构造函数内动态分配若干内存空间，当程序结束或对象被释放时，该动态分配所产生的内存空间并不会自动释放，这时必须由析构函数来进行内存释放的操作。

析构函数的功能刚好和构造函数相反，它的功能是在对象生命周期结束后，在内存空间中执行清除与释放对象的动作。它的名称一样也必须与类名称相同，但前面必须加上符号"~"，并且不能有任何自变量列。析构函数的声明语法如下。

```
~ 类名称 ()
{
  // 程序主体
}
```

析构函数具有以下特性。

- 析构函数不可以重载，一个类中只能有一个析构函数。
- 析构函数的第一个字符必须是"~"，其余则与该类的名称相同。
- 析构函数不含任何参数，也不能返回值。

当对象的生命周期结束时，或我们用 delete 语句将 new 语句所配置的对象释放时，编译器就会自动调用析构函数。在程序区块结束前，所有在区块中曾经声明过的对象都会依照先构造后解析的顺序执行析构函数。

## 【上机实习范例：CH12_14.cpp】

```
01   #include <iostream>
02   #include <cstdlib>
03   using namespace std;
04
05   class testN      // 声明类
06    {
07      int no[20];
08      int i;
09      public:
10      testN()      // 声明构造函数
11        {
12        int i;
13          for(i=0;i<10;i++)
14          no[i]=i;
15          cout << "构造函数执行完成." << endl;
16            }
17      ~testN()        // 声明析构函数
18        {
19        cout << "析构函数被调用 .\n 显示数组内容："；
20        for(i=0;i<10;i++)
21        cout << no[i] << " ";
22        cout <<"析构函数已执行完成." << endl;
23      }
24      };
25
26      int show_result()
27      {
28        testN test1;// 对象离开程序区块前会自动调用析构函数
29        return 0;
30      }
31
32      int main()
33      {
34      show_result(); // 调用有 testN 对象的函数
35
36      system("pause");
37      return 0;
38    }
```

执行结果如图 12.17 所示。

构造函数执行完成.
析构函数被调用.
显示数组内容：0 1 2 3 4 5 6 7 8 9 析构函数已执行完成.
请按任意键继续. . .

图12.17

**程序解说**

第 10~16 行声明构造函数。第 17~23 行声明析构函数。第 28 行对象离开程序区块前会自动调用析构函数。第 34 行调用有 testN 对象的函数。

## · 12.4.3　函数对象传递

在函数中传递对象参数和传递一般参数的方式大同小异，只需将一般数据类型的参数列改为类名称即可。另外，在调用该函数时则以对象作为函数的参数来进行成员函数的调用。其声明语法如下。

函数类型　函数名称（类名称 1　参数 1, 类名称 2　参数 2,…）
{
　// 函数程序代码定义
　}

以两个对象参数为例，其调用方式如下。

函数名称（对象参数 1, 对象参数 2）;

### ■【上机实习范例：CH12_15.cpp】

```
01   #include <iostream>
02   #include <cstdlib>
03   using namespace std;
04
05   class Square    // 定义 Square 类
06   {
07      int a;
08   public:
09      Square(int n)
10      {
11       a=n*n;
12      }// 构造函数的定义
13      void squ_sum(Square b)
14      {
15       a=a+b.a;
16       cout<<" 两数的平方和 : "<<a<<endl;
17      } // 定义 squ_sum() 函数
18   };
19
20   int main()
21   {
22      int n1,n2;
23      cout<<" 输入第一个数 :";
24      cin>>n1;
```

```
25        cout<<" 输入第二个数 :";
26        cin>>n2;
27        Square first(n1),second(n2);// 对象的声明与初始化
28        first.squ_sum(second);// 调用 first 的成员函数
29
30
31        return 0;
32    }
```

执行结果如图 12.18 所示。

```
输入第一个数:8
输入第二个数:9
两数的平方和: 145

Process returned 0 (0x0)    execution time : 4.504 s
Press any key to continue.
```

图12.18

 程序解说

第 9~12 行为构造函数的定义。第 13~17 行定义 squ_sum() 函数。第 27 行为对象的声明与初始化。第 28 行调用 first 的成员函数。

# 12.5 继承

继承是面向对象程序设计的重要概念之一。我们可以从已有的类衍生出新的类，新类会继承旧类的大部分特性，并拥有自己的特性，这样的功能可以大幅提升程序代码的可重用性。在 C++ 中，对于两个类之间的继承关系，被继承者称为基类，继承基类者称为派生类，如图 12.19 所示。

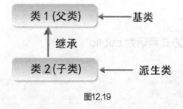

图12.19

## 12.5.1 单一继承

所谓的单一继承（single Inheritance），是指派生类只继承一个基类。在单一继承的关系中，派生类的声明如下。

```
class 派生类 : 继承方式 基类
{
   // 类定义
}
```

单一继承的示例如图 12.20 所示。

交通工具是各类车辆的父类

图12.20

之前曾说明过，继承方式可以使用 public、protected、private 这 3 个关键字来进行声明，而根据使用的继承方式的不同，会产生不同的结果。

### ■ 【上机实习范例：CH12_16.cpp】

```cpp
01  #include <iostream>
02  #include <cstdlib>
03  using namespace std;
04
05  class car {
06      public:     // 基类中的成员函数声明为 public
07      void go()          // car 类的成员函数 go()
08      {
09          cout <<" 汽车启动了 !"<< endl;
10      }
11      void stop()  // car 类的成员函数 stop()
12      {
13          cout <<" 汽车熄火了 !"<<endl;
14      }
15      };
16      class freighter: public car
17      {};  // 派生类将其继承方式声明为 public
18
19      int main()
20      {
21          freighter ft;
22
23          ft.stop();
24          cout<<"-----------------------------------"<<endl;
25          ft.go();
26          cout<<"-----------------------------------"<<endl;
27          // ft 是 freighter 类的一个对象，因为有继承关系，所以可以使用 go() 与 stop() 函数
28
29
30          return 0;
31
32      }
```

执行结果如图 12.21 所示。

```
汽车熄火了!
--------------------------------
汽车启动了!
--------------------------------

Process returned 0 (0x0)    execution time : 2.361 s
Press any key to continue.
```

图12.21

**程序解说**

第 5~15 行声明一个基类 car，并定义两个成员函数 go()、stop()。第 16 行声明一个继承自 car 的派生类 freighter，将其继承方式声明为 public。第 21 行声明一个派生类对象。第 23 行调用派生类中继承自 car 类的成员函数 stop()。第 25 行调用派生类中继承自 car 类的成员函数 go()。

### · 12.5.2 多重继承

所谓的多重继承（multiple inheritance），是指派生类继承自多个基类，而这些被继承的基类相互之间可能都没有关系。简单地说，多重继承就是一种直接继承的类型，它直接继承了两个或多个基类。而这些被继承的基类之间因为并无任何继承关系存在，所以彼此间无法互相访问。多重继承的声明表达式如下。

class 派生类 : 继承方式 基类 1, 继承方式 基类 2, …

以下程序范例声明类 student，并分别以 public 方式继承类 stclass 及 score，再增加一个成员数据及 3 个成员函数。由于此类是自类 stclass 及 score 继承而来的，因此我们可以在此类中直接调用类 stclass 与 score 在 public 访问区块内的成员函数，并且也可以调用这些成员函数间接访问 stclass 与 score 这两个类的有 private 权限的成员数据。

**【上机实习范例：CH12_17.cpp】**

```cpp
01   #include<iostream>
02   #include<cstdlib>
03   using namespace std;
04
05    // 声明类 stclass
06   class stclass
07   {
08     private:
09       int item;
10     public:
11       void set_item(int v1)
12       {
13         this->item=v1;
14       }
15       int get_item()
16       {
```

```
17        return item;
18      }
19  };
20    // 声明类 score
21  class score
22  {
23    private:
24      int math;
25      int lang;
26    public:
27      void set_math(int math)
28      {
29        this->math=math;
30      }
31      int get_math()
32      {
33        return math;
34      }
35      void set_lang(int lang)
36      {
37        this->lang=lang;
38
39      }
40      int get_lang()
41      {
42        return lang;
43      }
44  };
45    // 声明类 student，并以 public 方式分别继承类 stclass 及 score
46  class student : public stclass,public score
47  {
48    private:
49      int sum;
50    public:
51      student() // 构造函数
52      {
53        int sum=0;
54      }
55      void show_no()
56      {
57        // 访问类 stclass 的成员数据 item
58        cout << "班级为 :" << get_item() << "班" << endl;
59      }
60      void show_score()
61      {
62        // 访问类 score 的成员数据 lang 及 math
63        cout << "语文成绩为 :" << get_lang() << endl;
64        cout << "数学成绩为 :" << get_math() << endl;
65      }
66      void add1()
67      {
68        // 将成员数据 sum 的值指定为类成员数据 lang 及 math 相加后的值
69        sum=get_lang()+get_math();
70        cout << "总成绩为 :" << sum << endl;
71      }
```

```
72    };
73        // 主函数
74    int main()
75    {
76        // 声明对象 st1;
77        student st1;
78        int s1,s2;
79        // 调用类 stclass 的成员函数 set_item()
80        st1.set_item(2);
81        cout << "请输入语文成绩:";
82        cin >> s1;
83        // 调用类 score 的成员函数 set_lang()
84        st1.set_lang(s1);
85        cout << "请输入数学成绩:";
86        cin >> s2;
87        // 调用类 score 的成员函数 set_math()
88        st1.set_math(s2);
89        cout << "=========================================" << endl;
90        // 调用类 student 的成员函数 show_score()
91        st1.show_no();
92        st1.show_score();
93        // 调用类 student 的成员函数 add1()
94        st1.add1();
95
96
97        return 0;
98    }
```

执行结果如图 12.22 所示。

```
请输入语文成绩:98
请输入数学成绩:96
=========================================
班级为:2班
语文成绩为:98
数学成绩为:96
总成绩为:194

Process returned 0 (0x0)    execution time : 2.285 s
Press any key to continue.
```

图12.22

程序解说

第 46 行声明类 student，并以 public 方式分别继承类 stclass 及 score。第 58 行访问类 stclass 的成员数据 item。第 80 行调用类 stclass 的成员函数 set_item()。第 84 行调用类 score 的成员函数 set_lang()。第 90 行调用类 student 的成员函数 show_score()。

# 12.6 多态

多态是面向对象的重要功能之一，它提供了类在继承时，对同样的行为可以赋予不同的实际动作的功能，所以又称为"同名异式"。广义来说，类的继承就是一种多态，只要在继承后新增或改变基类的状态及行为，就能达到类多态的效果。

## 虚函数

在 C++ 中，虚函数是实现类多态的重要功能。虚函数能让基类只需定义最基本的功能，该功能所需要的行为可以通过派生类进行定义。当基类中的函数被定义为虚函数时，即代表告知编译器凡是衍生自此基类的派生类，对于此虚函数皆作为动态联编。

要在 C++ 中建立虚函数，可以直接使用关键字 virtual 来声明，这样就可表示该函数为虚函数。将函数声明为虚函数之后，还必须在派生类中重新定义该虚函数。另外派生类虚函数的参数与返回值还必须和基类中声明的虚函数相同。其声明方式如下。

virtual 返回类型 函数名称（参数）

一旦将函数声明为虚函数后，编译器就会给予这些函数不同的函数指针，这些函数指针通过一个虚函数表示来进行管理，编译器在给对象分配存储空间时，将这个虚函数表的地址和数据成员一并存储。程序在执行时则依据对象存储的虚函数表地址，找到虚函数表，然后找到虚函数地址，进而访问对应的函数。在应用多态时，需要通过基类指针来应用，将派生对象地址赋给基类指针。

### 【上机实习范例：CH12_18.cpp】

```
01   #include <iostream>
02   #include <cstdlib>
03   using namespace std;
04
05   class MyClass  {
06
07     public:
08      MyClass()
09      { cout<<" 建立一个虚函数 "<<endl; }
10      virtual int vrFunction(void);     // 定义虚函数
11      };
12     int MyClass::vrFunction(void)
13      { return 0; }
14
15   class MyClass2:public MyClass
16     {
17      public:
18      int vrFunction(void)               // 派生类重新定义虚函数
19      {cout<<" 执行虚函数 "<<endl;}
20      };
21
22   int main()
23   {
24     MyClass2* myClass=new MyClass2();
25     myClass->vrFunction();
```

```
26
27      delete myClass;
28
29
30      return 0;
31  }
```

执行结果如图 12.23 所示。

```
建立一个虚函数
执行虚函数

Process returned 0 (0x0)   execution time : 2.381 s
Press any key to continue.
```

图12.23

**程序解说**

第 5~13 行定义一个类，其名称为 MyClass。第 10 行在类中声明函数为虚函数。第 12~13 行通过作用域运算符进行类外函数的定义。第 15~20 行定义一个类来继承 MyClass，并定义 MyClass 中的虚函数 vrFunction()。第 25 行执行派生类重新定义的虚函数。

# 12.7 函数模板

之前我们曾提过的函数重载，代表可定义多个功能相同但是参数列不同的同名函数，其缺点是仍然需要在各个重载函数中编写相似的程序代码，例如下面这个计算 func（n）=n*n+3*n+5 的程序范例。

```
int func(int n)              // 参数类型是 int 的 func() 函数
{
  int result;               // 声明 result 为 int 类型变量
  result = n * n + 3 * n + 5;    // 执行 n*n+3*n+5 运算并将结果指定给 result
  return result;            // 返回运算后的结果 result
}
float func(float n)          // 参数类型是 float 的 func() 函数
{
  float result;             // 声明 result 为 float 类型变量
  result = n * n + 3 * n + 5;    // 执行 n*n+3*n+5 运算并将结果指定给 result
  return result;            // 返回运算后的结果 result
}
int main()
{
  cout<<"func(10) = ";
  cout<<func(10)<<endl;     // 输出 func(10) 的运算结果
  cout<<"func(12.5f) = ";
  cout<<func(12.5f)<<endl;  // 输出 func(12.5f) 的运算结果
}
```

通过上列程序中的两个 func() 函数，我们可以发现除了函数的参数类型与返回类型使用不同的数据类型外，它们的程序代码几乎完全相同，这是函数重载功能美中不足的地方。C++ 中的新增功能——函数模板可以彻底解决这个问题。

函数模板就是一种程序模块，一旦定义后，在函数调用期间，编译器就会根据函数的参数类型来产生相对应的函数定义码，并进而利用该函数定义码来实现程序功能。简单来说，函数模板可以用来建立通用的函数，先使用通用的类型定义此函数，系统会根据实参的类型（模板实参）来取代模板中的虚拟类型，从而实现不同函数的功能。

因此函数重载与函数模板的差异就是当程序有必要利用相同程序代码来处理不同类型的参数时，如果使用函数重载，就必须针对不同数据类型的参数来编写多个同名函数；但是如果使用函数模板，则只需要编写一个程序模块，就可以实现执行不同数据类型参数的各种同名函数的功能。

函数模板的声明格式如下。

```
template< 类型参数列 >
返回类型 函数模板名称（函数参数列）
{
  // 定义函数模板
}
```

下面将对上列格式的各个部分进行介绍。

■ template 关键字。

函数模板声明与定义时，必须使用关键字 template。

■ 类型参数列。

类型参数列的两种格式如下。

```
<class T1,class T2,…,class Tn>   //T1，…，Tn 称为类型参数
<class T1,anyType argument,…> //T1 是类型参数，argument 则是非类型参数
```

以上角括号"<>"中的参数 T1，…，Tn、argument 都称为类型参数。基本上，类型参数可以分为类型参数（type parameter）与非类型参数（nontype parameter）。只要不是 C++ 关键字的合法标识字符都可以作为类型参数的名称，例如 T、T1、Type、myType 等。而非类型参数的命名规则和变量命名规则相同。

类型参数代表此类型会依照需求做更改，这也是模板函数的关键所在。它包含一般数据类型，例如 int、int*、long、float、float*，以及使用者自定义的类型等。而非类型参数又可称为固定类型的参数，如上述的 argument。它可以是 int 或 long 等类型，此类参数的作用在于传递自变量给此函数时，不会变更它的数据类型。

下面以两个类型参数列为例。

```
<class T1,class T2>   // 有两个类型参数的参数列
<class myType,int num> // 有一个类型参数与一个非类型参数的参数列
```

类型参数的声明可以使用关键字 class 或 typename，下述是合法的类型参数列声明。

```
<typename T1,typename T2>
<typename myType,int num>
```

经由 class 或 typename 声明后的类型参数，就如同数据类型一样，可以在函数参数列或函数模板的定义中利用它来声明变量、常数或对象的类型。例如在类型参数列中声明 class T 后即可使用 T 作为数据类型

来声明变量，如 T variable 代表声明一个 T 类型的变量 variable。

类型参数列必须使用角括号"<>"将参数列包围起来。参数列的参数个数则视函数类型会使用到的数据类型个数而定。例如之前所提的 func() 函数的类型参数列可以表示如下。

```
<class T>  // 在每一个 func() 重载函数中只使用了一种数据类型，因此只需要一个类型参数
```

■ 函数参数列与返回类型。

函数参数列中各个参数的数据类型及函数模板的返回类型可以使用样板参数来加以声明，例如将 func() 函数表示如下。

```
T func(T n)
{
    T result;
    result = n * n + 3 * n + 5;
    return result;
}
```

了解函数模板的格式后，即可编写一个完整的函数模板来取代 func() 重载函数。程序代码如下。

```
template<class T>
T func(T n)
{
    T result;
    result = n * n + 3 * n + 5;
    return result;
}
```

■ 【上机实习范例: CH12_19.cpp】

```
01  #include <iostream>
02  #include <cstdlib>
03  using namespace std;
04
05  template<class T>      //定义与声明 func() 函数模板
06  T func(T n)
07  {
08   T result;        //声明 result 为 T 类型变量
09   result = n * n + 3 * n + 5; //执行 n*n+3*n+5 运算，并将结果指定给 result
10   return result;       //返回 result;
11  }
12  int main()
13  {
14      cout<<"func(10) = ";
15      cout<<func(10)<<endl;  //输出 func(10) 的运算结果
16      cout<<"func(12.5f) = ";
17      cout<<func(12.5f)<<endl;  //输出 func(12.5f) 的运算结果
18
19
20      return 0;
21  }
```

执行结果如图 12.24 所示。

```
func(10) = 135
func(12.5f) = 198.75

Process returned 0 (0x0)   execution time : 1.958 s
Press any key to continue.
```

图12.24

第5~11行声明 func() 函数模板，该模板的功能是计算 n*n+3*n+5，并返回计算结果，参数类型与返回类型相同。第15行输出 func（10）的运算结果，即135。第17行则输出 func（12.5f）的运算结果，即198.75。